아시모프의 코스모스

아시모프의
코스모스

아이작 아시모프 지음 | 이강환 옮김

문학수첩

필시 세계 최고의 내과 전문의일 폴 P. 에서먼에게.

차례

일러두기

• 이 책은 아이작 아시모프(Isaac Asimov)의 *ASIMOV ON ASTRONOMY*(1974)를 번역한 것이다.

• 인명, 지명 등 고유명사와 별 이름 등의 표기는 국립국어원 외래어표기법을 따랐다.

• 각주는 모두 저자가 달아놓은 것이며, 역주는 본문 중에 '−옮긴이'로 표시했다.

• 저자가 원문에서 이탤릭으로 강조한 단어는 굵게 표시했다.

서문

지난 1959년, 나는 《더 매거진 오브 판타지 앤 사이언스 픽션 (*The Magazine of Fantasy and Science Fiction*)》에 매월 과학 칼럼을 쓰기 시작했다. 내게는 주제, 방식, 문체를 포함한 모든 것에 대한 전권이 주어졌고 나는 그것을 충분히 이용했다. 나는 이 칼럼을 통해 다양한 종류의 과학을 비형식적이고 지극히 개인적인 방법으로 살펴보았고, 그래서인지 나의 모든 저작 중에서(나는 아주 많이 쓴다) 이 글만큼 즐거움을 주는 것은 없었다.

이 즐거움만으로도 부족했는지, 내가 17편의 글을 각각 완성할 때마다 더블데이 앤 컴퍼니(Doubleday & Company Inc.)에서는 그것을 책으로 만들어 출판해 주었다. 지금까지 9권의 책이 출판되었고, 거기엔 모두 153편의 글이 실려 있다. 열 번째가 바로 이 책이다.

하지만 모든 책이 성공적이지는 않았다. 적어도 영원히 출판을 계속할 만큼 투자 가치가 있는 것은 아니었다. 그래서 존경하는 출판사분들은 처음 나온 5권의 책을 절판하도록 해주었다(어느 정도 주저하면서 그랬는데, 그들은 나를 좋아했고, 그런 일이 있을 때면 내 아랫입술이 떨린다는 사실을 알고 있기 때문이다).

하드커버 책과 달리 페이퍼백은 5권 모두 많이 유통되고 있으니 아직 구할 수 있다. 하지만 하드커버 책에는 특별함이 있기 때문에 그것이 절판되는 일은 반갑지 않다. 도서관에 공급되는 것은 하드커버이고, 내 책을 개인적으로 수집하는 사람들이* 소장하기에도 이만한 것이 없다.

처음에 나는 친절한 출판사분들에게 책을 다시 출판하여 새로운 종류의 바람을 기대해 보자고 이야기해 보려 했다. 나의 성공한 SF 책에서는(심지어 페이퍼백이 팔리고 있는 도중에도) 주기적으로 일어나는 일이었다. 하지만 이 경우는 달랐다. 나의 SF 책들은 언제나 새롭지만, 과학 에세이는 시대에 뒤떨어지게 된다. 과학의 발전이 너무 빠르기 때문이다.

그래서 나는 생각해 봤다…….

나는 나 자신의 끝없는 관심을 충족시키고 다양한 독자들이 때때로 특별한 만족을 느낄 수 있는 기회를 주기 위해서 넓은 범위의 과학을 다루었다. 그래서 결과적으로 각각의 책은 일부는 천문학, 일부는 화학, 일부는 물리학, 일부는 생물학 등에 대한 글들의 모음이 되었다.

그런데 과학에 관심이 있긴 하지만 **특히** 천문학에 관심 있는 독자에게는 어떨까? 그 독자는 각각의 책에서 천문학이 아닌 주제의 글들을 읽다가 자신이 가장 좋아하는 주제의 글은 네다섯 개밖에 발견하지 못할 것이다.

그렇다면 절판된 5권의 책 중에서 천문학 관련 주제만 뽑아 그 17편을 '아시모프의 코스모스(Asimov on Astronomy)'라는 제목

* 한 권도 가지고 있지 않은 사람은 가만히 있어주세요!

의 책으로 묶으면 어떨까? 각각의 글은 옛날 것이지만 같이 묶으면 그 조합은 새로워질 것이다.

이 책은 그렇게 만들어졌다. 6편은 《사실과 환상(*Fact and Fancy*)》, 3편은 《높은 곳에서의 조망(*View from a Height*)》, 1편은 《차원 더하기(*Adding a Dimension*)》, 4편은 《시간과 공간, 그리고 다른 것들(*Of Time and Space and Other Things*)》, 3편은 《지상에서 하늘로(*Earth to Heaven*)》에 실렸던 것이다. 글들은 연대순이 아니라 주제에 따라 배열했다. 페이지를 넘길수록 점점 더 넓은 범위가 펼쳐질 것이다. 처음 몇 편은 지구와 그 근처를 다루고, 마지막 몇 편은 우주 전체를 다룬다.

글의 배열을 새롭게 하는 것 이외에 또 무엇을 했을까? 이 글들은 6년에서 13년 전에 쓴 것들이고 곳곳에서 오래된 흔적이 드러난다. 여기에 실린 글 중 과학의 발전으로 쓸모없어지거나 심각하게 잘못된 것으로 밝혀진 게 전혀 없다는 사실은 다행스럽지만 그래도 약간의 수정은 필요했다.

하지만 글을 수정하지는 않았다. 가끔씩 꼬이거나 헤매는 문장을 보는 재미를 독자들에게서 빼앗지 않기 위해서였다. 그래서 몇 군데 주석을 달거나 표의 잘못된 정보를 고치는 정도로만 수정을 하였다.

또한 출판사의 훌륭한 친구들은 다른 책들보다 좀 더 멋지게 만들기 위해서 사진을 넣었고, 나는 원래 글에 있는 것보다 더 많은 정보를 주는 사진 설명을 추가했다.

마지막으로 다른 책들에 비해 주제가 일관되기 때문에 이 책의 활용도를 높일 수 있는 찾아보기를 추가했다.

　개개의 글은 오래된 것이지만 독자 여러분이 새롭고 유용한 점을 발견할 수 있기를 기대한다. 나는 적어도 내가 무엇을, 왜 했는지 솔직하게 설명했다. 나머지는 여러분의 몫이다.

1972년 9월, 뉴욕에서

아이작 아시모프

1. 시간과 조석 현상

이런저런 이유로 나는 우주에 대한 과학적인 관점과 연관된 여러 가지 미묘한 문제들을 설명하는 일을 즐기게 되었다. 예를 들어 나는 전자와 광자가 어떤 때는 파동이 되고, 어떤 때는 입자가 될 수 있다는 사실을 10여 가지의 비유를 통해서 10여 가지의 다른 방법으로 설명할 수 있다.

내가 이것에 워낙 뛰어났기 때문인지 저녁 파티 자리에서는 이런 말이 은근히 떠돌 정도가 되었다. "아시모프에게 절대 파동-입자 이중성에 대해서 물어보지 마."

그리고 아무도 물어보지 않았다. 나는 준비를 단단히 하고 설명하기를 간절히 원하며 앉아 있지만 아무도 물어보지 않는다. 나한테는 파티가 너무 힘들다.

하지만 난 쉽게 다른 주제로 옮겨간다. 나는 초등학교 3학년 학생들 대상으로 달에 관한 아주 간단한 책*을 쓰기 시작했고, 그 주제 중 하나는 왜 매일 두 번 밀물이 생기는지 설명하는 것이었다.

간단하지. 나는 그렇게 생각하고 얼굴에 엷은 미소를 머금었다. 나는 손가락을 풀고 타자기 앞에 앉았다.

시간이 흐르면서 미소는 사라지고 관자놀이의 머리카락이

* 이것은 《달(The Moon)》(1967)이라는 책으로 출판되었다.

회색으로 변하는 것이 느껴졌다. 어떻게든 해내긴 했지만 독자들이 허락한다면 다시 시도해 보고 싶다. 나에게는 훈련이 필요하다.

조석 현상은 오랫동안 사람들을 괴롭혀 왔지만, 내가 글을 시작할 때 너무나 자주 언급하는 훌륭한 고대 그리스인들은 아니었다. 알다시피 그리스인들은 지중해 해변에서 살았다(그리고 지금도 살고 있다). 지중해는 조석 현상이 비교적 약한 바다였다. 대부분이 육지에 둘러싸여 있어서 밀물이 지브롤터해협을 통과하기도 전에 썰물 시간이 되어버리기 때문이다.

하지만 서기전 325년 그리스의 탐험가인 마살리아(지금의 마르세유)의 피테아스(Pytheas)는 지중해를 벗어나 대서양으로 나갔다. 그곳에서 그는 하루에 두 번의 밀물과 그사이에 두 번의 썰물이 나타나는 명확한 조석 현상을 보게 되었다. 피테아스는 대양을 마주하고 살면서 조석 현상에 익숙하고 그것을 당연하게 생각하는 사람들의 도움을 받아 이 현상을 잘 관찰했다.

중요한 관찰 결과는 밀물과 썰물 사이의 차이가 항상 일정하지는 않다는 것이었다. 경우에 따라 커지기도 하고 줄어들기도 했다. 매달 밀물과 썰물 차가 특히 큰 시기(사리)가 두 번 나타났고 그사이에 특히 작은 시기(조금)가 두 번 나타났다.

그리고 한 달 사이의 변화는 달의 위상과 관련이 있었다. 사리는 보름달과 초승달일 때 일어났고, 조금은 상현달과 하현달일 때 일어났다. 그래서 피테아스는 조석 현상이 달 때문에 생기는 것이라고 제안했다. 몇몇 그리스 천문학자들이 그의 의견을 받아들이긴 했지만, 이후 2,000년 동안 피테아스의 제안은 거의 잊혔다.

달이 곡식이 자라는 데 영향을 주고 사람을 늑대인간으로 만드는 것처럼 사람의 정신에 영향을 미치고 유령이나 도깨비와 맞닥뜨릴 가능성과 관련 있다고 믿는 사람들은 아주 많았지만, 달이 조석 현상에 영향을 준다는 얘기는 너무 지나친 주장처럼 보였던 것이다!

나는 사려 깊은 학자들이 달과 조석 현상을 연결시키지 못하도록 방해한 요인은, 하루에 두 번 조석 현상이 나타난다는 사실이었을 것이라고 생각한다.

예를 들어 달이 하늘 높이 떠 있을 때 밀물이 발생한다고 해보자. 그것은 이해가 된다. 달이 어떤 신비한 힘으로 물을 끌어당길 수 있는 것이다. 고대나 중세 시대의 어느 누구도 그 힘이 어떻게 작용하는지는 몰랐겠지만 적어도 여기에 '동조 인력(sympathetic attraction)' 같은 이름을 붙일 수는 있었을 것이다. 높이 뜬 달이 물을 끌어당긴다면, 지구가 자전하면서 그 지점을 지나는 곳은 밀물이 되고 지나고 나면 썰물이 될 것이다.

하지만 12시간이 조금 지나면 다시 밀물이 되는데, 이때는 하늘 어디에도 달은 보이지 않는다. 이때의 달은 지구의 반대편, 사람의 발아래 방향에 있다. 만일 달이 동조 인력을 가한다면 이때 사람이 있는 쪽의 물은 발아래 방향으로 끌려가야 할 것이다. 그러면 밀물이 아니라 썰물이 되어야 한다.

아니면 달이 자신에게 가까운 쪽에는 동조 인력을 가하고 반대쪽에는 동조 척력(sympathetic repulsion)을 가하는 것일까. 그러면 양쪽에서 물이 솟아올라 두 군데에서 밀물이 발생한다. 지구가 한 바퀴 돌 때 해변의 한 지점은 물이 솟아오르는 곳을 두 번 지나므로 매일 두 번의 밀물과 썰물이 생길 것이다.

달이 어떤 곳에서는 끌어당기고 어떤 곳에서는 밀어낸다는 생각은 당연히 받아들이기 어렵기 때문에 어떤 학자도 그런 주장을 하지 않았다. 따라서 달이 조석 현상에 영향을 미친다는 생각은 근대 초기의 천문학자들에게 점성술적인 미신으로 여겨졌다.

예를 들어, 1600년대 초기에 요하네스 케플러(Johannes Kepler)가 달이 조석 현상에 영향을 준다고 믿는다 말하자 갈릴레오(Galileo)는 그를 비웃었다. 사실 케플러는 달과 행성들이 지구에서 일어나는 모든 사건에 영향을 준다고 믿었던 점성술사였고 갈릴레오는 전혀 그렇지 않았다. 갈릴레오는 지구의 자전 때문에 바닷물이 앞뒤로 흔들려서 조석 현상이 생긴다고 생각했다. 물론 틀린 생각이었다.

드디어 아이작 뉴턴(Isaac Newton)이 등장했다! 1685년 뉴턴은 만유인력의 법칙을 만들었다.(만유인력의 법칙을 담은 뉴턴의 《프린키피아》는 1687년에 출판되었는데 아시모프가 왜 1685년이라고 했는지는 알 수가 없다.—옮긴이) 그 법칙에 따라 달의 중력장이 지구에 영향을 미치고 조석 현상도 그 중력장의 결과일 수 있다는 사실이 명백해졌다.

그런데 왜 **두 번**일까? 달이 지구에 미치는 힘을 '동조 인력'이라고 부르는 것과 '중력 인력(gravitational attraction)'이라고 부르는 것의 차이는 무엇일까? 달은 어떻게 멀리 있는 지구 반대편의 물을 솟아오르게 만들 수 있을까? 달이 여전히 어떤 곳은 끌어당기고 어떤 곳은 밀어내고 있는 것일까? 그건 여전히 말이 안 되지 않는가?

뉴턴은 그냥 '동조' 인력에서 '중력' 인력으로 말만 바꾼 게 아니었다. 뉴턴은 중력이 거리에 따라 정확히 어떻게 달라지는지 보여주었다. 그 이전에는 누구도 힘에 대해서 대략적으로라도 보여주지 못했다.

중력은 거리의 제곱에 반비례하여 달라졌다. 거리가 멀어질수록 힘이 약해진다는 말이다. 거리가 x의 비율로 증가하면 힘은 x^2의 비율로 줄어든다.

달과 지구의 경우를 생각해 보자. 달의 중심에서부터 달에서 가장 가까운 지구 표면까지의 평균 거리는 374,400킬로미터다. 달의 중심에서 달에서 가장 먼 지구 표면까지의 거리를 구하려면 지구의 지름(12,800킬로미터)을 더해야 한다. 그러면 387,200킬로미터가 된다.(마일로 표기된 거리는 모두 킬로미터로 바꾸었다. 숫자는 현재의 값과 크게 차이가 없는 한 원문에 있는 값을 그대로 사용했다.—옮긴이)

달

이것은 보름달이지만 정확하게 지구에서 보이는 모습은 아니다.[19쪽 사진] 이는 인간을 처음으로 우리의 위성에 착륙시킨 우주선 아폴로 11호가 지구로 돌아오는 도중에 찍은 사진이다. 그 각도는 지구의 표면에서 달을 보는 각도와 같지 않다.

어두운 '바다'가 달의 한쪽에 모여 있는 것을 볼 수 있다. 이들은 모두 지구를 향하는 면에 위치하고 있다. 달의 반대편에는 바다가 거의 없다. 이는 '미스터리'처럼 보이지만 두 면이 서로 다른 것은 달뿐만이 아니다. 화성의 한쪽에는 크레이터가 많고 한쪽에는 화산이 많다. 그렇게 보면 지구도 두 부분으로 나눌 수 있다. 한쪽은 거의 물로 덮여 있고 다른 한쪽은 절반이 육지다.

사실 달에서 가장 놀라운 점은 그 크기다. 태양계에는 달보다 큰 위성이 5개 있다. 하지만 이들은 모두 지구보다 훨씬 큰 거대 행성 주위를 돌고 있다. 달의 질량은 지구 질량의 81분의 1인데, 자신이 돌고 있는 행성에 대해 이만한 비율의 질량을 가진 위성은 달밖에 없다.

결과적으로 지구는 (아마도) 기대했던 것보다 더 큰 조석 현상을 겪게 되었고, 밀물과 썰물은 바다 생물을 육지로 밀어 올려 육지를 점령하도록 도움을 주었을 수도 있다. 우리는 어쩌면 달 덕분에 여기 있을 수 있게 되었는지도 모른다.

달에서 가까운 지구 표면까지의 거리를 1로 하면, 달에서 먼 표면까지의 거리는 387,200/374,400, 즉 1.034가 된다. 거리가 1.000에서 1.034로 늘어나면 중력은 1.000에서 $1/1.034^2$, 즉 0.93 줄어든다.

사진: NASA

시간과 조석현상

그러니까 달이 지구의 양쪽 표면에 미치는 중력은 7.0퍼센트의 차이가 난다.

지구가 부드러운 고무로 만들어졌다면 달이 끌어당기는 방향으로 늘어나는 모습을 상상할 수 있을 것이다. 하지만 각 지점은 그 지점에 작용하는 힘에 따라 다른 정도로 늘어난다.

달이 있는 쪽의 지구 표면은 가장 강하게 당겨질 테고 따라서 가장 많이 늘어날 것이다. 그 표면의 아래쪽으로 갈수록 끌어당기는 힘이 점점 더 약해지고 달 쪽으로 늘어나는 움직임도 점점 줄어들 것이다. 달에서 가장 먼 쪽의 지구 표면은 가장 적게 늘어날 것이다.

그래서 볼록한 부분이 두 군데 만들어진다. 한 곳은 달에 가장 가까운 지구 표면이다. 그곳이 가장 많이 움직이기 때문이다. 다른 한 곳은 달에서 가장 먼 지구 표면이다. 그곳은 가장 적게 움직여서 지구의 어느 부분보다 뒤로 처지기 때문이다.

이해가 되지 않는다면 다른 비유를 해보자. 장거리달리기를 하는 한 무리의 달리기 선수들을 생각해 보자. 선수들은 모두 결승선을 향해 달리므로 우리는 어떤 '힘'이 그들을 결승선 쪽으로 당기고 있다고 생각할 수 있다. 달리기가 진행되면 빠른 선수들은 앞쪽으로 끌어당겨지고 느린 선수들은 뒤로 처진다. 오직 하나의 '힘'만 작용되고 있고 그 '힘'은 결승선을 향하고 있지만, '볼록한' 부분은 두 군데가 만들어진다. 하나는 힘이 작용하는 결승선 쪽을 향하는 방향이고, 다른 하나는 힘이 작용하는 반대 방향이다.

강한 분자력으로 묶여 있는 단단한 지구는 달이 지구에 미치는 중력의 차이 정도로는 아주 조금밖에 늘어나지 않는다. 하지만 약한 분자력으로 묶여 있는 액체인 바다는 훨씬 많이 늘어나서 2개의 '볼록한' 부분이 만들어진다. 하나는 달을 향한 쪽이고 다른 하나는 그 반대쪽이다.

지구가 자전을 하면 해변의 한 지점은 첫 번째 볼록한 부분을 지나가고 약 12시간 뒤 두 번째 볼록한 부분을 지나간다. 그래서 지구가 한 번 자전하는 동안, 즉 하루 동안 두 번의 밀물과 두 번의 썰물이 생기는 것이다.

만일 달이 움직이지 않는다면 볼록한 부분은 언제나 정확히 같은 자리에 있을 테고 밀물은 정확히 12시간마다 일어날 것이다. 하지만 달은 지구가 자전하는 방향과 같은 방향으로 지구 주위를 돌기 때문에 볼록한 부분도 같이 돈다. 지구의 한 지점이 볼록한 부분 하나를 지난 후 다음 볼록한 지점으로 다가가는 동안 두 번째 볼록한 부분도 같은 방향으로 움직이기 때문에 밀물이 되는 지점을 다시 지나려면 지구가 약 30분 더 자전을 해야 한다.

밀물 사이의 시간 간격은 12시간 25분이고, 하나의 볼록한 지점에서 밀물이 생기는 시간 간격은 24시간 50분이다. 그러니까 하나의 볼록한 지점에서의 밀물은 매일 전날보다 약 1시간 후에 생기는 것이다.

그렇다면 사리와 조금은 왜 생기며 조석 현상과 달의 위상은 어떤 관계일까?

이것을 설명하려면 태양을 끌어들여야 한다. 태양 역시 지구에 중력을 미친다. 두 천체가 지구에 미치는 중력은 각 천체의 질량에 비례하고 지구에서의 거리의 제곱에 반비례한다.

문제를 간단하기 위해서 달의 질량을 질량의 단위로 하고 지구와 달 사이의 거리(중심에서 중심)의 평균을 거리의 단위로 하자. 그러니까 달은 '1달-질량'과 '1달-거리'를 가지고 있고, 달의 중력은 $1/1^2$, 즉 1이 된다.

태양의 질량은 달의 질량의 27,000,000배이고, 지구에서 태양까지의 거리는 달-거리의 392배이다. 그러니까 태양은 27,000,000달-질량과 392달-거리를 가지고 있는 것이다. 그러므로 태양이 지구에 미치는 중력은 $27,000,000/392^2$, 즉 176이 된다. 이는 태양이 지구에 미치는 중력이 달의 중력의 176배라는 말이다. 그러므로 당신은 태양도 지구에 볼록한 부분들을 만들 것이라고 예상할 수 있다. 실제로 그렇다. 하나는 태양이 있는 방향, 다른 하나는 그 반대 방향이다.

초승달일 때 달은 지구에서 보면 태양과 같은 쪽에 있으며 달과 태양이 같은 방향으로 지구를 당긴다. 이들이 만드는 볼록한 부분이 합쳐져서 밀물과 썰물의 차이가 평소보다 커진다.

보름달일 경우 달은 지구에서 볼 때 태양의 반대 방향에 있다. 하지만 둘 다 자신들과 가까운 쪽**뿐만 아니라** 그 반대쪽에도 볼록한 부분을 만들고, 태양과 가까운 쪽의 볼록한 부분은 달의 먼 쪽 볼록한 부분과 겹친다. 마찬가지로 이들이 만드는 볼록한 부분이 합쳐져서 밀물과 썰물의 차이가 평소보다 커진다.

그러므로 사리는 초승달일 때와 보름달일 때 나타난다.

달이 반달로 보이는 상현과 하현일 때는 달, 지구, 태양이 서로 직각을 이룬다. 만일 태양이 오른쪽에서 당겨서 볼록한 부분이 지구의 오른쪽과 왼쪽에 만들어지는 그림을 그린다면, 상현달은 위쪽에서 끌어당겨 지구의 아래쪽과 위쪽에 볼록한 부분을 만든다(하현달일 때는 달이 아래쪽에서 끌어당기지만 볼록한 부분은 여전히 지구의 아래쪽과 위쪽에 만들어진다).

두 경우 모두 서로가 만든 2개의 볼록한 부분이 상쇄된다. 일반적으로 달이 만든 썰물이 태양이 만든 밀물로 일부 채워지기 때문에 밀물과 썰물 사이의 물의 높이가 줄어들게 된다. 그래서 상현달과 하현달일 때 조금이 나타나는 것이다.

그런데 잠깐. 나는 달이 만든 썰물이 태양이 만든 밀물로 "일부 채워"진다고 말했다. 그건 태양이 만드는 볼록한 부분이 달이 만드는 것보다 더 작다는 말일까?

그렇다. 밀물과 썰물은 달을 따라간다. 태양은 달의 효과에 변화를 주지만 완전히 없애지는 못한다.

왜 그런지 궁금증이 들 게 틀림없다. 나는 태양이 지구를 당기는 중력이 달의 중력보다 176배 강하다고 했다. 그런데 왜 달이 더 큰 조석 효과를 일으키는 것일까?

답은 조석 효과를 일으키는 건 중력 그 자체가 아니라 지구의 다른 부분에 미치는 중력의 **차이**라는 것이다. 지구의 크기로 인해 생기는 중력의 차이는 중력이 미치는 물체와의 거리가 멀어질수록 빠르게 감소한다. 거리가 멀어질수록 지구의 크기가 전체 거리에 비해서 점점 작아지기 때문이다.

태양 중심과 지구 중심 사이의 거리는 148,640,000킬로미터이다. 이 경우의 지구의 크기는 앞에서 본 달의 경우보다 훨씬 더 작은 차이를 만든다. 태양의 중심에서부터 태양에서 가까운 지구 표면까지의 거리는 148,633,600킬로미터이고, 먼 지구 표면까지의 거리는 148,646,400킬로미터이다. 태양 중심에서 태양에서 가까운 지구 표면까지의 거리를 1로 놓으면 먼 지구 표면까지의 거리는 1.00009가 된다. 이 거리에서 태양의 중력은 겨우 $1/1.00009^2$, 즉 0.99982까지밖에 떨어지지 않는다.

다시 말하면 지구 양쪽 표면에서의 달의 중력의 차이는 7.0퍼센트지만 태양의 중력 차이는 0.018퍼센트밖에 되지 않는다는 말이다. 태양의 중력 차이에 태양의 큰 중력을 곱하면 (0.018×176) 3.2퍼센트가 된다. 그러니까 달이 만드는 중력 효과 대 태양이 만드는 중력 효과의 비는 7.0 대 3.2, 즉 1 대 0.46이 된다.

결국 태양의 중력이 훨씬 크지만, 조석 현상에 미치는 효과는 달이 태양보다 2배 이상 더 큰 것이다.

이 두 천체가 지구에 미치는 중력의 차이를 얻는 두 번째 방법은 두 천체의 질량 비율을 거리 비율의 **세제곱**으로 나누는 것이다.

달은 1달-질량을 가지고 1달-거리에 있으므로 중력을 만드는 효과는 $1/1^3$, 즉 1이 된다. 태양은 27,000,000달-질량을 가지고 392달-거리에 있으므로 중력을 만드는 효과는 $27,000,000/392^3$, 즉 0.46이다.

우리는 태양과 달을 제외하고는 어떤 천체도 지구에 충분한 조석 효과를 주지 못한다는 것을 금방 알게 된다. 이 둘 이외에 가장 가까이 있는, 어느 정도 규모를 가진 천체는 금성이다. 금성은 1년 반 주기로 41,600,000킬로미터, 즉 108달-거리만큼 지구에 가까이 올 수 있다. 하지만 이 경우에도 중력 효과는 달의 $66/109^3$, 즉 0.0000051배밖에 되지 않는다.

조석 현상은 시간에도 영향을 미친다. 우선, 우리의 하루를 24시간으로 만든 것은 조석 현상이다. 볼록한 부분이 지구 위를 이동하면서 얕은 바다의 바닥을 긁으면(베링해와 아일랜드해가 주범으로 보인다) 지구의 자전에너지가 마찰열로 바뀌면서 줄어든다. 지구의 자전에너지는 무척 크기 때문에 1년이나 100년 단위의 기간에는 줄어드는 비율이 매우 작다. 하지만 어쨌든 지구의 자전은 느려져서 100,000년마다 하루가 1초씩 길어진다.

인간의 시간 개념으로 1초는 얼마 되지 않는 시간이지만, 지구가 45억 년 동안 존재했고 하루가 길어지는 비율이 내내 일정했다면 하루는 총 50,000초, 약 14시간 길어졌다. 처음 만들어졌을 때 지구는 겨우 10시간에 한 바퀴씩 자전했을 것이다(초기에 조석 효과가 지금보다 더 중대했다면 이보다 더 짧았을 텐데, 아마도 그랬을 가능성이 높다).

지구의 자전 속도가 느려지면 각운동량(회전하는 물체의 회전 운동의 세기─옮긴이)을 잃게 된다. 하지만 이 각운동량은 열로 사라지지 않는다. 각운동량은 지구-달 시스템의 다른 곳에 남아 있다. 지구가 잃어버리는 각운동량은 달이 지구에서 멀어짐으로써 가져가게 된다. 거리가 멀어지면 각운동량이 커진다. 각운동량은 자전 속도만이 아니라 그것의 주위를 도는 물체의 거리에도 의존하기 때문이다.

그러므로 조석 효과는 지구의 자전을 느리게 만들고 달과의 거리를 증가시킨다.

지구의 자전이 느려지는 데는 한계가 있다. 결국에는 지구의 자전 속도가 너무 느려져서 달이 지구 주위를 돌 때 언제나 지구의 한쪽 면만 달을 향하게 될 것이다. 그렇게 되면 볼록한 부분은 달을 향하는 방향으로(그리고 그 반대 방향으로) '고정'되어서 더 이상 지구 위를 여행하지 않게 된다. 마찰도 없고 더 느려지지도 않는다. 그때 지구의 하루 길이는 지금보다 50배 이상 길어질 테고, 달도 더 멀어져서 달이 지구 주위를 도는 주기가 2배가 될 것이다.

물론 태양에 의해 볼록해지는 부분은 여전히 지구 위를 1년에 일곱 번 정도 움직여 지구-달 시스템에 좀 더 영향을 주겠지만 지금은 신경 쓰지 말자.

지구에 바다가 없다 하더라도 조석 마찰은 있었을 것이다. 지구의 고체 성분들이 달의 차등중력(differential gravity)으로 약간 늘어나기 때문이다. 고체 성분의 볼록한 부분이 지구 위를 움직이면서 내부 마찰을 일으켜 지구의 자전을 늦춘다.

우리는 바다가 없는 달에서 이런 현상을 확인할 수 있다. 달이 지구에 조석 현상을 일으키는 것처럼 지구도 달에 조석 현상을 일으킨다. 지구의 질량은 달보다 81배 더 크고 거리는 같기 때문에 지구가 달에 미치는 조석 효과는 달이 지구에 미치는 조석 효과의 81배일 거라고 예상할 것이다. 하지만 실제로 그렇게까지 크지는 않다. 달은 지구보다 크기가 작으므로 지구에 비해 중력의 차이가 더 작기 때문이다. 자세한 계산은 생략하고(여러분이 해볼 것도 남겨줘야 하니까) 결과만 말하겠다.

달이 지구에 미치는 효과를 1이라고 하면 지구가 달에 미치는 효과는 32.5다.

달은 지구보다 32.5배 더 크게 효과를 받으며, 달의 질량을 고려하면 달의 자전에너지는 지구보다 훨씬 작다. 태양계의 역사는 달의 자전에너지가 줄어들어서 볼록한 부분이 고정되고 달이 늘 한쪽 면만 지구를 향하게 만들 충분한 시간을 가지고 있다. 그리고 실제로 그렇게 되고 있다.

그렇다면 달보다 훨씬 큰 조석 효과를 받는 다른 위성(달보다 아주 많이 크지 않다면) 역시 언제나 한쪽 면만 자신의 행성을 향하고 있을 거라고 예상할 수 있다.

실제로 태양계에는 달만 하거나 날보다 조금 큰 6개의 위성이 지구보다 훨씬 큰 행성 주위를 돌고 있다. 그러므로 이들은 조석 효과를 훨씬 더 많이 받을 것이다. 계속해서, 달이 지구에 미치는 효과를 1로 하고 다음 표를 보자.

표 1

해왕성 → 트리톤	720
토성 → 타이탄	225
목성 → 칼리스토	225
목성 → 가니메데	945
목성 → 유로파	145
목성 → 이오	5,650

이 모든 위성이 자신의 행성에 대해 회전이 멈춰 있을 것이라는 사실은 의심의 여지가 없는 듯 보인다. 이 위성들은 모두 언제나 한쪽 면만 자신의 행성을 향하고 있다.

그렇다면 그 반대는 어떨까? 그 여러 위성이 자신의 행성에 미치는 영향은?

앞에서 언급한 달 정도 크기의 6개의 위성들 중에서 자신의 행성에 가장 가까이 있는 것은 이오와 트리톤이다. 이오는 목성에서 420,000킬로미터 떨어져 있고 트리톤은 해왕성에서 350,000킬로미터 떨어져 있다. 조석 효과는 거리의 세제곱에 반비례하므로 우리는 이 두 위성이 자신들의 행성에 미치는 효과가, 자신의 행성에서 훨씬 멀리 있는 나머지 4개의 위성들이 미치는 효과보다 더 클 것이라고 예상할 수 있다.

목성/이오 짝과 해왕성/트리톤 짝을 비교하면, 목성이 해왕성보다 훨씬 크기 때문에 목성에서의 중력의 차이가 더 클 것이다. 이 차이가 가장 중요하므로 지금 보고 있는 6개의 행성/위성 짝 중에서 이오가 목성에 미치는 조석 효과가 가장 강할 것이라고 결론 내릴 수 있다. 그게 어느 정도인지 살펴보자.

마찬가지로 달이 지구에 미치는 조석 효과를 1로 상정한다. 그러면 (여러분이 나의 계산을 믿는다면) 이오가 목성에 미치는 효과는 30이 된다.

이는 만만찮은 크기다. 이오와 같은 작은 위성이 거대한 목성에게 커다란 중력 효과를 미칠 리가 없다고 생각하는 사람들을 놀라게 하기에 충분하다.

실제로 그렇다. 달이 지구에 미치는 효과보다 이오가 목성에 미치는 효과가 30배 더 크다. 이오가 목성이 미치는 효과는 지구가 달에 미치는 효과와 거의 비슷하다.

물론 지구가 미치는 효과는 달의 자전을 멈추기에 충분하지만, 이오가 목성의 자전을 느리게 할 정도로 목성에 비슷한 효과를 미칠 거라고는 기대하지 않을 것이다. 목성은 달보다 질량이 훨씬 크기 때문에 자전에너지도 훨씬 더 많이 가지고 있다. 목성은 수십억 년 동안 자전에너지를 잃어도 자전 속도가 거의 줄지 않은 반면, 달은 같은 비율로 자전에너지를 잃다가 완전히 멈춘다. 그리고 목성은 지금도 불과 10시간 주기로 자전을 하고 있다.

하지만 중력 효과에는 자전을 늦추는 것 외에 다른 것도 있다. 최근에는 이오의 자전에 따라 목성의 전파 방출이 달라진다는 사실이 발견되었다. 이 사실은 천문학자들을 혼란스럽게 만들었고 몇몇 이론 천문학자들이 내가 정확하게 이해하지 못하는 방법으로 이에 대해 설명했다(어쨌든 나는 천문학자가 아니니까).(이오가 목성 주위를 돌면서 목성의 자기장을 교란시켜 전파 방출이 변화하는 것으로 설명되고 있다.—옮긴이)

나는 이 설명들에 반드시 이오가 목성의 거대한 대기에 미치는 조석 효과가 포함되어야 한다고 본다. 이 조석 효과가 대기의 난류에, 그리고 전파 방출에 영향을 미치는 것이 분명하다. 절대 그럴 것 같진 않지만, 만약 이 사항이 고려되지 않았다면 나는 이 제안을 모든 사람들에게 무료로 제공하겠다.

이제 생각해 볼 것이 하나밖에 남지 않았다. 나는 태양이 지구에 미치는 조석 효과에 대해 이야기했다. 조석 효과는 거리의 세제곱에 반비례하기 때문에 태양이 지구에 미치는 효과는 그렇게 크지 않다(0.46). 그러므로 지구보다 더 멀리 있는 행성에는 그 효과가 더 영향이 없을 것이다.

그렇다면 지구보다 태양에 더 가까이 있는 금성과 수성에 미치는 효과는 어떨까?

내가 계산한 바에 의하면 태양이 금성에 미치는 조석 효과는 1.06이고 수성에 미치는 효과는 3.77이다.

이 값은 어중간하다. 지구의 자전을 멈추기엔 충분치 않은 정도인 달이 지구에 미치는 효과보다는 크고, 달의 자전을 멈추기에는 충분한 정도인 지구가 달에 미치는 효과보다는 작다.

그러므로 금성과 수성은 자전이 느려지긴 해도 멈출 정도는 아니라고 예상할 수 있을 것이다.

하지만 오랫동안, 금성과 수성은 자전이 멈춰서 두 행성 모두 언제나 한쪽 면만 태양을 향하고 있는 것으로 여겨져 **왔다**. 금성의 경우 이것은 순전히 추측이었다. 아무도 금성의 표면을 보지 못했기 때문이다.(지금은 레이더를 이용하여 금성의 표면을 볼 수 있다.—옮긴이) 하지만 수성의 경우에는 표면 모양을 (뚜렷하지는 않지만) 볼 수 있기 때문에 관측으로 확인된 것처럼 보였다.

그런데 지난 1, 2년 동안 이 관점은 두 행성 모두에서 수정되었다. 사실을 알게 된 다음에 밝혀진 것이지만, 조석 효과를 고려했을 때 금성과 수성 둘 다 예상할 수 있는 정도로 태양에 대해 천천히 자전하고 있다.(수성의 자전주기는 59일이고, 금성의 자전주기는 243일로 금성의 1년인 224일보다 길다.—옮긴이)

2. 다모클레스의 바위

어떤 면에서 요즘의 SF 작가들은 일을 그렇게 잘하지 못하고 있
다. 1962년 말 매리너 2호는 금성의 표면 온도에 대한 의문을
해결했다. 물의 끓는점보다 훨씬 높다는 것이다.

이와 함께 SF 이야기의 가장 아름다운 무대 중 하나가 사
라졌다. 나를 포함해 어느 정도 연배가 있는 사람들은 와인바움
(Weinbaum)의 '기생 행성(Parasite Planet)'(스탠리 와인바움이 1935년
에 발표한 SF소설로 금성에 살고 있는 생명체들에 대한 이야기다—옮긴이)에
대한 추억을 가지고 있을 것이다. 이제 끝났다! 몇 년 전 나도 필
명으로 금성에 거대한 바다가 있고 바다의 얕은 지역 수중에 지
구 도시가 건설되어 있다는 짧은 소설을 썼다.* ……그것도 끝
이다!

이제는 매리너 4호가 화성에서 크레이터를(운하는 없고) 발
견하고 있다.

아무도 이건 예상하지 못했다! 나는 화성에 크레이터가 있
는 SF 이야기는 하나도 알지 못한다……. 운하는 있었지만 크레
이터는 없었다!

나는 화성을 무대로 한 이야기를 몇 편 썼는데 운하는 항상
언급했지만(운하에 물은 없었다. 나도 그 정도는 안다.) 크레이

---

* 이것은 《행운의 별과 금성의 바다(Lucky Starr and the Oceans of Venus)》(1954)이다.
이 글이 처음 발표된 후 이 소설은 내 이름으로 페이퍼백으로 발표되었다. 시대에 뒤
떨어진 천문학이라는 설명과 함께.

터를 언급한 적은 한 번도 없다.

그리고 매리너 탐사선들이 보내온 사진들을 보면 화성의 표면에는, 적어도 일부에는, 달만큼이나 크레이터가 많다.(1964년 매리너 4호, 1969년 매리너 6호, 7호가 화성을 스쳐 지나가면서 사진을 보냈고, 1971년 매리너 9호는 최초로 화성 주위를 돌며 사진을 찍었다.─옮긴이)

SF 작가들의 자존심에는 다행스럽게도 천문학자들 역시 별로 다르지 않았다. 금성의 첫 번째 마이크로파 관측 자료가 자세히 분석되기 전에는 적어도 내가 알기로는 누구도 금성이 수성만큼이나 뜨거울 거라고 예상하지 않았다. 게다가 화성에 크레이터가 있을 가능성에 대해서는 상상조차 해본 사람이 거의 없다.

최초의 화성 사진들을 본 언론은 그것이 화성에 생명체가 없다는 사실을 보여준다고 보도했다. 정확히 말해서 그 사진들은 생명체를 찾는 사람들에게 기쁨을 줄 만한 것은 아니었지만 그렇다고 그렇게 나쁘지만은 않았다.

사진에 생명체의 흔적이 보이지 않는다는 사실 자체는 아무 의미도 없다. 지구의 기상위성들도 매리너 4호가 화성에서 찍은 것과 비슷한 조건에서 수도 없이 지구 사진을 찍지만 그 사진들에도 생명체의 흔적은 보이지 않는다. 사람의 흔적이 아니라 어떤 생명체의 흔적도 보이지 않는다는 말이다. 우리는 지구에서 생명체의 흔적을 찾으려면 어디에서 무엇을 보아야 하는지 알고 있다.

생명체가 존재하지 않는다는 관점과 관련하여 좀 더 정교한 주장은 화성에 있는 그 많은 크레이터의 존재에 기반한다. 화성에 넓은 바다나 대기가 있었다면 그 크레이터들이 모두 침식되어 사라졌을 것이다. 이 크레이터들이 남아 있기 때문에, 화성은 항상 건조하고 공기가 희박해서 애초에 생명체가 등장했을 가능성이 매우 적다는 주장이다.

하지만 생명체가 있을 가능성이 있다고 보는 사람들은 바로 반격한다. 화성은 달보다 소행성대에 훨씬 가까이 있는 데다, 소행성들이 화성과 충돌해 큰 규모의 크레이터들을 만드는 원인이 될 가능성이 높으므로, 화성에는 단위 표면당 달보다 약 25배 더 많은 크레이터가 있어야 한다. 화성의 크레이터는 그보다 훨씬 적다. 나머지 6분의 5는 어디로 갔을까?

침식되어 사라졌다!

그렇다면 우리가 보는 크레이터들은 아직 침식되어 사라질 시간이 지나지 않은 새로운 것들이다. 침식이 일정한 속도로 이루어진다고 가정하면 우리가 보는 것은 화성 역사에서 마지막 6분의 1, 그러니까 6억에서 7억 년밖에 되지 않은 것이다.

이보다 전에 무슨 일이 일어났는지 우리는 알 수 없다. 그전에는 많은 양의 물이 있었고 안정적으로 물이 풍부한 화성에서 생명이 등장했을 수도 있다. 그렇다면 화성의 생명체는 점점 삭막해져 가는 행성에서 살아남기 위한 사투를 벌이고 있을지도 모른다.

그렇지 않을 수도 있지만 우리가 가진 사진만으로는 알 수 없다. 우리에겐 좀 더 자세한 사진이 필요하고, 그보다 더 좋은 것은 사람이 직접 화성에 가보는 것이다.*

화성의 크레이터

매리너 4호가 화성을 스쳐 지나가면서 우리에게 보내준 사진들 중에는 달에 있는 것과 아주 유사한 크레이터들의 사진이 있었다. 운하는 없었고 크레이터는 있었다. 화성이 마치 지구처럼 사라져 가는 문명을 가진 세계라는 생각은 없어지고(사실 천문학자들은 한두 명을 빼고는 그렇게 생각한 사람이 없었지만 SF 작가들은 그렇게 생각했다) 화성은 달처럼 죽은 세계라는 생각이 자리 잡았다.

하지만 1972년 매리너 9호가 화성 주위를 돌면서 사실상 화성 표면 전체의 사진을 찍자 화성에 크레이터보다 훨씬 많은 것이 있다는 사실이 밝혀졌다. 화성에는 지구의 어떤 화산보다 더 큰 화산이 있었다. 그리고 지구의 어떤 계곡보다 더 길고 깊은 계곡이 있었다.

모래는 어디에나 있었다(달에 착륙하기 전에는 모래가 많을 것이라고 생각했지만 달에는 없었다). 얇은 대기에 날린 모래가 여기저기를 뒤덮었다. 이 사진에서는 날리는 모래에 일부가 가려진 3개의 커다란 크레이터를 볼 수 있다. 왼쪽 아래에 있는 크레이터에서는 모래의 일부가 바람에 날려 없어졌다.[36쪽 사진]

그렇게 머지않은 과거에(지질학적으로) 물이 흘러서 만들어진 것처럼 보이는 구불구불한 홈들의 흔적도 있다. 우리는 어쩌면 대부분의 대기가 물과 이산화탄소가 뒤섞인 형태로 극관(polar cap, 화성의 극 근처에 있는 얼음—옮긴이)에 얼어붙어 있는 화성의 '빙하기'를 보고 있는 것일지도 모른다. 다른 시기에는 극관이 없고 상당히 두꺼운 대기가 액체 상태의

---

* 이 글이 발표된 이후의 화성 탐사선들은 화성의 상태가 생각보다 훨씬 혹독하다는 사실을 보여주었다. 예를 들어, 훨씬 추웠다. 탐사선들은 화산 지형이나 침식 효과처럼 보이는 곳 등 아주 다양한 표면의 모습을 보여주기도 했다. 화성의 생명체에 대한 의문은 아직 열린 질문이다. 최근 자료에 기반한 의견 중에는 화성에 주기적으로 공기와 물이 상당히 풍부한 좋은 조건이 만들어진다는 것도 있다.

사진: NASA

물을 덮고 있을 수도 있다. 물론 대기 중에 산소는 없지만, 대기 중의 산소가 생명에 필수적인 것은 아니므로 화성에는 아직 발견되지 않은 생명체가 존재할 수도 있다.

달의 크레이터

달과 관련된 모든 것은 환경이나 과학의 발전 같은 부분에서 인류에게 매우 중요하다. 달은 우리와 너무나 가까이 있기 때문이다. 달은 태양이나 가끔씩 나타나는 혜성을 제외하고는 하늘에서 점보다 크게 보이는 유일한 빛이다. 그리고 하늘에서 꾸준히 지속적으로 일정한 주기로 모양이 변하는 유일한 천체이기도 하다.

고대에도 달이 태양 빛을 반사해서 빛난다는 사실을 알 수 있었다. 그래서 달은 하늘에서 스스로 빛나지 않는 유일한 천체였다. 지구와 같은 어둠의 세계인 것이다.

그리스의 이론가들(이들은 자신들을 철학자라고 불렀다)은 하늘에 있는 천체들이 지구와는 성질이 너무나 달라서 완전히 다른 재료로 만들어졌다고 생각했다. 아리스토텔레스는 그것을 '에테르(ether)'라고 불렀다. 천체들은 불완전하고 변화하고 소멸하는 지구와 달리 완전하고 불변하고 영원하다고 여겨졌다.

달은 (태양이 비치지 않는 곳은) 어둡고 표면에 보이는 의문의 자국들 때문에 이런 일반적인 분류를 의심하게 만들었다. 하지만 달은 어쨌든 지구에 가장 가까이 있는 천체이기 때문에 지구의 불완전성을 어느 정도 나누어 가지고 있을 수도 있었다.

사진: NASA

그런데 1609년 갈릴레오가 망원경을 만들어 달을 관찰했다. 그가 본 것은 산들(분명히 산이었다)과 바다처럼 보이는 어두운 지역이었다. 달은 지구와 매우 비슷한 세계였다. 하늘은 완전하며 지구와는 완전히 다르다는 믿음에 균열이 생겼다.

갈릴레오 이후 350년 동안 달 표면의 크레이터들은 지구의 대기 때문에 흐릿하게만 볼 수 있었다. 하지만 1960년대에는 우주에서, 그리고 달 가까운 거리에서 사진을 찍을 수 있게 되었다. 이 사진은 아폴로 11호가 달 주위를 돌면서 찍은 것이다.[38쪽 사진]

어쨌든 화성의 크레이터들로 한 가지 확실한 추론을 할 수 있다. 태양계 역사 동안 (적어도 태양계 안쪽에서는) 주요 천체들이 더 작은 천체들의 지속적인 폭격을 받았다는 사실이다. 달과 화성에 그 흉터가 남아 있고, 지구가 이 폭격을 피할 수 있었을 것이라고 생각하는 건 어리석은 일이다.

지구는 소행성대에서 달만큼 떨어져 있지만 달보다 81배 더 무겁기 때문에 같은 거리에서 81배의 힘으로 끌어당긴다. 더구나 지구는 달보다 단면적이 14배나 더 큰 목표물이기 때문에 훨씬 더 많은 충돌이 있었을 것이 틀림없다. 또한 지구는 소행성대에서 화성보다 훨씬 멀리 있지만 화성보다 단면적이 3.5배, 질량은 10배 더 크기 때문에 지구가 화성보다 더 많은 충돌에 시달렸을 거라고 나는 추정한다.

달에는 대략 1킬로미터 지름 안에 300,000개의 크레이터가 있는 것으로 여겨진다. 지구는 충돌의 흔적이 남지 않는 바다가 70퍼센트를 차지하고 있음에도 불구하고 나머지 30퍼센트(지구의 육지)는 수십억 년의 역사 동안 적어도 백만 번의 충돌에 시달렸을 것이다.

그 흔적은 모두 어디 갔을까? 침식되었다! 바람, 물, 생명체들이 빠르게 그 흔적을 지워버렸으므로 지구에서 만들어진 크레이터의 99퍼센트 이상이 지금은 사라졌다.

하지만 최근 것은 흔적이 남아 있다. 대체로 둥근 모양으로 파여 있는 것을 찾으면 된다. 사실 찾기는 쉽다. 대략 둥근 모양을 찾으면 되기 때문이다. 흔적의 경계는 침식, 흙의 움직임, 추가적인 폭격 등으로 흐려져 있을 테니까.

거의 원형을 띠고 있는 흔적에 물이 채워져서 거의 원형인 바다를 만들기도 한다. 아랄해가 그 예다. 그리고 흑해의 북쪽 경계도 원형에 가까운 호를 이루고 있다. 멕시코만도 거의 원형에 가깝다. 그렇게 보면 인도양, 그리고 심지어 태평양도 놀라울 정도로 원형에 가까운 해변을 가지고 있다.

그런 원 모양들을 찾고 못 찾고는, 당신이 그것들을 얼마나 간절히 찾기를 원하는지와 완전한 원형에서 벗어난 것을 무시할 준비가 얼마나 되어 있는지에 달려 있다.

크레이터일 가능성이 있는 구멍들을 가장 열심히 찾는 사람 중 한 명으로 펜실베이니아 주립대학의 프랭크 더칠(Frank Dachille) 박사가 있다. 바로 얼마 전, 그 대학에서 더칠 박사의 의견에 대한 내용을 나에게 보냈다. 미국과 그 근처에서 42개 이상의 운석 크레이터 혹은 크레이터 그룹으로 "보이거나 추정되는" 지점들이 표시된 지도가 포함되어 있었다.

그 가운데 미국에서 가장 큰 곳에는 '미시간 분지(Michigan Basin)'라는 이름이 붙어 있었다. 이것은 미시간호와 휴런호로 이루어진, 원에 가까운 모양으로 지름이 약 500킬로미터나 된다. 더칠의 계산에 따르면 이 정도 크기의 크레이터는 지름 50에서 60킬로미터 정도의 운석에 의해 만들어진다.

이 지도에는 '켈리 크레이터'라는 이름의 훨씬 큰 크레이터가 있었다. 이것은 대서양에 접한 미국의 해변을 포함하고 있었다. 원의 3분의 1 정도 되는 호를 그리고 있었는데 그 원을 완성하면 지름 2,000킬로미터가 넘을 것이었다. 이 정도 크기의 크레이터를 만들려면 운석의 지름이 150킬로미터는 넘어야 하는 것으로 추정되는데, 이는 꽤 거대한 소행성 크기다.*

그런 파국적 사건은 행성의 역사에서 아주 특별한 시기에 국한된 것일 뿐이라고 생각할 수도 있다. 태양계가 만들어지던 꽤 초기에는 미행성(planetesimal)들이 뭉쳐서 행성들을 만들고 마지막 남은 아주 큰 잔해들이 지구와 달에 주요한 큰 흔적을 남겼을 것이다.

혹은 행성들의 역사 중 화성과 목성 사이에서 어떤 행성이 폭발하여(혹은 연속적인 폭발로) 소행성대와 수성에서 목성에 이르는 태양계에, 작은 조각에서부터 150킬로미터 크기에 이르는 날아다니는 잔해를 남겨놓은 시기가 있었을 수도 있다.

어쨌든 이런 특별한 시기는 이제 끝났고 충격은 더 이상 없

---

* 이 글이 쓰인 이후 지질학자들은 대륙의 이동을 통해 대서양이 (지질학 역사에서) 상당히 최근에 형성됐다고 점점 확신하게 되었다. 대서양의 경계는 상당히 잘 맞아서 큰 운석의 충돌이 있었을 가능성이 별로 없어 보인다. 나는 더칠 박사의 열정이 약간의 집착을 만들어 내지 않았나 생각된다. 하지만 그렇다고 운석의 충돌이 다양한 시간과 장소에서 일어났다는 사실을 부정하는 것은 아니다.

으며 크레이터들은 이미 만들어졌고 더 이상 그 문제를 생각할 필요가 없다고 주장할 수도 있다. 더 이상 행성의 파괴도, 지구에 닿을 만한 거리에서 떠다니는 지름 150킬로미터짜리 소행성도 없다.

실제로 그렇다. 달 이외에는 지구에 45,000,000킬로미터 이내로 다가온 지름 40킬로미터 이상의 천체는 없다. 그리고 달이 자신의 궤도를 벗어날 이유도 없다. 그렇다면 우리는 안전할까?

아니, 그렇지 않다! 우주는 먼지 입자와 작은 물질들로 가득하고, 이것들은 우리 대기로 뛰어 들어와 빛을 내면서 우리에게 아무런 피해를 주지 않고 증발한다. 하지만 큰 덩어리들(바다를 쓸어버릴 정도는 아니지만 엄청난 충격을 줄 정도로는 큰)은 우리 주위에서 돌아다니고 있다.

어쨌든 우리는 상태가 제법 좋아서 꽤 최근에 만들어진 게 틀림없는 크레이터들을 발견하고 있다. 이 크레이터들 중에서 가장 볼 만한 것은 애리조나의 윈슬로 근처에 있다. 이것은 작은 달 크레이터처럼 생겼고, 대략 원형이며 평균 지름은 약 1,260미터다. 깊이는 170미터이고 바닥은 180미터 두께의 부서진 잔해의 층으로 덮여 있다. 이 크레이터는 주변의 평원보다 40~50미터 높은 벽으로 둘러싸여 있다.

이 크레이터가 (화산의 잔해가 아니라) 운석의 충돌로 만들어졌다고 처음으로 말한 사람은 미국의 광산 엔지니어 대니얼 머로 베링거(Daniel Moreau Barringer)였다. 그래서 이것은 베링거 크레이터라고 불린다. 운석 충돌로 만들어졌기 때문에 운석 크레이터라는 이름도 가지고 있다. 심지어 발견자의 이름과 크레이터의 크기와 기원을 모두 포함한 '거대 베링거 운석 크레이터'라는 이름도 본 적이 있다.

물이나 생명체의 효과가 아주 적은 황량한 지역에서 충돌이 일어났기 때문에 베링거 크레이터는 지구의 다른 대부분의 지역에서 충돌이 일어났을 경우보다 보존이 잘 되어 있다. 하지만 이 크레이터의 상태가 좋은 더 큰 이유는 만들어진 지 50,000년밖에 되지 않았기 때문이다. 50,000년은 지질학적으로 보면 어제나 마찬가지다.

만일 이 크레이터를 만든 운석(질량 약 수백만 톤)이 지금 어떤 지점에 정통으로 떨어진다면 단 한 번의 충돌로 지구의 가장 큰 도시를 쓸어버리고 그 주변의 상당 부분을 파괴할 수 있다.

역사 시대에도 (그렇게까지 크진 않은 것으로 보이지만) 몇 번의 충돌이 있었고, 20세기에도 주목할 만한 경우가 두 번 있었다. 그중 한 번은 1908년 시베리아의 중심부에서 일어났다. 이 운석은 질량이 수십 톤밖에 되지 않은 것으로 보이지만 지름 50미터의 크레이터를 만들고 주변 30~50킬로미터 범위의 나무들을 쓸어버리기에 충분했다.*

실제로 그렇게 될 수 있다. 맨해튼 중심에서 그런 충돌이 일어났다면 그 섬에 있는 건물 전체와 강 양쪽의 수많은 건물들이 무너지고 수백만 명이 순식간에 죽음을 당했을 것이다.

사실 1908년의 운석은 대도시 하나를 충분히 쓸어버릴 수 있었다. 계산에 따르면 운석이 우주 공간에서 위치가 조금 달

---

* 이 지역에서 운석 물질은 아직 발견되지 않았다. 휘발성이 강한 물질로 만들어진 혜성이 충돌한 후 증발해 버린 것일까? 작은 반물질 조각이 보통 물질과 접촉해서 폭발하여 아무 흔적도 남기지 않게 된 걸까? 아무도 모른다.(2013년에 이 지역에서 소행성에서 기원한 것으로 보이는 운석의 잔해가 발견되었다.—옮긴이)

라진 채 원래 경로와 나란한 궤도를 움직이는 상태에서 지구가 5시간만 더 자전했다면 상트페테르부르크(당시 러시아 제국의 수도)를 정면으로 강타했을 것이다.

그리고 1947년, 조금 더 작은 운석이 시베리아 동쪽 끝에 떨어졌다.

두 번의 충돌 모두 시베리아에서 일어났고 두 번 다 나무와 야생동물 이외에는 아무런 피해를 주지 않았다. 인류에게는 행운의 연속이었다.

몇몇 천문학자들은 지구에 1세기마다 두 번의 '도시 파괴'[가 가능한—옮긴이] 충돌이 일어날 것이라고 추정했다. 그렇다면 몇 가지 계산을 해볼 수 있다. 뉴욕시는 지구 표면의 약 670,000분의 1을 차지하고 있다. 도시 파괴 운석이 지구의 어딘가에 무작위로 떨어진다면 하나의 운석이 뉴욕시에 떨어질 확률은 670,000분의 1이다.

이런 운석이 50년마다 한 번씩 떨어진다면 어느 특정한 해에 뉴욕시에 운석이 떨어질 확률은 $1/670,000 \times 50$, 즉 $1/33,000,000$이다.

하지만 뉴욕시는 여러 도시 중 하나일 뿐이다. 만일 지구상에 있는 도시 지역의 전체 면적이 뉴욕시의 330배 정도라면(특별한 근거는 없는 가정이다) 어떤 도시가 특정한 해에 도시 파괴 운석에 의해 박살이 날 가능성은 100,000분의 1이다.

다시 말하면 이후 100,000년 이내에 지구의 꽤 큰 어느 도시가 운석에 의해 박살 날 가능성이 있다는 말이다. 하지만 이는 너무 낙관적인 예측이다. 지구의 도시 지역은 늘어나고 있고 꽤 오랫동안 계속 늘어나 훨씬 좋은 목표물이 될 것이기 때문이다.

이렇게 보면 과거에 왜 도시 지역이 파괴되지 않았는지가 분명해진다. 도시들은 약 7,000년 동안밖에 존재하지 않았고, 지난 몇 세기 전까지 아주 큰 도시는 드문 데다 넓게 흩어져 있었다. 기록된 역사를 통틀어서 이런 종류의 대규모 재앙이 일어날 확률은 아마 100분의 1도 되지 않았을 것이고 그런 일이 일어나지도 않았다.

하지만 꼭 직접 맞아야만 할까? 살짝 빗나가는 정도라면 어떨까. 육지라면 살짝 빗나가는 정도는 괜찮을 것이다. 1908년과 같은 운석이 도시 중심에서 80킬로미터 떨어진 곳에 충돌하더라도 도시는 안전할 것이다. 그런데 운석이 바다에 떨어지면 어떨까? 실제로 운석의 4분의 3은 바다에 떨어진다.

운석이 지나치게 거대하지 않고 해안에서 충분히 먼 곳에 떨어진다면 피해는 크지 않을 것이다. 하지만 커다란 운석이 해안 근처에, 심지어는 육지에 살짝 둘러싸여 있는 바다에 떨어질 가능성은 언제나 존재한다. 이런 경우라면 심각한 피해를 줄 수 있다. 게다가 전 세계의 도시보다 바다의 적당한 영역이 훨씬 더 넓기 때문에, 운석이 도시 중심을 강타할 가능성보다 바다로 살짝 빗나가는 운석에 의해 대재앙이 일어날 가능성이 더 크다.

바다로 살짝 빗나가는 운석은 평균적으로 100,000년 만에 한 번이 아니라 10,000년 만에 한 번이나 그보다 더 적은 기간을 두고 떨어졌을 것으로 보인다. 다시 말하면 그런 재앙에 대한 기록이 역사에 존재해야 하고 나는 실제로 있다고 생각한다.

노아의 홍수는 **실제로** 일어났다. 다르게 표현하면, 약 6,000년 전에 티그리스-유프라테스 지역에 거대하고 치명적인 홍수가 있었다. 바빌로니아 시대의 이야기가 세대를 따라 전해 내려오면서 신화적인 내용과 뒤섞인 것으로 볼 수 있다. 성경에 기록된 노아의 홍수 이야기는 이 이야기들의 한 버전일 것이다.

이것은 추측이 아니다. 고고학적인 증거로, 바빌로니아 고대 도시들이 있던 곳에서 사람의 흔적이나 인공물이 없는 곳에 두꺼운 퇴적층이 발견되었다.

무엇이 이런 퇴적층을 만들었을까? 일반적인 설명은 티그리스-유프라테스강이 종종 범람을 했고, 그중 한 번은 특히 심하게 범람을 했다는 것이다. 나는 항상 이 설명이 만족스럽지 않았다. 나는 어떻게 강의 범람이 지금까지 발견된 그 모든 퇴적층을 만들고, 전 세계적인 홍수와 죽음과 재앙을 일으킨 극적인 이야기에서와 같은 피해를 줄 수 있는지 이해되지 않는다. 이야기꾼들이 흔히 하는 과장을 고려해도 그렇다.

나는 내가 아는 한 내가 처음으로 만들어 낸 다른 설명을 가지고 있다. 이런 설명은 어느 곳에서도 본 적이 없다.

도시 파괴 운석이 약 6,000년 전에 페르시아만에 떨어졌다면 어떻게 됐을까. 페르시아만은 거의 육지에 둘러싸여 있기 때문에 그런 충돌은 커다란 파도를 북서쪽으로 움직여 티그리스-유프라테스 계곡의 낮은 평원으로 밀려들게 해서 치명적인 충격을 주기에 충분했을 것이다.

그것은 모든 파도를 능가하는 슈퍼 쓰나미가 되어 계곡의
대부분을 깨끗이 쓸어버렸을 것이다. 물은 그곳에 살던 사람들
입장에서는 실제로 '온 세상'을 덮었고 무수히 많은 사람들이 물
에 빠져 죽었을 것이다.

이를 뒷받침하는 증거로 성경이 단지 비만 언급하진 않는
다는 사실을 지적하고 싶다. 〈창세기〉 7장 11절에는 비를 의미
하는 "하늘의 창이 열렸다"는 말만 있는 게 아니라 "같은 날에
모든 큰 깊은 샘들이 터졌다"라는 말이 있다. 이것은 무엇을 의
미할까? 내가 보기에 이는 바다에서 물이 밀려왔다는 것을 의
미한다.

더구나 노아의 방주에는 동력이 없다. 돛도 없고 노도 없이
그냥 흘러간다. 어디로 흘러갔을까? 방주는 티그리스-유프라테
스의 북서쪽 캅카스 고원에 있는 (고대 우라르투의) 아라라트산
에 닿았다. 그런데 일반적인 강의 범람이라면 배를 남동쪽에 있
는 바다로 밀어냈을 것이다. 전례가 없는 파도만이 방주를 북서
쪽으로 운반할 수 있다.*

바다로 빗나간 운석 이야기 중 오직 노아의 홍수만 기억되
는 것은 아니다. (전부는 아니지만) 많은 종족이 홍수 전설을 가
지고 있고, 플라톤은 이 전설들에서 아틀란티스 이야기를 만들
어 냈을 것이다.** 인류의 기억 속에 이런 대재앙은 실제로 여러
번 있었다.

* 이 글이 발표되고 2년 후에 나는 이 가설을 《아시모프의 바이블 구약(Asimov's Guide
to the Bible, Volume 1, The Old Testament)》(1968)에서 다시 한 번 주장했다. 하지만
이것이 얼마나 훌륭한 추론인지 말해주는 고고학자는 아직 아무도 없다. 우리 같은 천
재들이 인정받지 못하는 현실이 안타깝다.
** 이 부분은 내가 틀렸다. 이 글을 쓴 후 고고학자들이 에게해 남쪽에서 크레타 문명을
파괴한 쓰나미를 만들어 낸 거대한 화산 폭발이 일어난 작은 섬을 발견했다. 서기전
1400년경에 일어난 이 폭발하는 섬에 대한 희미한 기억이 1,000년 후에 플라톤의 아
틀란티스로 나타났다. 운석은 아니었지만 어쨌든 대재앙이었다.

다음번 재앙은 언제 있을까? 100,000년 후? 1,000년 후? 내일? 아무도 알 수 없다.

물론 우리는 가까운 공간을 살펴서 주변에 뭐가 있는지 볼 수는 있다.

1898년까지 아무것도 없었다! 금성과 화성 궤도 사이에는 지구와 달을 제외하고 아무것도 없었다. 유성을 만들거나 가끔씩 지구 표면에 떨어지는 정도의 자갈과 작은 덩어리뿐이었다. 운석이 사람을 죽이거나 집을 부술 수는 있었겠지만, 운석에 의한 효과는 번개에 의한 효과보다 훨씬 약했다. 그리고 인류는 천둥 번개와는 오랫동안 함께해 왔다.

그러던 1898년, 독일의 천문학자 구스타프 비트(Gustav Witt)가 소행성 433을 발견했다. 비트가 그 궤도를 계산할 때까지는 특별한 것이 없었다. 궤도는 당연히 타원이었고, 그 소행성은 타원궤도상 태양에서 가장 먼 곳에서, 그때까지 발견된 모든 소행성들과 마찬가지로 화성과 목성 사이를 지나갔다.

그런데 그 외 나머지 궤도에서는 지구와 화성 사이를 움직였다. 이 소행성의 궤도는 지구 궤도에 22,000,000킬로미터까지 근접했고, 어떤 위치에서는 지구와 금성 사이 거리의 절반까지 접근했다. 비트는 이 소행성에게 고대 신화 속 화성(마르스)과 금성(비너스)의 아들인 에로스라는 이름을 붙여주었다. 이것이 특이한 궤도를 가진 모든 소행성에 남성의 이름을 붙이는 전통의 시작이 되었다.

에로스의 접근은 과학자들에게는 축복할 만한 일이었다. 에

로스가 가까이 오면 태양계의 구조를 그 어느 때보다도 더 정확하게 알아낼 수 있었다. 1931년 에로스가 27,000,000킬로미터 이내로 접근했을 때 바로 그런 일이 있었다. 밝기의 주기적인 변화를 이용해 에로스가 구형이 아니라 불규칙한 벽돌 모양이라는 사실을 알아냈다. 우리가 긴 쪽을 볼 때는 밝게 보이고 끝 부분을 볼 때는 어둡게 보인 것이었다. 긴 쪽의 지름은 24킬로미터이고 짧은 쪽 지름은 8킬로미터로 측정되었다.

에로스의 접근으로 특별히 긴장할 일은 없었다. 사실 22,000,000킬로미터가 그렇게 **가까운** 거리는 아니지 않은가.

하지만 시간이 지나면서 금성보다 지구에 가까이 접근하는 천체들이 몇 개 더 발견되었고 이를 '지구 근접 천체'라고 부르게 되었다. 그중 일부는 금성보다 태양에 더 가까이 접근하고, 그중 하나인 이카로스는 수성보다 태양에 더 가까이 접근한다.

클라이맥스는 1937년 라인무트(Reinmuth)라는 천문학자가 소행성 헤르메스를 발견했을 때였다. 10월 30일, 이 소행성은 지구에서 779,200킬로미터 거리를 지나갔고, 계산에 따르면 320,000킬로미터까지 다가오는 궤도를 갖고 있었다. 이는 달보다 더 가까운 거리다! (몇 개의 지구 근접 천체에 대한 정보를 표 2에 정리했다.)(여기에 나오는 소행성들의 정확한 거리는 현재 조금씩 다르지만 그게 다르지는 않으므로 일일이 수정하지는 않겠다.—옮긴이)

그런데 그렇다 하더라도 뭐가 걱정인가? 320,000킬로미터면 여전히 크게 빗나가는 것 아닌가?

표 2. 지구 근접 천체들*

이름	발견 연도	태양 공전주기 (년)	최대 지름 (킬로미터 —옮긴이)	질량 (1조 톤)	지구에 근접하는 거리 (100만 킬로미터 —옮긴이)
알베르트	1911	c. 4	4.8	300	32.1
에로스	1898	1.76	24.1	15,000	22.5
아모르	1932	2.67	16	12,000	16
아폴로	1932	1.81	3.2	100	11.2
이카로스	1949	1.12	1	12	6.4
아도니스	1936	2.76	1.6	12	2.4
헤르메스	1937	1.47	1.6	12	0.3

그렇지 않다. 여기에는 3가지 이유가 있다. 우선, 소행성의 궤도는 고정되어 있지 않다. 지구 근접 천체들은 천문학적인 관점에서는 질량이 작기 때문에 큰 천체에 가까이 접근하면 궤도가 바뀔 수 있다. 예를 들어 소행성과 질량이 비슷한 혜성들은 목성에 가까이 간 결과로 궤도가 급격히 변하는 경우가 여러 번 관측되었다. 헤르메스는 확실히 목성에는 접근하지 않는다. 하지만 지구-달 시스템과, 때때로 수성의 영향을 받기 때문에 궤도에 변화가 생길 수 있다.

실제로 헤르메스는 3년마다 상당히 가까이 왔어야 했음에도, 1937년에 처음 발견된 후 지금까지 목격되지 않고 있다. 이는 이 소행성의 궤도가 이미 바뀌어 어디에서 찾을 수 있는지

* 이 글이 발표되기 2년 전인 1964년에 또 하나의 지구 근접 천체가 발견되어 토로(Toro)라는 이름이 붙었다. 이것은 지구에 15,000,000킬로미터보다 결코 가까이 오지 않지만, 궤도가 지구에 묶여 있기 때문에 어떤 한계 밖으로 멀어지지도 않는다. 태양 주위를 8년에 5바퀴 돌면서 지구하고는 복잡하게 움직인다. 일종의 '유사 달'이어서 지구에는 위협이 되지 않을 것으로 보인다.(소행성 토로에 대한 이 책의 설명은 맞지 않다. 소행성 토로는 1948년에 발견되었으며 지구에 가장 가까이 오는 거리는 7,570,000킬로미터이다.—옮긴이)

모른다는 의미다. 그리고 이 소행성을 다시 발견한다면 그것은 우연일 뿐일 것이다.(소행성 헤르메스는 2003년에 다시 발견되어 가장 오랫동안 잃어버린 소행성이라는 기록을 갖게 되었다.—옮긴이)

　헤르메스의 궤도가 임의로 변한다면 지구에 가까워지기보다 멀어지는 방향일 것이다. 그 방향이 훨씬 더 넓기 때문이다. 하지만 여전히 지구에 가까워지는 방향으로 변할 가능성은 있다. 헤르메스와 지구가 정면충돌하는 것은 상상만 해도 무서운 일이다. 지구는 큰 충격을 받지 않겠지만 우리는 받을 수 있다. 수백만 톤 질량의 운석이 1킬로미터 넘는 구멍을 만들 수 있다는 것을 생각해 보면, 수조 톤의 질량을 가진 헤르메스는 미국의 많은 지역 혹은 유럽의 국가 하나를 초토화시킬 수 있다.

　두 번째로, 이 지구 근접 천체들은 태양계의 역사 동안 같은 궤도에 있지 않았을 수도 있다. 어떤 충돌이나 섭동이 (원래는 소행성대에 있던) 궤도를 변화시켜 태양 쪽으로 움직이게 했을 수 있다. 그렇다면 새롭게 이동하는 소행성도 있을 것이다. 당연히 궤도가 크게 변할 가능성이 높은 것은 더 작은 소행성들이겠지만, 소행성대에는 헤르메스 크기의 소행성도 많기 때문에 지구가 반갑지 않은 손님이 다가오는 것을 목격할 가능성은 여전히 존재한다.

　세 번째로, 우리가 발견할 수 있는 지구 근접 천체는 수백만 킬로미터 거리에서도 볼 수 있을 만큼 큰 것들뿐이다. 당연히 더 작은 것들이 훨씬 많다. 지구 가까운 곳에 오게 된 지름 1킬로미터 이상의 물체가 대여섯 개라면, 마찬가지로 엄청난 충격을 줄 수 있는 지름 수십 미터짜리 물체는 수백 개가 넘을 것이다.

이런 치명적인 파국을 예측하거나 피할 방법은 지금은 전혀 없다. 우리는 지금도 이런 다모클레스의 바위와의 충돌 가능성을 품고 우주를 돌고 있다.〔위기의 순간을 상징하는 '다모클레스의 칼(Sword of Damocles)'에서 칼을 운석을 의미하는 바위로 바꾼 말이다.—옮긴이〕

미래에는 상황이 많이 달라질 것이다. 언젠가는 지구 위쪽에 지어질 우주정거장에 있는 사람들은 타이타닉 침몰 후에 북극을 항해한 사람들이 빙하를 살피듯이 지구 근접 천체들을 살펴야 할 것이다(물론 이편이 훨씬 더 어렵겠지만).

우리는 우주의 암석과 바위와 산 들을 열심히 찾아서 이름을 붙이고 목록을 만들 것이다. 그리고 그들의 궤도 변화도 꾸준히 살펴볼 것이다. 그리하여 지금에서부터 약 100년 혹은 1,000년 후에 우주정거장의 컴퓨터가 경종을 울릴지도 모른다. "충돌 궤도임!"

그러면 반격을 가해야 한다. 그때만 기다리고 있던 계획이 작동되는 것이다. 그 위험한 바위는 수소폭탄(혹은 그때는 더 적절한 어떤 것)을 만나게 될 것이다. 그래서 부서지고 증발하고 자갈 조각들로 변할 것이다.

궤도가 바뀌지 않아도 위험은 사라질 터다. 지구는 멋진(그리고 무해한) 유성우만을 보게 될 것이다.

하지만 그때까지는 다모클레스의 바위가 계속 남아서 수백만 명의 운명이 촌각에 달려 있는 상황이 지속될 것이다.

3. 천상의 조화

지금은 후회되는 일이지만, 사실 나는 천문학 수업을 한 번도 들어본 적이 없다. 이제 돌이켜보니 나는 천문학 수업을 위해 기꺼이 희생시켰을 법한 수업을 꽤 들었던 것 같다.

하지만 긍정적으로 본다면, 천문학 책을 읽다가 어떤 내용을 만날 때마다 나는 새로운 사실을 알게 될 때의 즐거움을 마음껏 누린다. 내가 공식적인 천문학 교육을 받았더라면 이것들은 모두 알고 있는 내용이었을 테고 즐거움의 순간도 없었을 것이다.

예를 들어 나는 최근 딘 맥러플린(Dean B. McLaughlin)*이 쓴 천문학 교과서 《천문학 개론(Introduction to Astronomy)》(Houghton Mifflin, 1961)을 읽다가 몇 군데에서 이와 같은 즐거움을 맛보았다. 그래서 그 내용을 여러분에게 소개하고자 한다.

하나의 예로, 케플러의 조화의 법칙에 대한 맥러플린 교수의 설명이 너무나 재미있어서 나는 그 어떤 때보다 이 이론에 대해서 더 깊이 생각해 보게 되었다. 그리고 그 생각의 결과를 여러분과 나누지 않을 이유를 찾을 수 없었다. 사실 꼭 나누고 싶다.

아마도 분명히 여러분 모두의 마음에 떠올랐을 질문에 대해

---

* 이 글이 처음 발표된 후에 돌아가신 맥러플린 교수는 같은 이름을 가진 유명한 SF 작가의 아버지다.

답을 하는 것부터 시작해야 할 듯하다. 케플러의 조화의 법칙이 무엇인가? 그것은……

1619년 독일의 천문학자 요하네스 케플러는 행성들에서 태양까지의 상대적인 거리와 태양 주위를 도는 주기 사이에 명확한 상관관계가 있다는 사실을 발견했다.

지난 2,000년 동안 철학자들은 행성들이 적당한 거리에 있어서 그 움직임이 천상의 화음을 표현하는 소리('천상의 음악(music of the spheres)')를 만들어 낸다고 생각했다. 이는 특정한 길이 차이를 가진 현들이 동시에 튕겨지면 듣기 좋은 화음을 만들어 내는 것에 비유할 수 있다.

그런 이유로 케플러의 거리와 주기 사이의 관계는 과학적인 용어로 '케플러 제3법칙'(그가 행성들의 궤도에 대한 2개의 다른 중요한 법칙을 이미 발견했기 때문에)이라고 불리지만 좀 더 멋있게 '케플러의 조화의 법칙'이라고도 불린다.

그 법칙은 다음과 같다.

행성들의 공전주기의 제곱은 태양에서의 평균 거리의 세제곱에 비례한다.

그 결과를 이해하기 위해서 약간의 수학을 해보자. (아주 약간이다. 약속한다.) 태양계에 있는 2개의 행성을 행성 1과 행성 2라고 하자. 행성 1은 태양에서의 평균 거리가 D_1이고 행성 2의 평균 거리는 D_2이다. 행성들의 공전주기는 각각 P_1과 P_2이다. 그러면 케플러의 조화의 법칙은 다음과 같이 표기할 수 있다.

$$P_1{}^2/P_2{}^2 = D_1{}^3/D_2{}^3 \text{ (방정식 1)}$$

이것도 그렇게 복잡한 방정식은 아니지만 단순화할 수 있는 것은 최대한 단순화**해야** 하므로 그렇게 해보겠다. 행성 2를 지구라고 하면 공전주기는 모두 '년'으로, 거리는 모두 'AU(Astronomical Unit)'로 나타낼 수 있다.

지구의 공전주기는 정의에 의해서 1년이므로, P_2와 $P_2{}^2$은 모두 1이다. 그리고 AU는 지구와 태양 사이의 평균 거리로 정의된다. 그러므로 태양에서 지구까지의 거리는 1AU이고 D_2와 $D_2{}^3$은 모두 1이 된다.

방정식 1 양변의 분모는 모두 1이 되어 사라진다. P와 D가 하나씩이므로 첨자를 생략하면 방정식 1은 이렇게 된다.

$$P^2 = D^3 \text{ (방정식 2)}$$

P는 년, D는 AU라는 것을 기억하라.

이것이 어떻게 작동하는지 보기 위해 태양계 9개 행성의(이 글이 쓰인 때는 아직 명왕성이 태양계 행성일 때였으며, 명왕성은 2006년 국제천문연맹(International Astronomy Union, IAU)의 결정으로 행성에서 제외되었다—옮긴이) 주기를 년으로, 태양까지의 거리를 AU로 나타내 보았다(표 3). 각 행성들에 대해 공전주기 P를 제곱하고 거리 D를 세제곱하면 실제로 두 값은 거의 같다.

표 3

행성	P (년을 단위로 한 공전주기)	D (AU를 단위로 한 거리)
수성	0.241	0.387
금성	0.615	0.723
지구	1.000	1.000
화성	1.881	1.524
목성	11.86	5.203
토성	29.46	9.54
천왕성	84.01	19.18
해왕성	164.8	30.06
명왕성	248.4	39.52

물론 행성의 공전주기 및 거리는 실제 관측을 통해서 독립적으로 결정될 수 있다. 그러므로 두 값 사이의 관계는 흥미롭기는 하지만 필연적인 것은 아니다. 그런데 만일 두 값 모두 독립적으로 결정할 수 없다면 어떻게 될까? 예를 들어 화성과 목성 사이에 태양에서의 거리가 4AU인 행성이 있다면 이 행성의 공전주기는 얼마가 될까? 혹은 태양에서의 거리가 6,000AU인 아주아주 먼 행성이 있다면 이 행성의 공전주기는 얼마나 될까?

방정식 2에서 우리는 다음 식을 구할 수 있다.

$$P=\sqrt{D^3} \text{ (방정식 3)}$$

그러면 답을 쉽게 구할 수 있다. 화성과 목성 사이에 있는 행성의 공전주기는 4의 세제곱의 제곱근이므로 8년이 된다. 아주아주 멀리 있는 행성의 공전주기는 6,000의 세제곱의 제곱근이므로 465,000년이다.

방정식 2는 다음 식으로 바꾸어 사용할 수도 있다.

$$D=\sqrt[3]{P^2} \text{ (방정식 4)}$$

우리는 이제 공전주기가 20년이거나 1,000,000년인 어떤 행성의 태양에서의 거리가 얼마나 되는지 알아낼 수 있다.

앞의 경우는 20의 제곱의 세제곱근을 구하고, 뒤의 경우는 1,000,000의 제곱의 세제곱근을 구하면 된다. 그러면 앞의 값은 7.35AU이고 뒤의 값은 10,000AU가 된다.

이제 좀 더 재미를 추구하기 위해 극단적인 경우를 생각해보자. 예를 들어, 한 행성이 태양계의 구성원으로 얼마나 멀리까지 떨어져서 존재할 수 있을까? 우리와 가장 가까이 있는 별(star system)은 4.3광년 거리에 있는 알파 센타우리다. 그러므로 태양에서 2광년 거리에 있는 행성은 궤도면이 어떻든 간에 어느 별보다 태양 가까이 있다. 이 행성은 분명히 태양에게 붙잡혀 있으므로 이것을 '합리적으로 가장 멀리 있는 행성'으로 간주하자.

AU로 나타낼 때 1AU는 약 148,800,000킬로미터이고 1광년은 약 9,376,000,000,000킬로미터이다. 1광년은 약 63,000AU이므로, 합리적으로 가장 멀리 있는 행성의 거리는 약 126,000AU가 된다. 그러면 방정식 3을 통해, 합리적으로 가장 멀리 있는 행성의 공전주기는 약 45,000,000년이라는 사실을 알 수 있다.

다음으로, 행성은 태양에 얼마나 가까이 있을 수 있을까? 온도와 기체의 저항을 무시하고 태양 적도의 표면 바로 위를 도는 행성이 있다고 가정하자. 이 행성을 '표면 행성(surface planet)'이라고 부르기로 한다.

행성에서 태양까지의 거리는 중심에서 중심까지의 거리가 되어야 한다. 표면 행성의 크기를 무시할 수 있는 정도라 할 때 태양에서의 거리는 태양의 반지름과 같으므로 691,680킬로미터, 즉 0.00465AU가 된다. 다시 방정식 3을 이용하면 이 행성의 공전주기는 0.00031년, 즉 2.73시간이 된다.

다음으로, 행성이 얼마나 빠르게 움직이는지, 초속 몇 킬로미터로 움직이는지 알아보자. 먼저 행성이 한 바퀴 공전하는 데 몇 초가 걸리는지 계산해야 한다. 우리는 공전주기가 몇 년인지 (P)는 알고 있다. 1년은 약 31,557,000초이다. 그러므로 행성의 공전주기는 31,557,000P초가 된다.

1AU는 앞에서 말한 대로 약 148,800,000킬로미터다. 행성의 거리를 AU로는 알고 있으므로(D) 킬로미터로 표기하면 148,800,000D가 된다. 이 지점에서 우리가 알아야 하는 것은 궤도의 길이다. 궤도가 완전한 원이라면(대체로 거의 사실이다) 궤도의 길이는 태양까지의 거리에 '파이(π)'의 2배를 곱한 값이 된다. '파이'의 값은 3.1416이므로 파이의 2배는 6.2832다. 이 값을 곱하면 행성의 궤도의 길이는 약 934,940,000D킬로미터가 된다.

행성의 평균 공전 속도가 초속 몇 킬로미터인지 알려면 킬로미터로 표기한 궤도의 길이(934,940,000D)를 초로 표기한 주기(31,557,000P)로 나누어야 한다. 그러면 어떤 행성의 평균 궤도속도는 29.6D/P가 된다.

방정식 3인 $P=\sqrt{D^3}$을 이용하면 움직이는 행성의 속도는 29.6$D/\sqrt{D^3}$로 쓸 수 있다. $\sqrt{D^3}$은 $\sqrt{D^2 \times D}$, 즉 $D\sqrt{D}$와 같으므로 행성의 궤도속도는 29.6$D/D\sqrt{D}$가 되고 이것은 최종적으로 다음과 같다.

$$V = 29.6/\sqrt{D} \text{ (방정식 5)}$$

D는 태양에서 한 행성까지의 거리를 AU로 나타낸 것이다. 지구의 경우 D의 값은 1이므로 D의 제곱근도 1이다. 그러므로 지구가 궤도를 도는 평균 속도는 초속 29.6킬로미터가 된다.

다른 행성들의 D 값도 알려져 있으므로, D의 제곱근을 구하고 이 값으로 29.6을 나누면 어렵지 않게 평균 궤도속도를 구할 수 있다. 그 결과는 표 4에 있다.

표 4

행성	평균 궤도속도 (킬로미터/초)
수성	47.7
금성	34.7
지구	29.9
화성	24.0
목성	13.1
토성	9.6
천왕성	6.7
해왕성	5.4
명왕성	4.6

최근에는 속도를 '마하수'로 표현하는 것이 유행이다. 마하 1은 공기 중의 소리의 속도와 같고, 마하 2는 그 2배의 속도이다. 0℃에서 소리의 속도는 초속 약 0.34킬로미터다. 현재 가장 빠른 비행기는 마하 2 정도의 속도이고, 우주비행사가 지구 주위를 도는 속도는 마하 25 정도다.

명왕성은 우주비행사의 절반 정도인 마하 14.5의 속도로 (태양 주위를) 움직인다. 지구의 속도는 마하 93, 수성은 마하 149이다.

그럼 다시 극단적인 경우를 살펴보자.

126,000AU 거리에 있는, 합리적으로 가장 멀리 있는 행성

은 궤도속도가 초속 0.083킬로미터, 즉 마하 0.26이다. 2광년이라는 거리에서도 여전히 태양이 행성을 소리의 4분의 1 속도로 움직이게 할 수 있다는 것이 신기하다.

0.00465AU 거리에 있는 표면 행성의 궤도속도는 초속 434킬로미터, 즉 마하 1,355가 되어야 한다. (실제로 가능한 가장 빠른 속도인 진공에서의 빛의 속도는 약 마하 930,000이다. 그러니까 마하 1,000,000이라는 말을 흔히 하는 사람을 잘 살펴두었다가, 마하 1,000,000의 속도는 불가능하다는 데 내기를 걸면 이길 수 있다.)

사실 행성은 태양 주위를 원으로 도는 것이 아니라 태양을 하나의 초점으로 하는 타원으로 돈다(케플러 제1법칙). 태양과 행성을 연결하는 선이 있다면 그 선(반지름)은 같은 시간에 같은 면적을 쓸고 지나간다(이것이 케플러 제2법칙이다). 행성이 태양에 가까이 가면 반지름이 짧아지기 때문에 주어진 면적을 쓸고 지나가려면 상대적으로 큰 각도를 움직여야 한다. 행성이 태양에서 멀리 있으면 반지름이 길어지기 때문에 작은 각도만 움직여도 같은 면적을 쓸고 지나갈 수 있다.

케플러 제2법칙은 행성의 궤도속도가 태양에 가까이 가면 빨라지고 멀어지면 느려지는 현상을 설명해 준다. 그 결과 중 하나를 수학을 동원하지 않고 이야기해 보겠다.

어떤 행성이 궤도를 돌다가 어떤 지점에서 갑자기 속도가 빨라지는 경우를 생각해 보자. 이것은 태양 바깥쪽을 향해 던져지는 것과 비슷하다. 이 행성은 태양에서 멀어지면서 속도가 감소하다가 멈춘 다음 다시 태양을 향해 떨어질 것이다.

이는 지구에서 돌을 공중으로 던지는 것과 비슷한 상황이지만, 행성은 태양 주위를 돌고 있기 때문에 위아래로 단순하게 움직이는 돌의 경우와는 다르다.

태양에서 멀어지며 도는 이 행성은 속도가 갑자기 빨라진 지점에서 태양을 중심으로 정반대 지점에 도착할 때까지 궤도속도가 점점 느려진다. 이 정반대 지점에서 태양까지의 거리는 최대가 되고(원일점), 궤도속도는 최소가 된다.

행성이 원일점을 지나면 태양에 다시 가까워지기 시작하고 궤도속도도 다시 증가한다. 행성이 속도가 갑자기 빨라졌던 지점으로 다시 돌아오면 이곳은 새로운 궤도의 태양에서 가장 가까운 지점이 되고(근일점) 궤도속도는 최대가 된다.

주어진 근일점에서의 속도가 클수록 원일점까지의 거리는 커지고 타원궤도는 더 길쭉해진다. 궤도는 속도의 증가와 같은 비율로 점점 더 길쭉해진다. 원일점이 멀어질수록 태양의 중력이 약해져서 행성이 더 멀어지는 것을 막기가 어려워지기 때문이다.

결국에는 주어진 근일점에서의 속도가 특정 속도가 되면 타원은 무한히 길쭉해져 포물선이 된다. 그러면 행성은 포물선궤도로 움직여 태양에서 영원히 멀어지고 다시는 돌아오지 않는다. 이 속도를 '탈출속도'라고 하고, 이것은 행성의 평균 궤도속도에 2의 제곱근, 즉 1.414를 곱한 값이 된다. 그 결과는 표 5

에 정리했다.

표 5

행성	탈출속도 (킬로미터/초)
수성	67.4
금성	49.1
지구	41.9
화성	33.9
목성	18.6
토성	13.6
천왕성	9.4
해왕성	7.7
명왕성	6.6

그러니까 지구가 어떤 이유로 초속 42킬로미터보다 더 빨리 움직이면 지구는 태양계를 영원히 떠나게 된다. (하지만 너무 걱정할 필요는 없다. 다른 별이 침범하지 않는 한 이런 일을 일으킬 수 있는 건 아무것도 없다.)

합리적으로 가장 먼 곳에 있는 행성의 탈출속도는 초속 0.117킬로미터이고 표면 행성의 탈출속도는 초속 616킬로미터다.

아이작 뉴턴은 케플러 제3법칙을 자신의 중력이론을 만들어 내는 데 길잡이로 사용했다. 뉴턴은 자신의 중력 법칙으로 케플러 제3법칙을 유도할 수 있음을 증명했다. 사실 뉴턴은 케플러가 원래 조화의 법칙이라고 불렀던 법칙(방정식 1)이 근삿

값일 뿐이라는 것을 보였다. 정말로 정확하게 하려면 태양과 행성의 질량이 함께 고려되어야 한다. 따라서 방정식 1은 이렇게 표현되어야 한다.

$$(M+m_1)P_1^2/(M+m_2)P_2^2=D_1^3/D_2^3 \text{ (방정식 6)}$$

앞에서와 마찬가지로 P_1과 P_2는 행성 1과 행성 2의 공전주기, D_1과 D_2는 거리, 새로운 기호 m_1과 m_2는 질량이다. M은 태양의 질량이다.

알다시피 태양의 질량은 어떤 행성보다 월등히 크다. 가장 큰 행성인 목성의 질량도 태양의 1,000분의 1밖에 되지 않는다. 결과적으로 M과 m_1의 합과 M과 m_2의 합은 M과 같다고 봐도 크게 틀리지 않는다. 그러면 방정식 6은 다음과 같이 쓸 수 있다.

$$MP_1^2/MP_2^2=D_1^3/D_2^3 \text{ (방정식 7)}$$

여기서 M을 소거하면 방정식 1과 같아진다.

당연하게도, 뉴턴이 수정한 방정식이 케플러의 근사적인 방정식과 정확하게 같다면 그냥 케플러의 방정식을 쓰는 것으로 결정할 수 있을 것이다. 어느 쪽이 더 단순한가?

하지만 뉴턴의 방정식은 더 광범위하게 적용될 수 있다.

목성의 위성들은 케플러가 조화의 법칙을 발표하기 9년 전에 발견되었다. 케플러는 순전히 행성들을 이용해서 그 법칙을 알아냈지만, 목성의 위성들을 연구해 본 결과 여기에도 적용할 수 있다는 사실을 발견했다.

뉴턴은 자신의 중력 법칙으로 케플러의 3가지 법칙이 중심에 있는 물체를 도는 모든 계에서 성립하고, 조화의 법칙은 2개 이상의 계에 동시에 적용될 수 있다는 사실을 보였다.

예를 들어서, 행성 1은 태양 1의 주위를 돌고 행성 2는 태양 2의 주위를 돈다고 하자. 그러면 다음 방정식이 성립된다.

$$(M_1+m_1)P_1{}^2/(M_2+m_2)P_2{}^2=D_1{}^3/D_2{}^3 \text{ (방정식 8)}$$

M_1과 M_2는 태양 1과 태양 2의 질량, m_1, P_1, D_1은 행성 1의 질량, 공전주기, 거리이고 m_2, P_2, D_2는 행성 2의 질량, 공전주기, 거리다.

이제 복잡하게 배열되어 있는 기호들을 단순화해 보자. 먼저, 우리는 행성이 모두 태양보다 질량이 훨씬 작아서 무시할 수 있다고 자연스럽게 가정할 수 있다(이는 항상 옳지는 않지만 태양계에서는 옳다). 다시 말해 방정식 8에서 m_1과 m_2를 제거하고 이렇게 쓸 수 있다.

$$M_1P_1{}^2/M_2P_2{}^2=D_1{}^3/D_2{}^3 \text{ (방정식 9)}$$

두 번째로, 행성 2/태양 2를 지구와 태양으로 놓고 이것을 기준으로 하자. 모든 거리를 천문단위로 측정할 것이므로 D_2^3은 1이 된다. 공전주기는 모두 년으로 측정할 것이므로 P_2^2은 1이다. 그리고 모든 태양의 질량도 우리 태양의 질량을 단위로 측정할 것이다. 즉 태양의 질량인 M_2가 1이 된다는 말이다.

그러면 방정식 9는 다음과 같다(첨자는 모두 제외한다).

$$MP^2 = D^3 \text{ (방정식 10)}$$

이 방정식의 값들은 지구/태양이 아닌 계의 값들이다.(지구/태양계가 아닌 다른 계에서도 똑같이 성립된다는 말이다.—옮긴이)

예를 들어 지구를 또 다른 태양으로 간주해 보자(지구가 달과 인공위성들이 도는 중심 역할을 하는 것이다). 그리고 평균 380,000킬로미터 거리에서 지구 주위를 도는 어떤 물체의 공전주기를 구하려고 한다. 우리가 구하려는 것은 공전주기이기 때문에 방정식 10을 다음과 같은 식으로 쓰겠다.

$$P = \sqrt{D^3/M} \text{ (방정식 11)}$$

D의 값은 380,000킬로미터 혹은 0.00255AU이다. M의 값은 지구의 질량을 태양 질량으로 표시한 것이다. 지구의 질량은 태양 질량의 1/332,500 혹은 0.000003이다. 이 값을 방정식 11에 대입하면 P의 값은 0.0745년, 즉 27.3일이 된다.

실제로 지구에서 달까지의 평균 거리는 380,000킬로미터이고 달의 (항성에 대한) 공전주기는 27.3일이다. 결과적으로 뉴턴이 수정한 케플러의 조화의 법칙은 태양-행성계뿐만 아니라 지구-달계에도 적용된다.

더 나아가서, 지구에서 달까지의 거리와 달의 공전주기를 모두 알고, 지구에서 태양까지의 거리와 지구의 공전주기도 모두 알기 때문에 방정식 9를 이용하여 태양의 질량을 계산할 수 있다. 그리고 태양의 질량을 알면 지구의 질량도 계산할 수 있다.

지구의 질량은 1798년에 조화의 법칙과는 독립적인 방법으로 측정되었다. 그 이후로는 어떤 천체 주위를 도는 물체의 거리와 주기를 알고 그 물체까지의 거리를 알면(이는 모두 쉽게 구할 수 있다) 그 천체의 질량을 금방 알 수 있게 되었다. 덕분에 위성을 가지고 있는 화성, 목성, 토성, 천왕성, 해왕성의 질량은 상당히 정확하게 알려졌다.

위성이 없는 수성, 금성, 명왕성의 질량(명왕성의 위성 카론은 이 책이 나온 후인 1978년에 발견되었다 —옮긴이)은 더 간접적인 방법으로밖에 알 수 없고 정확성도 떨어진다(금성의 질량을 100배 더 멀리 있는 해왕성의 질량보다 더 부정확하게 알고 있다는 건 이해하기 어려워 보이지만 이제 이유를 알 수 있을 것이다*).

---

* 이 글이 발표된 후에 금성 근처를 지나간 탐사선 덕분에 천문학자들이 금성의 질량을 훨씬 더 정확하게 계산할 수 있는 기회를 얻었다.

아이작 뉴턴

나를 포함한 많은 사람이 아이작 뉴턴을 역사상 가장 위대한 과학자라고 생각한다. 그는 1642년 크리스마스에 링컨셔에서 미숙아로 태어나 살아남기 어려울 것으로 여겨졌다. 어떻게 살아남은 뒤에도 뭔가 대단한 인물이 될 거라고 여겨지진 않았다. 어릴 때는 특별히 똑똑한 모습을 보이지 않았기 때문이었다.

대학에 다니고 있던 삼촌이 어린 뉴턴에게서 뭔가 특별한 점을 발견하고 그를 대학에 보내준 것은 대단한 행운이었다.

그리고 뉴턴은 빛나기 시작했다. 1665년 특별한 업적 없이 캠브리지를 졸업한 후 1666년 런던을 휩쓴 흑사병을 피해 어머니의 농장으로 갔다. 그리고 그해에 그는 자신의 과학 인생에서 가장 중요한 영감들을 얻었다. 그는 하늘에 달이 떠 있는 밤에 사과가 땅으로 떨어지는 것을 보고 달은 왜 떨어지지 않는지 궁금해서 생각을 이어간 끝에 처음으로 서로 끌어당기는 우주의 현상을 설명하는 만유인력의 법칙을 찾아냈다. 같은 해에 그는 백색광이 여러 색이 합쳐져서 이루어져 있고 프리즘으로 분해될 수 있음을 증명하는 실험을 했다. 그리고 이항정리를 만들고 생각을 이어간 끝에 미적분학을 발명했다.

2년 후 그는 갈릴레오가 사용했던 굴절망원경보다 훨씬 개선된 반사망원경을 발명했다. 그는 젊은 시절 받았던 영감의 결과를 연구하며 평생을 보냈다. 그 이전에는 그처럼 살아생전에 그렇게 존경을 받은 과학자는 없었고 이후에도 아인슈타인이 등장할 때까지는 그랬다. 뉴턴은 1727년에 사망했다.

우주비행사

우주여행이 SF 작가들이 관심 있어 하는 유일한 주제는 아니지만 분명 대다수의 SF에는 우주여행이 포함되어 있다. 지구 이외의 다른 세계로 가는 데 이렇게 특별하면서 필연적인 소재는 없다. 이것처럼 본질적으로 모험적이고 흥분되는 소재도 없다.

달로 날아가는 이야기는 고대부터 쓰여왔지만 당시에는 누구도 우리와 달 사이에 아무것도 없다는 사실을 이해하지 못했다. SF 작가들은 최근 몇 세기에 와서야 그 어려움을 제대로 이해하게 되었다. 오리에 수레를 매달아서는 달에 갈 수 없다는 것을.

달에 대한 피할 수 없는 중요한 사실은 대기가 없다는 것이다. 달을 탐험하고 싶어 하는 용감한 우주비행사는 공기가 들어 있고 완전히 막혀 있는 옷을 입어야 한다. 20세기의 SF에는 달이나 그보다 멀리 갈 때 언제나 우주복이 등장한다. 우주복은 카우보이의 말처럼 우주여행자의 필수품으로 여겨진다. 1930년대와 1940년대의 SF 잡지에는 우주복을 입은 사람을 묘사한 그림이 수없이 등장한다.

그리고 1960년대에는 현실이 되었다. 많은 분야에서 현실은 SF 작가들이 꿈꾸었던 것과 크게 다르고 더 복잡한 것으로 나타났다. 하지만 우주복은 그렇지 않았다.

도판은 우주비행 훈련을 하고 있는 L. 고든 쿠퍼 주니어(L. Gordon Cooper Jr.)의 사진이다.[70쪽 사진] 그가 입고 있는 우주복은 30년도 더 전에 SF 잡지에 등장했던 우주복과 크게 다르지 않다.

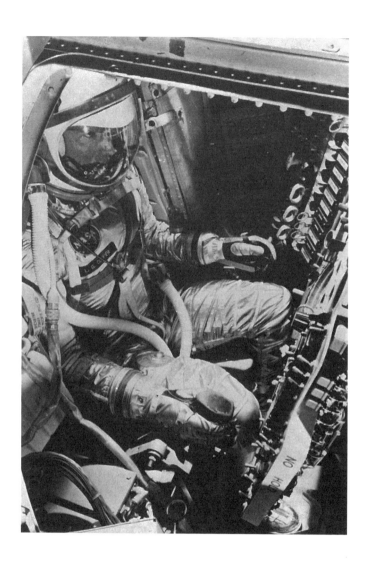

여러 위성(특별한 경우인 달은 제외하고)의 질량을 구하는 일이 어려운 이유는 비슷하다. 위성들의 질량은 그보다 훨씬 큰 자신들의 행성의 질량에 묻혀버리기 때문에 조화의 법칙을 적용할 수가 없다. 그런데 조화의 법칙만큼 쉽고 정확하게 질량을 구하는 다른 방법은 없다. 질량을 알고 있는 (실제 혹은 가상의) 행성의 실제 혹은 가상의 위성의 주기, 거리, 궤도속도는 태양에 대한 행성들의 값처럼 정확하게 구할 수 있다.

자세한 계산은 생략하고, 각 행성들의 표면 위성들의 값을 표 6에 정리했다. 행성 적도의 표면 바로 위를 도는 이론적인 경우다. 이를 위해서는 행성의 질량과 반지름을 이용해야 하는데 명왕성의 경우는 너무 불확실하므로 포함시키지 않았다. 대신 비교를 위해 태양을 포함시켰다.

표 6

행성	표면 위성		
	주기 (시간)	주기 (분)	궤도속도 (킬로미터/초)
수성	3.13	188	2.99
금성	1.44	86.5	7.33
지구	1.41	84.5	7.92
화성	1.65	99	3.63
목성	2.96	177	42.2
토성	4.23	254	25.0
천왕성	2.62	157	15.8
해왕성	2.28	137	17.9
태양	2.73	165	434

표 6을 보면 작은 행성의 위성의 주기가 2가지 이유로 길 수 있다는 사실을 알게 된다. 수성의 경우는 행성이 너무 가볍고 중력이 약해서 위성이 천천히 움직이기 때문에 행성 적도 위의 짧은 거리를 움직이는 데 몇 시간이 걸린다.

반면에 태양이나 목성 같은 경우는 중력이 아주 크기 때문에 표면 위성이 빠른 속도로 움직인다. 하지만 중심 천체가 너무 크기 때문에 빠른 속도로 움직여도 한 바퀴를 도는 데는 몇 시간이 걸린다.

표면 위성의 주기는 최대한 많은 질량이 최대한 작은 부피에 들어가 있는 행성에서 가장 짧다. 다시 말해서 중심 천체의 밀도가 클수록 표면 위성의 주기가 짧다. 그러므로 표 6에서 밀도가 가장 낮은 토성의 표면 위성이 가장 긴 주기를 갖는 것은 놀라운 일이 아니다.

태양계의 규모가 꽤 큰 천체들 중에서 우리 지구의 밀도가 가장 높다. 그래서 표면 위성의 주기가 가장 짧다.

지구 표면에서 수백 킬로미터 높이의 궤도를 도는 우주비행사는 표면 위성과 거의 같기 때문에 불과 90분 이내에 지구를 한 바퀴 돌게 된다. 규모가 큰 태양계의 어떤 천체에서도 우주비행사가 그렇게 빠르게 돌지는 못한다.

유리 가가린(1961년 인류 최초의 우주인, 당시 소련—옮긴이)이나 존 글렌(1962년 미국 최초의 우주인—옮긴이) 같은 사람들에게 시스템 전체의 차이는 어떻게 보였을까?

4. 트로이의 영구차

내가 처음으로 출판한 이야기는(언제였는지는 묻지 말라*) 소행성대에 갇힌 우주선에 대한 것이었다. 거기에서 나는 충돌할 게 거의 확실한 상황에서 황도면(지구의 궤도면으로 사실상 태양계의 모든 구성원이 모여 있는 면) 아래나 위쪽으로 피하기를 거부하는 완고한 성격의 선장을 등장시켰다.

당시 내가 상상한 소행성대는 해변의 자갈처럼 소행성들이 모여 있는 모습이었다. 이는 아마도 대부분의 SF 작가들과 독자들이 생각하던 것과 같은 모습일 거라고 나는 믿는다. 광부들이 가치 있는 광물들을 찾아 여기서 저기로 쉽게 옮길 수 있을 거라고 상상했다. 사람들이 한 곳에 텐트를 치고 이웃 세계에 손을 흔들 수 있을 거라고 생각했다.

이게 사실일까? 지금까지 발견된 소행성은 1,800개 정도지만 당연히 실제로는 훨씬 더 많을 것이다. 나는 그 숫자가 100,000개 정도는 될 것이라는 예측을 본 적이 있다.(2000년경까지 약 100,000개의 소행성이 발견되었고 지금은 총 1,000,000개가 넘을 것으로 보고 있다.―옮긴이)

소행성 대부분은 화성과 목성 사이 황도면 30도 내에서 발견된다. 그 궤도와 황도 범위 내의 전체 부피는(흠…… 그러니

---

* 뭐, 숨길 필요도 없다. 최근에 출간된 《아시모프의 초기 작품집(The Early Asimov)》(1972)에 나의 모든 비밀이 있으니까. 내가 처음으로 출판한 이야기는 《어메이징 스토리스(Amazing Stories)》 1939년 3월호에 발표된 〈베스타에 갇히다(Marooned Off Vesta)〉이다.

까……) 대략 300,000,000,000,000,000,000,000,000세제곱킬로미터 정도 된다. 소행성의 수가 넉넉잡아 200,000개쯤 된다면 대략 1,500,000,000,000,000,000,000,000세제곱킬로미터에 하나씩 있게 된다.(2,000,000개가 있다면 여기에서 0을 하나 빼면 된다.—옮긴이)

이것은 소행성들 사이의 평균 거리가 15,000,000킬로미터라는 얘기다. 좀 더 밀집한 지역에서는 이 수를 1,000,000킬로미터 정도로 줄일 수도 있을 것이다. 대부분의 소행성 크기가 1킬로미터 이하라는 것을 고려하면 하나의 소행성에서 다른 소행성을 맨눈으로 볼 수 있을 가능성은 전혀 없다. 텐트를 친 사람들은 외로울 것이고 광부들은 다른 곳으로 이동하는 데 큰 어려움을 겪을 것이다.

실제로 미래의 우주비행사들은 소행성대를 지나 외행성대로 나가면서 아무것도 보지 못할 것이다. 위험 상황과는 거리가 멀고, 가끔씩 "소행성이 나타났다"라고 하면 모든 관광객이 창문으로 몰려들 게 틀림없다.*

사실 소행성대에 소행성들이 균일하게 퍼져 있다고 생각해서는 안 된다. 어떤 곳에는 모여 있고 어떤 곳은 거의 텅 비어 있다.

이런 상황을 만든 범인은 태양계 다른 구성원들을 강하게 끌어당기는 목성이다.

원래 궤도대로 움직이는 소행성이 (역시 **원래** 궤도대로 움

아시모프의 코스모스

---

* 1973년 파이오니어 10호가 소행성대를 지나 목성으로 향했다. 아무 문제 없었으며, 기대했던 것보다 더 적은 입자들을 발견했다.

직이는) 목성에 가장 가까운 곳으로 접근하면 목성이 당기는 힘이 최대가 된다. 당기는 힘이 최대가 되면 소행성이 자신의 정상적인 궤도에서 벗어나게 만드는 힘('섭동'이라고 한다)도 최대가 된다.

하지만 일반적인 환경에서 소행성이 목성에 가장 가까이 접근하는 일은 그 자신의 궤도에서 각기 다른 지점에서 일어난다. 대부분의 소행성은 타원형의 기울어진 궤도를 가지고 있기 때문에 가장 가까운 접근은 여러 각도로 일어난다. 그래서 소행성은 가장 가까운 지점에서 당겨지기도 하고 뒤로 밀리기도 하고 아래쪽이나 위쪽으로 이동하기도 한다. 결과적으로 섭동 효과는 상쇄되어 긴 시간이 지나면 소행성은 영구적인 평균 궤도에서 진동만 하게 된다.

그런데 어떤 소행성이 약 480,000,000킬로미터 거리에서 태양을 돌고 있다면 어떨까? 이 소행성의 공전주기는 목성의 공전주기인 12년의 절반인 6년 정도가 된다.

이 소행성이 특정 시간에 목성에 가까이 갔다면, 12년 후 목성은 한 번 공전을 하고 그 소행성은 두 번 공전을 했을 것이다. 둘은 상대적으로 같은 위치에서 다시 만나게 된다. 이것이 12년마다 되풀이될 것이다. 공전을 할 때마다 그 소행성은 같은 방향으로 끌려간다. 그러면 섭동이 상쇄되지 않고 누적된다. 소행성이 계속해서 목성 가까이 갔을 때 끌어당겨지면 태양에서 먼 궤도로 조금씩 옮겨가게 되고 공전주기가 길어질 것이다. 그러면 공전주기가 목성의 공전주기와 맞지 않게 되고 섭동의 누적도 멈춘다.

반면에 어떤 소행성이 매번 뒤로 당겨지면 소행성의 궤도는 점점 태양에 가까워질 것이다. 그러면 소행성의 공전주기는 더 짧아져서 목성의 공전주기와 맞지 않게 되고 역시 섭동의 누적이 멈추게 된다.

결과적으로 공전주기가 목성의 절반인 지역에는 그 어떤 소행성도 남아 있지 않게 된다. 원래 그 지역에 있던 소행성은 그곳에 머물러 있지 못하고 안쪽이나 바깥쪽으로 이동한다.

소행성의 공전주기가 4년인 지역에서도 같은 결과가 나타난다. 목성이 세 번 공전할 때마다 만나기 때문이다. 공전주기가 4.8년인 지역은 목성과 5년마다 만난다. 이런 식으로 계속된다.

목성 때문에 소행성이 존재하지 않는 소행성대 지역을 '커크우드 틈새(Kirkwood gaps)'라고 한다. 1978년에 이런 지역을 제시하고 제대로 설명한 미국의 천문학자 대니얼 커크우드(Daniel Kirkwood)의 이름을 딴 것이다.

정확하게 같은 상황이 토성의 고리들에서도 일어난다. 그래서 '고리'가 아니라 '고리들'이라고 부르는 것이다.

토성의 고리들은 1655년 네덜란드의 천문학자 크리스티안 하위헌스(Christiaan Huygens)가 처음 발견했다. 하위헌스에게 그것은 토성 주위를 둘러싼 채 접촉은 하지 않는 단순한 하나의 고리로 보였다. 그런데 1675년 이탈리아에서 태어난 프랑스 천문학자 조반니 도미니코 카시니(Giovanni Domenico Cassini)가 고리가 두껍고 밝은 안쪽과 더 얇고 약간 어두운 바깥쪽 사이에 어두운 틈새가 있는 것을 발견했다. 그 이후로 5,000킬로미터 넓이의 이 틈새는 '카시니 틈새'라고 불린다.

1850년, 다른 고리들보다 토성에 가까이 있는 어두운 세 번째 고리가 미국의 천문학자 조지 필립스 본드(George Phillips Bond)에 의해 발견되었다. 이 고리는 너무 어둡기 때문에 '검은 고리'라고 불린다. 검은 고리는 안쪽의 밝은 고리에서 1,600킬로미터 떨어져 있다.

1859년 스코틀랜드의 수학자 제임스 클러크 맥스웰(James Clerk Maxwell)은 중력이론을 이용해 고리들이 한 덩어리일 수 없고 빛을 반사하는 여러 개의 조각으로 이루어져야 한다는 것을 보여주었다. 한 덩어리처럼 보이는 이유는 멀리 있기 때문이다. 검은 고리의 조각들은 밝은 고리들보다 훨씬 더 성기게 분포되어 있어서 어둡게 보이는 것이다. 이 이론적인 예측은 고리들의 공전주기를 분광으로 측정하여 공전주기가 지점마다 다르다는 것을 관측함으로써 증명되었다. 고리들이 한 덩어리였다면 공전주기는 모든 지점에서 같을 것이다.

검은 고리의 가장 안쪽 부분은 토성의 표면에서 11,200킬로미터밖에 떨어져 있지 않다. 이 입자들은 가장 빠르게, 가장 짧은 거리를 움직인다. 이 입자들은 3.25시간 만에 토성을 한 바퀴 돈다.

고리의 바깥쪽으로 가면 입자들이 더 느리게 더 먼 거리를 돌아서 공전주기가 길어진다. 고리의 가장 바깥쪽에 있는 입자들은 13.5시간의 공전주기를 가지고 있다.

카시니 틈새에 입자가 있다면 이 입자의 공전주기는 11시간이 조금 넘을 것이다. 하지만 그 지역에서는 입자들이 발견되지 않기 때문에 양쪽의 밝은 부분에 비해 어둡게 보인다.

왜 그럴까?

토성은 고리 바깥쪽에 9개의 위성을 가지고 있고, 모든 위성은 입자들의 움직임에 섭동을 주는 중력장을 가지고 있다. 토성에 가장 가까이 있는 위성 미마스*는 고리의 가장 바깥쪽에서 불과 56,000킬로미터 거리에 있고 공전주기는 22.5시간이다. 두 번째 위성인 엔켈라두스의 공전주기는 33시간이며, 세 번째 위성인 테티스의 공전주기는 44시간이다.

카시니 틈새에 있는 입자의 공전주기는 미마스의 절반, 엔켈라두스의 3분의 1, 테티스의 4분의 1이다. 이 지역이 깨끗할 수밖에 없다. (사실 위성들은 아주 작기 때문에 이들의 섭동 효과는 고리를 구성하고 있는, 자갈보다 큰 입자에는 별로 영향을 주지 않는다. 그렇지 않았다면 위성 자신들이 지금쯤 현재의 궤도에서 밀려났을 것이다.)

검은 고리와 안쪽의 밝은 고리 틈새에 있는 입자들은 7시간이 조금 넘는 주기로 토성 주위를 도는데 이는 미마스의 공전주기의 3분의 1이고 테티스 공전주기의 6분의 1이다. 비슷한 방법으로 설명할 수 있는 더 작은 틈새도 있을 것이다.

---

* 이 글이 발표되고 약 4년 후인 1967년에 미마스보다 토성에 더 가까이 있는 또 다른 위성이 발견되었다. 새 위성 야누스의 공전주기는 18시간이다. 하지만 이 글의 전체적인 흐름에는 큰 영향을 주지 않는다.(이후 야누스보다 토성에 가까이 있는 위성으로 판, 아틀라스, 프로메테우스, 판도라가 발견되었고, 발견된 토성 위성의 전체 수는 수십 개가 된다.—옮긴이)

토성

토성은 흔히 하늘에서 가장 아름다운 형상을 하고 있다고 평가되는데, 이 사진을 보면 그 평가를 반박하기 힘들 것이다.[80쪽 사진] 이런 모습을 하고 있는 행성은 어디에도 없다. 다른 태양계에도 아마 고리를 가진 행성들이 있겠지만, 인류가 언젠가 그 모습을 보게 될지는 의문이다.

고리가 언제나 이런 모양으로 보이는 것은 아니다. 토성이 태양 주위를 29년 주기로 도는 동안 고리가 보이는 각도도 조금씩 달라진다. 이 사진은 우리가 고리를 가장 잘 볼 수 있는 각도다. 이런 모습은 14.5년마다 한 번씩 볼 수 있을 뿐이다.

그사이에는 고리들이 점점 옆모습만 보이게 되고 14.5년마다(그 중간에 가장 멋진 각도가 있고) 완전히 옆모습만 보인다. 고리들은 너무나 얇기 때문에(최대 몇 킬로미터이고, 아마 수백 미터밖에 되지 않을 것이다)(500미터 이내이다—옮긴이) 이럴 때는 가장 좋은 망원경으로도 보이지 않는다.

이런 일이 갈릴레오에게 일어났다. 갈릴레오가 자신의 첫 망원경으로 토성을 처음 본 것은 토성의 고리들이 거의 옆모습만 보일 때였다. 그래서 그는 고리들을 확실히 보지 못했다. 나중에 다시 봤을 때는 고리가 사라져 있었다. 갈릴레오는 당황했다. 토성이 큰 천체 양쪽에 작은 천체가 있는 3중 천체라고 생각했기 때문이었다. "토성이 정말로 자기 자식들을 삼켰단 말인가?"라고 그는 생각했다.

토성(Saturn)은 그리스 신화의 크로노스에 해당된다. 신화에서 크로노스는 아이들이 자라서 그를 제압하는 일을 막기 위해 자신의

사진: Mount Wilson and Palomar Observatories

아이들을 삼켰다. 이는 고리가 사라지는 것을 관측한 고대인들이

토성에게 그런 이름을 붙여준 것이 아닌가 하는 의심을 불러일으켰다.

답은 그럴 리 없다는 것이다. 그저 우연일 뿐이다. 우연은 언제나

일어난다.

크리스티안 하위헌스

하위헌스는 1629년 4월 14일 네덜란드 헤이그에서 태어났다. 그는 독일

정부 관료의 아들이었고 처음에는 수학자가 될 것처럼 보였다. 예를

들어, 20대에 확률에 관한 책을 냈는데, 그것은 순전히 확률만을 다룬

것으로는 최초의 수학책이었다.

하지만 그러는 동안에도 하위헌스는 동생이 개선된 망원경을

만드는 것을 도와주었고, 렌즈를 연마하는 더 좋은 새로운

방법을 찾아냈다(여기서 그는 독일의 유대인 철학자 베네딕트

스피노자(Benedict Spinoza)의 도움을 받는다). 하위헌스는 자신이 만든

개선된 렌즈를 망원경에 사용하기 시작했다.

하위헌스의 가장 놀라운 천문학적 발견은 토성에 대한 것이다. 1610년,

갈릴레오가 자신의 최초의 망원경으로 토성의 모양이 조금 특이하다는

사실을 알아냈지만 어떤 모양인지는 밝혀내지 못했다. 갈릴레오가

확실하게 관측하기에 토성은 너무 멀리 있었다. 1656년, 하위헌스는

토성이 표면에는 아무 데도 닿지 않는 얇은 고리에 둘러싸여 있다는

사실을 알아냈다.

같은 해에 하위헌스는 토성의 주위를 도는 위성 또한 발견했다. 토성

주위를 도는 최초의 위성이었다. 그는 그 위성에 타이탄이라는 이름을
붙여주었다. 토성(Saturn, 그리스에서는 크로노스)이 타이탄들의
대장이기 때문이었다. 타이탄은 '거인'을 의미하는데 결과적으로 아주
잘 붙여진 이름이었다. 타이탄은 우리의 달보다 더 큰 거대한 위성이고,
갈릴레오가 발견한 목성의 큰 위성 4개 중 적어도 2개보다는 크기
때문이다.(타이탄은 목성의 위성 가니메데에 이어 태양계에서 두 번째로
큰 위성이며 행성인 수성보다도 크다.—옮긴이)

하위헌스는 오리온대성운도 발견했다. 오리온대성운은 밝게 빛나는
먼지와 기체로 이루어진 거대한 구름으로, 별까지의 거리가 처음으로
믿을 만하게 측정된 곳이다.

하위헌스는 물리학에서도 뒤지지 않았다. 그는 빛이 파동의 형태를
띤다고 생각했다. 이는 빛을 입자의 흐름이라고 믿은 아이작 뉴턴에
반대하는 것이었다. 18세기에는 뉴턴의 위대한 명성 때문에 그쪽으로
의견이 기울어졌다. 19세기에는 하위헌스의 주장으로 기울다가
20세기에는 둘 다 맞는 것으로 밝혀졌다. 하위헌스는 1695년에
사망했다.

조반니 도미니코 카시니

카시니는 1625년 6월 8일에 니스 근처에서 태어났다. 그는 볼로냐
대학에서 천문학을 가르치면서 이탈리아에서 먼저 천문학자로 명성을
얻었다. 1667년 그는 당시 유럽에서 가장 강력한 군주였던 루이 14세의
초청으로 파리로 가서 남은 생을 프랑스에서 보냈다.

이탈리아에 있는 동안 카시니는 표면의 무늬가 동쪽 끝으로 사라져서 서쪽 끝에서 다시 나오는 것을 관측하여 목성과 화성의 자전주기를 구했다.

그는 토성과 관련한 천문학적 지식을 확장시키기도 했다. 하위헌스가 1656년에 토성의 고리를 발견했는데, 카시니는 그 고리가 사실은 2개이며 크고 밝은 안쪽 부분과 작고 어두운 바깥쪽 부분 사이에 어두운 틈새가 있다는 것을 밝혀냈다. 이 틈새는 지금도 '카시니 틈새'라고 불린다.

카시니는 토성의 위성에 대해서도 연구했다. 하위헌스는 토성의 가장 큰 위성인 타이탄을 발견하여 전체 위성의 수를 (목성의 큰 위성 4개와 지구의 달을 포함해) 6개로 늘렸다. 이것과 6개의 알려진 행성을 합치면 모두 12개의 천체가 태양을 돌고 있으므로 하위헌스는 목록이 완성되었다고 생각했다.

하지만 카시니는 1670년대와 1680년대에 토성의 위성을 4개 더 발견함으로써 태양계에는 숫자 대칭 이상의 것이 존재한다고 증명했다. 카시니의 가장 뛰어난 업적은 화성까지의 거리를 꽤 정확하게 구한 것이다. 이는 달까지의 거리를 구한 이후 처음으로 어떤 천체까지의 거리를 구한 것이었다. 1672년에 이 거리가 구해지자 인류는 처음으로 태양계의 규모를 가늠할 수 있게 되었다. 카시니는 1712년에 사망했다.

제임스 클러크 맥스웰

맥스웰은 1831년 11월 31일 스코틀랜드의 에든버러에서 태어났다. 어릴

때는 수학 영재였으며, 영재들은 흔히 바보처럼 보이기도 했기 때문에
친구들은 그를 '멍청이'라고 불렀다. (안됐지만 그 반대는 참이 아니다.
어떤 아이가 친구들에게 멍청이라고 불린다고 해서 그 아이를 영재라고
볼 수는 없다. 그런 아이는 대부분 멍청이다.)

맥스웰은 물리학에 크게 기여하였다. 1860년대에 그는 기체의 운동
이론을 연구해, 기체를 무작위 방향으로 움직이면서 서로(그리고 그것이
들어 있는 용기의 벽과) 완전한 탄성으로 충돌하는 작은 입자들의 거대한
모임으로 가정하면 꽤 정확하게 설명할 수 있다는 것을 보였다.

맥스웰은 대전된 입자와 자기장의 움직임을 적절히 설명하는
간단한 방정식들을 만들어 전기와 자기가 별도의 현상이 아니라
통합된 '전자기장'의 한 측면이라는 사실을 보이기도 했다. 그는
진동하는 전자기장이 초속 300,000킬로미터의 속도로 움직이는
복사(radiation)를 만들어 낸다는 것도 밝혔다. 빛이 그 속도로 움직이기
때문에 빛은 '전자기파'의 가장 잘 알려진 예가 된다.

맥스웰이 천문학에 한 가장 큰 기여는 1857년에 이루어졌다. 토성의
고리들이 단단한 물체일 수 없다는 사실을 밝힌 것이다. 단단한
물체였다면 다른 지점에서는 중력의 세기가 다르기 때문에 부서질
것이다. 고리들은 작은 입자들이 모여서 이루어져 있고, 우리가 아주
멀리서 보기 때문에 한 덩어리처럼 보이는 것이다. 이후 분광학적인
증거로 맥스웰의 설명이 맞다는 사실이 증명되었다. 맥스웰은 1879년에
사망했다.

여기서 잠시 멈춰서 한 번도 언급되는 것을 본 적이 없는 신기한 경우를 소개하고 싶다. 천문학에 대한 책들은 언제나 화성 가까운 쪽의 위성인 포보스가 화성이 자전하는 것보다 더 짧은 시간에 화성을 한 바퀴 돈다는 사실을 소개하고 있다. 화성의 자전주기는 24.5시간이고 포보스의 공전주기는 7.5시간이다. 그리고 책에는 이런 위성은 포보스가 유일하다고 쓰여 있다.

글쎄, 어느 정도 크기를 지니는 자연 위성만을 고려한다면 그것이 사실이다. 하지만 토성 고리의 입자들은 사실 모두 위성이다. 이들을 고려하면 상황은 달라진다. 토성의 자전주기는 10.5시간이다. 검은 고리와 밝은 안쪽 고리에 있는 모든 입자는 그보다 짧은 시간에 토성 주위를 돈다. 그러므로 포보스 같은 위성은 유일한 것이 아니라 수백만 개나 되는 것이다.

뿐만 아니라 미국과 소련이 쏘아 올린 인공위성 대부분은 24시간보다 짧은 시간에 지구를 돈다. 이들 역시 포보스와 같이 자신이 속한 행성의 자전주기보다 공전주기가 짧은 위성이다.

중력에 의한 섭동은 입자들을 쓸어내기만 하는 것이 아니라 모으기도 한다. 가장 흥미로운 것은 입자들이 실제로 어떤 영역이 아니라 하나의 지점에 모인다는 사실이다.

이것을 설명하려면 처음부터 시작해야 한다. 뉴턴의 만유인력의 법칙은 '2체 문제'(두 물체만 있을 때의 문제—옮긴이)의 완벽한 해법이다(적어도 현대의 상대성이론과 양자역학의 혁신을 고려하지 않은 고전물리학에서는). 그러니까 우주에 두 물체밖에 없고, 그 물체들의 위치와 운동을 알면, 중력 법칙은 두 물체의 과거와 미래를 포함한 모든 시간에서의 정확한 상대적인 위치를 충분히 예측할 수 있다.

하지만 우주에는 단 2개의 물체만 있는 게 아니라 수많은 물체들이 있다. 그러면 다음 단계는 '3체 문제'를 풀어서 이 모든 물체를 고려하는 방향으로 나아가는 것이다. 우주에 3개의 물체가 있고 그것의 위치와 운동을 안다면 특정 시간에서의 상대적인 위치는 어떻게 알 수 있을까?

바로 이 지점에서 천문학자들은 어려움에 빠진다. 이런 문제에 대한 일반적인 해답은 없다. 그렇기 때문에 실제 우주의 '무수히 많은 물체 문제'로 나아갈 방법은 없다.

다행히 천문학자들에게도 실용적인 감각은 있다. 이론이 완전하지는 않아도 사용할 수는 있는 것이다. 예를 들어, 먼저 태양 주위를 도는 지구의 궤도를 계산한다. 그러면 이후 1,000,000년 동안의 상대적인 위치를 계산할 수 있다.

태양과 지구만 존재한다면 문제는 아주 풀기 쉬울 것이다. 하지만 달의 중력은 반드시 고려되어야 하고, 화성과 다른 행성들, 그리고 완벽하게 정확히 하려면 별들까지 고려되어야 한다.

다행히 태양은 근처의 다른 물체들보다 월등히 크고 다른 무거운 물체들보다 훨씬 가까이 있기 때문에, 태양의 중력장은 다른 모든 물체를 압도한다. 단순한 2체 상황으로 계산한 지구의 궤도는 거의 정확하다. 그런 다음 가까이 있는 물체의 작은 효과를 계산하여 수정하면 된다. 더 정확한 궤도를 얻으려면 점점 더 작은 섭동을 고려하여 더 많은 수정을 해야 한다.

원리는 간단하지만 적용하는 일은 분명 만만치 않을 것이다. 달의 운동을 어느 정도 정확하게 계산하는 방정식은 수백 페이지나 된다. 하지만 그 결과는 먼 미래까지 식현상의 시간과 위치를 매우 정확하게 예측하기에 충분하다.

그래도 천문학자들은 만족하지 못한다. 여러 가정으로 궤도를 계산하는 것도 충분히 훌륭하지만, 모든 물체를 단순하고 포괄적인 방법으로 연결시키는 방정식을 구할 수 있다면 얼마나 아름답고 멋지겠는가. 아니면 3개의 물체만이라도.

이 이상적인 경우에 가장 가까이 다가간 사람은 프랑스의 천문학자 조제프 루이 라그랑주(Joseph Louis Lagrange)였다. 1772년 그는 실제로 3체 문제를 풀 수 있는 아주 특별한 경우를 찾아냈다.

공간에 있는 두 물체 중 물체 A의 질량이 물체 B의 질량보다 적어도 25.8배 이상 더 커서 물체 B가 거의 움직이지 않는 물체 A의 주위를 도는 경우를 생각해 보자. 태양 주위를 도는 목성이 예가 될 수 있다. 다음으로 질량이 거의 무시할 수 있는 정도여서 물체 A와 물체 B 사이의 중력 관계를 방해하지 않는 세 번째 물체 C가 있다고 가정해 보자. 라그랑주는 물체 C를 물체 A, 물체 B와 연관된 특정한 지점들에 놓으면 물체 C가 물체 B와 완벽히 함께 물체 A의 주위를 돌게 된다는 사실을 발견했다. 이렇게 되면 언제나 세 물체의 상대적인 위치를 알 수 있다.

물체 C가 놓일 수 있는 지점은 다섯 군데다. 이 점들은 당연하게도 '라그랑주 점'이라고 불린다. 그중 L_1, L_2, L_3 3개는 물체 A와 물체 B를 연결하는 선 위에 있다. 첫 번째 점 L_1은 물체 A와 물체 B 사이에 있다. L_2와 L_3는 모두 같은 선 위에 있는데, L_2는 물체 A의 반대편에, L_3는 물체 B의 반대편에 있다.(L_2는 B에 가까운 쪽에, L_3는 A에 가까운 쪽에 있다는 말이다.—옮긴이)

이 세 군데의 라그랑주 점은 별로 중요하지 않다. 이 점에 있는 물체는 외부에서의 섭동으로 위치가 조금만 바뀌어도 물체 A와 물체 B의 중력의 영향으로 멀리 날아가 버릴 것이다. 이것은 마치 서 있는 막대와 같다. 막대가 조금만 움직이면 더 크게 움직여서 넘어져 버린다.(최근에는 지구-태양계의 L_2 지점에 우주망원경을 위치시켜 사용하는 경우가 많다. 지구가 태양을 가려서 우주를 안정적으로 관측하기 좋기 때문이다. 지구와 태양 사이인 L_1에는 태양 관측용 망원경을 두기도 한다.—옮긴이)

그런데 마지막 두 점은 물체 A와 물체 B를 연결하는 선 위에 있지 않다. 이 점들은 물체 A, 물체 B와 정삼각형을 이루는 위치에 있다. 물체 B가 물체 A의 주위를 도는 동안 L_4는 물체 B의 60도 앞에서, L_5는 물체 B의 60도 뒤에서 움직인다.

이 마지막 두 점은 안정적이다. 외부에서의 섭동으로 이 점들에 있는 어떤 물체가 움직이면 물체 A와 물체 B의 중력이 이 물체를 제자리로 가져온다. 이런 식으로 L_4와 L_5에 있는 물체는 긴 막대를 손가락 끝에 올려놓고 떨어지지 않도록 계속 중심을 잡는 것처럼 라그랑주 점을 중심으로 진동한다.

물론 막대가 수직에서 너무 멀리 움직이면 중심을 잡으려고 해도 넘어지고 만다. 물체도 라그랑주 점에서 너무 멀리 떨어지면 벗어나게 된다.

라그랑주가 이 연구를 했을 당시에는 우주에서 라그랑주 점에 위치한 물체의 예는 아무것도 없었다. 그런데 1906년 독일의 천문학자 막스 볼프(Max Wolf)가 소행성을 하나 발견하고《일리아드》의 그리스 영웅 아킬레우스의 이름을 붙였다.(소행성 아킬레스—옮긴이) 이것은 일반적인 소행성보다 훨씬 먼 곳에 있었다. 실제로 이 소행성은 목성과 같은 거리만큼 태양에서 떨어져 있었다.

궤도를 계산해 본 결과 이 소행성은 태양-목성계의 라그랑주 점 L_4에 머물러 있는 것으로 밝혀졌다. 따라서 이 소행성은 목성보다 768,000,000킬로미터 앞선 일정한 거리에서 태양의 주위를 돌고 있었다.

몇 년 후 태양-목성계의 L_5 지점에서 또 다른 소행성이 발견되어 아킬레우스의 친한 친구인 파트로클로스의 이름이 붙여졌다. 이 소행성은 목성보다 768,000,000킬로미터 뒤의 일정한 거리에서 태양의 주위를 돌고 있었다.

두 지점에서 모두 다른 소행성들이 발견되었다. 최근에는 15개의 소행성이 발견됐다. L_4에서 10개, L_5에서 5개이다. 아킬레우스의 선례를 따라 모두《일리아드》에 등장하는 인물들의 이름을 붙였다.《일리아드》는 트로이 전쟁을 다루고 있으므로 두 지점에 있는 천체들을 모두 '트로이 소행성'이라고 부른다.

L_4에 있는 소행성 중에는 그리스의 지도자 아가멤논이 있기 때문에 이 소행성들은 '그리스군'으로 구별되기도 한다. L_5에 있는 소행성에는 트로이의 왕 프리아모스가 있어서 이 소행성들은 '순수 트로이군'으로 불린다.

그리스군에는 그리스인만 있고 순수 트로이군에는 트로이인만 있다면 깔끔했을 것이다. 하지만 불행히도 그렇지 않다. 트로이의 영웅 헥토르는 그리스군에 있고 그리스의 영웅 파트로클로스는 순수 트로이군에 있다. 이는 고전주의자들에게는 견딜 수 없는 상황이다. 나도 이건 약간 불편하다. 나는 아주 온건한 고전주의자인데도 말이다.

트로이 소행성들은 라그랑주 점에 있는 것들 중 유일하게 알려진 예다. 이들이 너무 유명하기 때문에 L_4와 L_5는 '트로이 지점'이라고 불리기도 한다.

외부의 섭동, 특히 토성은 소행성들이 중심점을 기준으로 계속 진동하게 만든다. 이 진동은 아주 큰 경우도 있다. 어떤 소행성은 라그랑주 점에서 150,000,000킬로미터나 떨어지기도 한다.

결국 어떤 소행성은 너무 멀리 떨어져서 트로이 궤도가 아닌 궤도를 돈다. 반면에 독립적으로 존재하던 소행성이 섭동에 의해 라그랑주 점 근처로 끌려 들어가 잡히기도 한다. 길게 보면 트로이 소행성들의 정체성이 바뀌기는 하겠지만 그곳에는 언제나 뭔가가 있을 것이다.

트로이 소행성이 15개보다 훨씬 많을 거라는 사실은 의심할 여지가 없다. 그것들은 우리에게서 너무 멀리 떨어져 있기 때문에 지름 100킬로미터가 넘는 큰 소행성들만 발견할 수 있다. 분명 목성을 쫓거나 목성에게 쫓기는, 누구도 이기지 못할 경주를 하고 있는 수십 개 혹은 수백 개의 보이지 않는 작은 덩어리들이 있을 것이다.(현재 이 두 지점에서 발견된 소행성은 7,000개가 넘으며, 지름 1킬로미터가 넘는 소행성이 1,000,000개 이상 있을 것으로 추정된다.—옮긴이)

우주에는 트로이 소행성과 같은 상황이 많이 있을 게 틀림없다. 25.8 대 1의 질량비를 만족하는 모든 천체의 트로이 지점에 잡석들이 존재한다고 해도 나는 놀라지 않을 것이다.

하지만 잡석들이 있다고 해서 우리가 볼 수 있는 것은 아니다. 태양계 밖에서는 절대 발견할 수 없을 것이다. 연관되어 있는 3개의 별은 보일 수도 있지만, 진정한 트로이 지점이 생기는 상황은 하나가 반드시 무시할 수 있을 정도의 질량을 가져야 하기 때문에 현재의 어떤 기술로도 볼 수 없다.

태양계에서 가장 큰 두 물체는 태양과 목성이다. 이 계의 라그랑주 점에 잡혀 있는 물체들은 꽤 클 수도 있지만 목성에 비하면 무시할 수 있는 질량이다.

토성과 관련된 상황은 훨씬 약할 것이다. 토성은 목성보다 작기 때문에 토성과 관련된 트로이 지점에 있는 소행성도 대체로 더 작을 게 뻔하다. 이들은 우리 기준으로 목성보다 2배 더 멀기 때문에 더 어둡기도 하다. 그래서 잘 보이지 않을 테고 실제로 토성의 트로이 소행성은 발견된 적이 없다. 천왕성, 해왕성, 명왕성의 상황은 더 나쁠 것이다.

작은 내행성의 경우에는 트로이 지점에 작은 입자들밖에 없을 게 틀림없다. 그러므로 실제로 존재하더라도 거의 보이지 않을 것이다. 더구나 특히 수성과 금성의 경우에는 태양 때문에 날아가 버린다.

실제로 천문학자들은 지구 밖에 관측소가 설치되거나 탐사선이 여러 라그랑주 점을 실제로 탐사하기 전에는 태양계에서 목성 이외의 행성에서 트로이 소행성에 해당되는 것들을 발견할 수 있을 것이라 기대하지 않는다.(태양-천왕성, 태양-해왕성의 트로이 소행성에 해당되는 소행성은 현재 몇 개가 발견되어 있다. 대부분 최신 망원경으로 발견한 것이다.―옮긴이)

그런데 여기에 한 가지 예외가 있다. 지구의 표면에서 관측 가능한 곳이 한 군데 있고 실제로 관측도 했다. 이곳은 태양-행성 계와 관련된 라그랑주 점이 아니라 행성-위성 계와 관련된 곳이다. 당연히 여러분은 이미 짐작했을 것이다. 지구와 달을 말한다.

지구에 위성이 하나밖에 없다는 사실은 인류가 목적을 가진 관측자가 될 정도의 지적 능력을 갖추자마자 알 수 있었다. 여러 기기로 무장한 현대인도 두 번째 달은 발견하지 못했다.* 자연적인 달은 존재하지 않는다. 사실 천문학자들은 달을 제외하

* 50쪽 주석에서 언급한 '유사 달' 토로는 있다.

고는 지구 주위를 도는 지름 1킬로미터 이상의 천체는 없다고 거의 확신하고 있다.

그렇다고 아주 작은 입자마저 없다는 말은 아니다. 인공위성들이 보내온 자료에 의하면 지구는 훨씬 빈약하긴 하지만 토성의 고리와 비슷한 먼지 입자 고리에 둘러싸여 있는 것으로 보인다.

그런 고리는 입자들이 비정상적으로 높은 밀도로 모여 있는 곳이 아니면 관측할 수가 없다. 그 정도로 밀도가 높을 수 있는 유일한 지점은 지구-달계의 라그랑주 점 L_4와 L_5이다(지구의 질량은 달의 질량보다 25.8배 이상 더 크기 때문에(81배 더 크다) 그 지점에 있는 물체들은 안정적인 위치를 차지하고 있다).

1961년 폴란드의 천문학자 코르딜레프스키(K. Kordylewski)는 실제로 그 지점에서 2개의 희미하게 빛나는 조각을 발견했다고 발표했다. 아마도 그곳에 잡힌 먼지구름일 것이다.(이 지점에 있는 먼지를 지금은 '코르딜레프스키 구름(Kordylewski cloud)'이라고 부른다.─옮긴이)

나는 이 '구름 위성'과 관련하여 내가 알기로는 처음으로 라그랑주 점을 실제로 적용할 수 있는 것들을 생각해 냈다.

우리 모두가 알다시피 우주 시대의 기술이 가져온 가장 큰 문제 중 하나는 방사성폐기물을 처리하는 것이다. 많은 해법이 시도되거나 제안되었다. 폐기물은 컨테이너나 유리에 담겨서 봉해진다. 그러고는 땅에 묻히거나 소금 광산에 보관되거나 깊은 바다에 떨어뜨려진다.

하지만 방사성물질을 지구에 두는 어떤 해법도 만족스럽지 않다. 그래서 몇몇 과감한 사람들은 폐기물을 우주로 쏘아 보내자고 제안했다.

상상할 수 있는 가장 안전한 방법은 폐기물을 태양으로 쏘아 보내는 것이다. 하지만 이는 쉬운 일이 아니다. 달로 보내면 에너지가 덜 들겠지만 분명 천문학자들이 반대할 것이다. 폐기물을 그냥 태양 주위를 도는 궤도로 보내는 편이 훨씬 쉬울 것이고, 가장 쉬운 방법은 지구 주위를 돌게 하는 것이다.

하지만 폐기물을 태양이나 지구 주위를 도는 궤도로 보내는 것은 장기적으로는 태양계 안쪽, 특히 지구 근처를 수많은 방사성물질로 복잡하게 만들 위험을 만들 수 있다. 우리 자신이 버린 쓰레기에 둘러싸여 살게 되는 것이다.

물론 우주는 넓고 폐기물의 양은 상대적으로 적기 때문에 탐사선과 방사성폐기물이 충돌할 가능성은 매우 낮지만 긴 시간으로 보면 문제가 된다.

지구의 대기를 생각해 보자. 오랜 시간 동안 인류는 언젠가는 희석되어 해가 되지 않을 거라 생각하며 오염된 기체와 연기 입자들을 대기에 마음껏 버려왔다. 하지만 대기오염은 지금 중요한 문제 중 하나가 되었다. 그러니 우주를 오염시키지 말자.

한 가지 해결 방법은 폐기물을 우주의 작은 지점에 모아놓고 그곳에 계속 두는 것이다. 우주의 그 지역을 접근 제한 구역으로 설정하면 다른 곳은 마음껏 여행할 수 있다.

그러려면 폐기물을 지구-달계의 트로이 지점 중 한 곳에 보내 그곳에 잡혀 있게 만들면 된다. 이 일이 성공하면 폐기물은 지구와 달에서 각각 40,000,000킬로미터 떨어진 지점에 방사능 수치가 위험하지 않은 수준으로까지 낮아질 만큼 긴 시간 동안 머물러 있을 것이다.

당연히 탐사선에게 그 지역은 지나가는 죽음의 덫이 된다. '트로이의 영구차'가 되고 마는 것이다. 하지만 이는 이 장의 제목으로 붙인 말장난만큼이나, 방사성폐기물 문제를 해결하는 데 드는 작은 비용에 불과하다.

5. 바로, 목성!

우리 스스로에게 질문을 해보자. (지구를 제외하고) 태양계에서 생명체가 발견될 가능성이 가장 높은 곳은 어디일까?

많은 사람들이 "화성!"이라고 외치는 소리가 들리는 듯하다.

그 이유는 나도 잘 알고 있다. 나 스스로도 여러 번 그렇게 생각했기 때문이다. 화성은 조금 작고 조금 춥고 공기도 조금 부족하지만, 원시적인 생명체가 존재하기에 너무 작진 않고 너무 춥지 않으며 공기가 너무 부족하지도 않다. 반면, 수성과 금성은 분명 너무 뜨겁고, 달은 공기가 없고, 나머지 위성이나 작은 천체들은(명왕성은 말할 것도 없고) 너무 춥거나 너무 작거나 혹은 너무 추우면서 너무 작다.

그러고는 이렇게 덧붙인다. "목성, 토성, 천왕성, 해왕성은 생각할 필요도 없다."

하지만 코넬 대학의 천문학자 칼 세이건(Carl Sagan)의 생각은 전혀 다르다. 이 주제에 대한 그의 글은 이 외행성들에 대해 다시 생각하게 만들었다.

갈릴레오 시대 이전에 목성과 토성은(천왕성과 해왕성은 아직 발견되지 않았다) 별들을 배경으로 다른 행성들보다 천천히 움직이므로 지구에서 더 멀리 떨어져 있는 것으로 여겨졌다는 사실 이외에는 타 행성들과 아무런 차이가 없었다.

그런데 망원경은 목성과 토성이 관측될 수 있는 크기를 갖고 있다는 사실을 보여주었다. 행성들의 거리가 측정되자 이를 통해 실제 크기를 알 수 있게 되었고, 그 결과는 충격적이었다. 지구의 지름은 12,700킬로미터인데 목성의 지름은 142,000킬로미터, 토성의 지름은 120,000킬로미터나 되었다.

외행성은 거대한 행성들이었다!

1781년 천왕성, 1846년 해왕성의 발견으로 2개의 꽤 큰 거대 행성들이 보태졌다. 천왕성의 지름은 49,600킬로미터(실제로는 51,100킬로미터—옮긴이)이고 해왕성의 지름은 가장 최근의 값으로 약 44,800킬로미터(실제로는 49,500킬로미터—옮긴이)이기 때문이다.

이 행성들과 우리의 지구 같은 단단하고 작은 행성들의 크기 차이는 부피를 고려하면 훨씬 커진다. 부피는 지름의 세제곱에 비례하기 때문이다. 다시 말해서, 물체 A의 지름이 물체 B의 지름보다 10배 더 크다면 물체 A의 부피는 물체 B보다 10 곱하기 10 곱하기 10, 즉 1,000배 더 크다는 말이다. 그러므로 지구의 부피를 1로 놓으면 거대 행성들의 부피는 표 7과 같다.

표 7

행성	부피 (지구=1)
목성	1,300
토성	750
천왕성	60
해왕성	40

거대 행성들은 모두 위성들을 가지고 있다. 중심 행성에서 떨어진 각거리를 측정하면 여러 위성들이 행성에서 얼마나 떨어져 있는지 쉽게 알 수 있다. 위성들의 공전주기를 구하는 것도 쉽다. 이 두 자료를 통해 우리는 행성의 질량을 금방 알 수 있다(3장 참조).

질량에서도 거대 행성은 물론 여전히 거대 행성이다. 지구의 질량을 1로 놓았을 때 거대 행성들의 질량은 표 8과 같다.

표 8

행성	질량 (지구=1)
목성	318
토성	95
천왕성	15
해왕성	17

4개의 거대 행성은 태양계 행성 질량의 대부분을 차지하며, 목성 혼자서 전체의 70퍼센트를 차지하고 있다. 나머지 행성과 모든 위성, 소행성, 혜성, 유성체 등이 질량의 1퍼센트 이하를 차지한다. 태양계를 객관적으로 탐사하는 외계 생명체는 태양계를 이렇게 묘사할 것이다. 별 X, 분광형 G0, 4개의 행성과 잔해들.

하지만 다른 관점에서 질량을 보자. 부피와 비교해 보면 질량이 전체적으로 작다는 것을 알 수 있다. 다시 말해서, 목성에는 지구가 1,300개 들어갈 수 있지만 질량은 318배밖에 되지 않는다. 그러니까 목성의 물질들은 지구보다 느슨하게 분포되어 있다. 전문용어로 말하면 목성의 밀도는 지구보다 낮다.

지구의 밀도를 1로 놓으면, 거대 행성들의 밀도는 상대적인 질량을 상대적인 부피로 나누어 간단하게 구할 수 있다. 거대 행성들의 밀도는 표 9와 같다.

표 9

행성	밀도 (지구=1)
목성	0.280
토성	0.125
천왕성	0.250
해왕성	0.425

이 밀도의 단위로 물의 밀도는 0.182이다. 그러면 보다시피, 거대 행성들 중에서 밀도가 가장 높은 해왕성의 밀도는 물의 밀도의 2.25배, 목성과 천왕성의 밀도는 1.5배밖에 되지 않고, 토성의 밀도는 물보다 낮다.

나는 이 마지막 사실을, 충분한 크기의 바다가 있다면 토성이 4분의 3 이하가 물에 잠긴 상태로 둥둥 뜰 것이라고 극적으로 설명한 천문학 책을 본 기억이 있다. 고리를 가진 토성이 물결치는 바다 위에 떠 있는 인상적인 그림도 있었다.

그런데 밀도에 대해 잘못 이해해서는 안 된다. 토성의 전체 밀도가 물보다 낮다고 하면 많은 사람들은 자연스럽게 토성이 코르크와 같은 물질로 만들어졌을 거라고 생각한다. 그러나 그렇지 않다. 이것은 쉽게 설명할 수 있다.

목성은 줄무늬를 가지고 있고 표면에 보이는 특정한 모양들은 일정한 속도로 돌고 있다. 이 모양들을 따라가면 자전주기를 아주 정확하게 알아낼 수 있다. 그 주기는 9시간 50분 30초다 (더 어려워지긴 하지만 더 멀리 있는 다른 거대 행성들의 자전주기도 알아낼 수 있다).

하지만 여기에 놀라운 사실이 하나 있다. 방금 말한 값은 목성 적도 표면에서의 자전주기다. 표면의 다른 부분은 약간 느리게 돈다. 사실 목성의 자전주기는 극으로 갈수록 꾸준히 증가한다. 이것만으로도 우리는 모든 지점이 동시에 자전하는 단단한 표면을 보고 있는 게 아니라는 사실을 알 수 있다.

결론은 아주 명확하다. 우리가 보는 목성뿐만 아니라 다른 거대 행성들의 표면은 대기 중의 구름들이다. 그 구름 아래 엄청나게 두꺼운 대기가 있고, 그 대기는 지구의 대기보다는 밀도가 훨씬 높지만 바위나 금속보다는 밀도가 훨씬 낮다. 행성들의 대기를 부피에 포함시키기 때문에 밀도가 그렇게 낮게 나오는 것이다. 대기 아래에 있는 핵만 고려한다면 밀도는 지구만큼 혹은 그보다 더 높다.

그렇다면 대기는 얼마나 두꺼울까?

목성

대부분의 인류 역사를 통틀어 과거를 황금시대로 여기는 경향이

존재한다. 우리의 선조들은 더 현명하고, 더 강하고, 더 영웅적이고, 더

정직하고, 더 나았다는 것이다. 과거보다 과학적 지식과 우주에 관해

훨씬 더 많이 알고 있는 현대에서조차도 과거에 대해서는 불편하게

생각한다. 고대인들이 우리보다 천문학에 대해서 더 많이 아는 일이

가능했을까?

예를 들어 어떤 행성에 최고신인 주피터의 이름을 붙였는데 수천 년이

지나 망원경이 발명된 후 그것이 정말로 가장 큰 행성으로 밝혀지는 일이

어떻게 가능할까?

사실, 그것은 그렇게 이상한 일이 아니다. 목성은 너무나 크기 때문에,

더 가깝지만 더 작은 행성에 비해 하늘에서 더 밝게 빛난다. 화성이

가장 가까이 있을 때는 목성보다 약간 더 밝지만, 표면의 면적이 목성의

400분의 1밖에 되지 않기 때문에 목성보다 가까이 있어도 대부분의

경우에는 목성보다 더 어둡다.

금성은 대부분의 시간 동안 목성보다 더 밝지만, 지구보다 태양에 더

가까이 있기 때문에 해가 진 직후 몇 시간 혹은 해가 뜨기 전 몇 시간밖에

보이지 않고 천정 근처로는 절대 가지 않는다. 태양의 노예 행성에

최고신의 이름을 붙일 수는 없었을 것이다.

달이 없는 맑은 날 한밤중에 목성은 하늘에서 가장 밝은 천체다.

오직 달과, 아주 가끔씩 화성만이 깊은 밤에 언제나 하얗게 빛나는

목성보다 더 밝다. 그러니 여기에 최고신의 이름을 붙이는 게 당연하지

사진: Mount Wilson and Palomar Observatories

거대 행성들은 지구와 기본적으로 다르다. 태양에서 더 멀리 떨어져 있기 때문에 오랫동안 더 추웠고, 그래서 수소, 헬륨, 탄소, 질소, 산소와 같은 가벼운 원소들을 훨씬 더 많이 가지고 있다. 헬륨은 화합물을 만들지 않고 기체로 남아 있다. 수소는 충분히 많아서 기체로도 남아 있지만, 탄소, 질소, 산소와 결합하여 각각 메탄, 암모니아, 물 같은 화합물을 만들기도 한다. 지구 온도에서 메탄과 암모니아는 기체지만 물은 액체다. 지구의 온도가 -100℃ 이하로 떨어지면 암모니아와 물은 모두 고체가 되지만 메탄은 여전히 기체로 남아 있다.

사실 이는 그냥 추측한 것이 아니다. 분광을 통해, 목성의 대기에는 수소와 헬륨이 3 대 1의 비율로 있고 암모니아와 메탄이 섞여 있다는 증거를 얻었다(물은 발견되지 않았는데, 아마도 얼어 있어서 그럴 것이다).

지구의 구조는 바위와 금속으로 이루어진 중심의 고체(암석권)를 물(수권)이 둘러싸고 있고, 이것을 다시 기체(대기)가 둘러싸고 있는 것으로 묘사할 수 있다.

거대 행성들에 특히 많은 가벼운 원소들은 기체와 물에는 더해질 수 있지만 고체에는 별로 더해지지 않는다. 그러므로 거대 행성의 구조는 지구보다 크지만 아주 많이 크지는 않은 암석권을 거대한 수권과, 마찬가지로 거대한 대기가 둘러싸고 있는 모양일 것이다.

그런데 도대체 얼마나 거대해야 거대 행성일까?

여기서 우리는 거대 행성들의 극지역이 편평해지는 현상을 생각해 볼 수 있다. 목성 적도의 지름은 142,000킬로미터지만 극에서 극까지의 지름은 132,500킬로미터밖에 되지 않는다. 지구의 편평도(타원이 편평한 정도로, 긴 쪽 길이와 짧은 쪽 길이의 차이를 긴 쪽 길이로 나눈 값—옮긴이)는 0.33퍼센트인 데 비해 목성의 편평도는 7퍼센트이다. 그래서 목성은 편평해 보인다. 토성은 더 심하다. 토성의 적도 지름은 120,000킬로미터이고 극 지름은 106,000킬로미터로 편평도는 약 12퍼센트이다(천왕성과 해왕성은 더 큰 두 거대 행성보다 덜 편평하다).

편평도는 자전 속도와 원심력에 부분적으로 영향을 받는다. 목성과 토성은 지구보다 훨씬 크지만 지구의 자전주기는 24시간인 데 비해 이들의 자전주기는 10시간 정도다. 그러므로 목성 적도 표면에서의 속도는 시속 40,000킬로미터가 된다. 지구 적도 표면에서의 속도는 시속 1,600킬로미터밖에 되지 않는다. 당연히 목성의 표면은 지구보다 훨씬 더 멀리 던져지기 때문에 (목성의 중력이 더 강하긴 하지만) 적도가 더 튀어나오고 극이 더 편평해진다.

그런데 토성은 목성보다 분명히 작고 자전주기는 20분 정도 더 길다. 적도에서 더 약한 원심력을 갖기 때문에, 중력이 더 작긴 하지만 목성보다 덜 편평해야 한다. 그런데 토성은 목성보다 더 편평하다. 그 이유는 편평해지는 정도가 밀도의 분포에도 영향을 받기 때문이다. 토성의 대기가 목성보다 더 두껍다면 더 편평해질 것이다.

천문학자 루퍼트 윌트(Rupert Wildt)는 행성들의 전체 밀도와 극의 편평도를 결합하여 암석권과 수권과 대기*의 크기가 얼마나 되어야 하는지 계산했다(이 결과는 천문학자들에게 대체로 받아들여지지 못했지만 어쨌든 한번 살펴보기로 하자**). 내가 본 결과는 표 10에 나타냈다. 지구는 내가 비교를 위해 추가한 것이다.

표 10

	암석권 (반지름, 킬로미터)	수권 (두께, 킬로미터)	대기 (두께, 킬로미터)
목성	29,600	27,200	12,800
토성	22,400	12,800	25,600
천왕성	11,200	9,600	4,800
해왕성	9,600	9,600	3,200
지구	6,400	3	12***

보다시피 목성보다 작은 토성이 목성보다 더 두꺼운 대기를 가지고 있다. 전체 밀도가 낮고 특별히 편평한 토성의 모습을

* 대기가 꼭 기체일 필요는 없다. 지구 환경에서는 기체인 화합물로 이루어져 있지만, 목성의 온도와 압력에서는 액체일 수 있고 더 깊은 내부에서는 고체일 수도 있다.
** 사실 현재 인기 있는 목성의 모습은 거의 전부 수소와 헬륨으로 이루어진 것이다(헬륨 1개에 수소 14개) 높은 압력에서 수소는 고체가 되고 금속의 성질을 가지므로 목성의 핵은 '금속 수소'이다. 하지만 목성의 내부 구조는 아직은 여전히 지적 추측의 영역으로 남아 있다.(현재 목성은 중심에 암석, 금속, 수소화합물로 이루어진 작고 단단한 핵을 가지고 있고, 그 위에 두꺼운 금속 수소, 상대적으로 얇은 액체 수소와 기체 수소로 이루어진 것으로 여겨지고 있다.—옮긴이)
*** 지구의 대기가 12킬로미터보다 더 두껍다는 건 나도 알고 있다. 사실 정해진 두께는 없다. 하지만 거대 행성들에 적용한 것처럼 구름층 꼭대기까지만을 지구의 대기로 간주했다(나중에 부피도 그렇게 구할 것이다).

잘 설명해 준다. 해왕성은 대기가 가장 얇고 거대 행성들 중 가장 밀도가 높다.

특히 암석권만 고려한다면 지구가 거대 행성들에 비해 그렇게 형편없이 작아 보이지는 않는다. 암석권의 밀도가 모두 같고 지구 암석권의 질량을 1로 놓는다면 다른 행성들의 암석권의 질량은 표 11과 같다.

표 11

행성	암석권의 질량 (지구=1)
목성	100
토성	45
천왕성	5.5
해왕성	3.5

거대 행성들을 그렇게 크게 만든 것은 수권과 대기의 차이였다.

이 마지막 사실을 강조하기 위해서는 여러 부분을 두께가 아니라 부피로 비교해 보는 편이 좋을 것이다. 표 12에서 부피를 세제곱킬로미터 단위로 정리했다. 이번에도 비교를 위해 지구를 포함시켰다.

표 12

	암석권 부피	수권 부피	대기 부피
목성	111	660	636
토성	47.2	135	759
천왕성	5.7	32	34.4
해왕성	3.7	26.2	17.2
지구	1.1	0.0014	0.0045

보다시피 거대 행성들의 암석권은 전체 부피의 작은 부분만을 차지하는 반면 지구는 부피의 대부분을 암석권이 차지한다. 이것은 표 13처럼 각 부분의 부피를 행성 전체 부피의 백분율로 표시하면 더 명확하게 보인다.

표 13

	암석권	수권	대기
목성	7.7	47.0	45.3
토성	4.8	14.4	80.8
천왕성	8.0	44.3	47.7
해왕성	8.0	55.5	36.5
지구	99.45	0.125	0.425

더 이상 차이가 명확할 수가 없다. 지구는 99.5퍼센트가 암석권인 반면 거대 행성들은 암석권이 8퍼센트거나 그보다 작다. 해왕성은 전체 부피의 약 3분의 1이 기체다. 목성과 천왕성

은 기체의 부피가 전체의 2분의 1이고, 밀도가 가장 낮은 토성은 전체 부피의 5분의 4가 기체다. 거대 행성들은 '거대 기체 행성'이라고도 불리는데 특히 토성의 경우에는 아주 정확한 이름이다.

이는 우리가 거대 행성에 대해서 생각하고 있던 것과는 완전히 다른 모습이다. 대기는 독성이 매우 강하고 극단적으로 깊고 완벽하게 불투명해서 행성의 표면은 '태양이 비치는 쪽'이라 하더라도 영원히 완전하게 어둡다. 대기의 압력도 엄청나다. 그리고 우리가 볼 수 있듯이 대기는 거대한 폭풍을 만들어 내기도 한다.

이 행성들의 온도는 목성의 경우 -100℃ 정도이고 가장 낮은 해왕성은 -230℃로 계산된다. 그러므로 우리가 대기의 압력과 독성을 이기고 살아남는다 하더라도, 행성을 뒤덮고 있는 수천 킬로미터 두께의 거대한 암모니아 얼음층 위에 내려서게 될 것이다.

이런 행성은 사람이 살아가기에 부적합할 뿐만 아니라 우리와 조금이라도 유사한 어떤 생명체도 살아가기에 부적합해 보인다.

이 설명에 빈틈은 없을까?

있다. 어쩌면 아주 큰 빈틈일지도 모른다. 그것은 온도에 관한 것이다. 목성은 우리가 생각한 만큼 차갑지 않을 수도 있다.

일단 목성은 태양에서 지구보다 약 5배 더 멀리 있기 때문에 확실히 태양복사를 지구의 25분의 1밖에 받지 못한다. 하지만 중요한 것은 복사를 얼마나 받느냐가 아니라 얼마나 잘 지키느냐이다. 태양에서 오는 빛 중에서 9분의 4는 반사되고 나머지 9분의 5는 흡수된다. 흡수되는 빛은 행성의 표면까지 뚫고 들어가지는 못하지만 열의 형태로 표면에 도달한다.

행성은 보통 이 열을 파장이 긴 적외선으로 방출한다. 그런데 목성 대기의 성분, 특히 암모니아와 메탄은 적외선에 불투명하기 때문에 적외선은 붙잡혀서 온도를 높인다. 적외선이 대기를 뚫고 나가 온도 평형을 이룰 정도가 되려면 온도가 꽤 높아야만 가능하다.

이 '온실효과' 덕분에 목성 표면의 온도는 지구만큼 높을 수도 있다.

다른 거대 행성들의 온도도 일반적으로 계산한 것보다 높을 테지만 태양에서 더 멀기 때문에 목성보다는 낮을 가능성이 높다. 아마도 목성은 표면 온도가 0℃보다 높은 유일한 기체 행성일 것이다.

이는 기체 행성들 중 목성만이 액체의 수권을 가질 수 있다는 의미다. 목성은 행성 전체를 27,000킬로미터 깊이로 덮고 있는 거대한 바다를 가지고 있을 것이다.*

금성 역시 온실효과를 일으키는 대기를 가지고 있어서 표면 온도가 예상했던 것보다 훨씬 높다. 금성에서 방출되는 전파는 금성의 표면 온도가 물의 끓는점보다 훨씬 높다는 것을 보여준다. 그러므로 금성의 표면은 구름이 아무리 물을 공급해도 바짝

* 물론 목성의 수소-헬륨 모형이 맞다면 전체 설명은 크게 수정되어야 한다.

말라 있을 것이다.

　이상한 상황이다. 금성의 오래된 SF적 모습인 거대한 바다는 잘못된 것이었다. 거대한 바다는 목성에 있다. 바로 목성!

　목성의 바다를 고려하며 (이 글의 앞부분에서 언급했던) 세이건 교수는 이렇게 말했다. "지금 상황에서 보면 생명체가 있을 가능성은 금성보다는 목성이 더 높다."

　이는 과학자가 학술적인 잡지에서 할 수 있는 신중한 발언이다. 하지만 나는 특히 이 부분에서 신중할 필요가 전혀 없기 때문에 목성의 바다에 대해 훨씬 자유롭게 말할 수 있다. 이 이야기를 좀 더 해보자.

　윌트의 주장을 받아들인다면 목성의 바다는 지구의 바다보다 약 500,000배 더 크고 지구 전체의 부피보다 620배 더 큰 거대한 바다다. 현재 믿고 있는 바에 따르면 이 바다는 우리 지구에 생명이 등장하던 시기에 같은 형태의 대기 아래에 있었다. 온갖 단순한 화합물(메탄, 암모니아, 물, 용해된 염분)이 지구에 비해 놀라울 정도로 많았을 것이다.

　이런 유기화합물이 만들어지려면 에너지원이 필요한데 가장 확실한 것은 태양에서 오는 자외선이다. 목성에 도달하는 자외선의 양은 앞에서 말한 것처럼 지구에 오는 양의 25분의 1밖에 되지 않고, 그중 두꺼운 대기를 뚫고 깊이 들어가는 것은 결코 없다.

　하지만 자외선이 아무런 역할을 하지 않는 것은 아니다. 목성 대기의 색깔 띠들은 보통의 분자들이 자외선을 받아 만들어진 자유라디칼(free radical, 에너지가 높은 분자 조각)로 이루어져 있을 가능성이 매우 높다.

대기의 지속적인 움직임은 자유라디칼을 아래로 내려보냈고, 그것이 단순한 분자들과 작용하여 나온 에너지로 복잡한 분자들을 만들었다.

자외선은 에너지원에서 탈락했지만 2개의 에너지원이 남아 있다. 첫 번째는 번개다. 두꺼운 목성 대기에서의 번개는 지구의 번개보다 훨씬 강력하고 지속적이다. 두 번째는 어디에나 있는 자연 방사선이다.

그렇다면 목성의 바다는 왜 생명을 만들지 못했을까? 온도도 적당하고, 기본 재료도 있고, 에너지 공급도 있다. 지구의 원시 바다에서 생명을 만드는 데 필요한 모든 조건이 목성에도 갖춰져 있었고(이 글에서 그린 그림이 맞다면), 오히려 더 많고 더 좋았다.

어쩌면 목성의 중력은 제쳐놓고라도, 생명체가 목성 대기의 압력과 폭풍을 견딜 수 있었을지 의문을 가질 수 있다. 하지만 폭풍은 아무리 강력하더라도 27,000킬로미터 깊이 바다의 표면만 건드릴 뿐이다. 표면에서 몇 백 미터나 몇 킬로미터만 내려가면 조용한 해류밖에 없을 것이다.

중력에 대해서는 생각할 필요도 없다. 바닷속 생명체는 중력을 무시해도 된다. 부력이 중력의 효과를 없애주기 때문이다.

문제 될 것은 아무것도 없다. 당연히 목성에서 생명은 기체

산소가 없는 상태에서 등장해야 한다. 그런데 이는 지구에서 생명체가 처음 등장했을 때와 정확하게 같은 상태다. 지금도 지구에는 산소 없이 살 수 있는 생명체들이 있다.

그러면 다시 한번 질문해 보자. 태양계에서(당연히 지구는 제외하고) 생명체를 발견할 가능성이 가장 높은 곳은 어디일까?

지금 나에게 그 답은 목성이다. 바로 목성!

물론, 목성의 생명체는 불쌍하게도 고립되어 있을 것이다. 이들은 거대한 바다에서 살아가겠지만 훨씬 더 거대한 바깥세상인 우주와는 영원히 단절되어 있을 터이다.

목성의 생명체가 우리와 비교할 만한 지적 능력을 발전시켰다 하더라도(순수한 해양생물은 그런 지적 능력을 발전시키지 못할 것이라는 합리적인 주장이 있다—당신이 지적하기 전에 미리 말하면, 돌고래는 지상 생물의 후손이다) 그들이 고립을 벗어날 방법은 없다.

사람과 같은 수준의 지적 생명체라 하더라도 바다에서 빠져나와 수천 킬로미터의 격렬하고 끈적끈적한 대기를 뚫고 목성의 거대한 중력을 이겨낸 다음 목성과 가장 가까운 위성에 도착해 그곳에서 우주를 관측할 가능성은 거의 없다.

생명체가 목성의 바다에 머물러 있는 한 간접적인 열의 흐름과 태양 및 몇몇 천체에서 오는 미약한 마이크로파 이외에는 우주에서 오는 어떤 것도 받을 수 없다. 다른 정보가 없으므로 생명체가 마이크로파를 느낄 수 있다 하더라도 해석할 수 없는 현상일 것이다.

하지만 우울한 상황에서 벗어나 좀 더 밝은 결말을 찾아보자.

목성의 바다에 생명체가 지구만큼 많다면 바다 질량의 70,000분의 1이 생명체의 질량일 것이다. 다시 말해서 목성 해양생물의 전체 질량은 우리 달 질량의 8분의 1이 되므로 물고기의 질량치고는 엄청나다.

갈 수만 있다면 목성은 멋진 낚시터가 될 것이다.

그리고 인구 폭발의 관점에서 보면 단 하나의 질문이 맴돈다. 과연 목성의 생명체를…… 먹을 수 있을까?

지금은 목성에 생명체가 있을 가능성은 그렇게 높게 보지 않고, 목성의 위성인 유로파가 생명체가 있을 가능성이 가장 높은 곳 중 하나로 여겨지고 있다. 목성에 물의 바다는 없다.(옮긴이)

6. 표면적으로 말하면

지난 세기에는 에드거 앨런 포(Edgar Allan Poe)를 시작으로 진지한 SF 작가들이 달에 가려고 노력했고, 지금은 정부가 시도하고 있다.* 그 프로젝트가 그저 색다른 면을 보여주는 '우주 관광'이 되는 건 별로 멋지지 않다. 하지만 그것이 진짜 목적이라면 우리는 한숨만 쉬고 우리가 하던 일을 계속해야 할 것이다.

그런데 지금까지 정부는 달에 **도착하는** 데만 관심이 있다. 그러면 우리는 SF 팬으로서 정부보다 한 걸음 더 앞서서 달에서 **사는** 것에 계속 주목해야 한다. 달에 공기와 물이 없다는 사소한 문제는 당연히 무시할 수 있다. 우리는 땅속 암석에서 물을 구워내거나 규산염에서 산소를 끄집어 낼 수 있을 것이다.** 낮의 열기나 밤의 추위를 피하기 위해 지하에서 살 수도 있다.

사실 구름 한 점 없는 하늘에서 한 번에 2주 동안 태양이 강렬하게 비추기 때문에, 달 거주자들은 태양 전지를 이용해 엄청난 양의 에너지를 얻을 수 있을 것이다.

미래의 고급 거주지는 저기 하늘 위에 있을 수도 있다. 어떤 크레이터에는 작은 망원경으로도 뚜렷하게 볼 수 있을 정도의 크기로 다음과 같은 글귀가 새겨질 수도 있을 것이다. "피곤하고 힘들고 어려운 문제들을 여기에 던지고 편히 쉬세요……."

---

* 시도만 한 게 아니다. 우리 모두가 알다시피 이 글이 처음 발표되고 몇 년 후인 1969년에 미국의 우주인들이 처음으로 달에 도착했고, 이후 몇 번 더 방문했다.

** 1969년 이후 달에서 가져온 암석에는 물의 흔적이 전혀 없다. 달에 거주하길 원하는 사람들에게는 안타까운 일이다.(지금은 달에도 물이 있는 것으로 밝혀졌다.─옮긴이)

누가 알겠는가?

달 위의 인류

달이 지구에게 중요한 여러 이유 중 하나는 맨눈으로 거리를 측정할 수
있을 정도로 가까이 있다는 것이다. 천체들의 거리를 측정하는 일은 지구
위에서 거리를 측정하는 것처럼 쉽지 않다. 하늘에 자를 들이대거나 직접
가서 거리를 재는 것은 불가능하다. 옛날 사람들이 천체들이 눈에 보이는
정도만큼 떨어져 있고 하늘이 산꼭대기보다 그렇게 높지 않다고 판단한
것은 충분히 합리적이다. 사실 구름이 하늘 바로 아래 있다고 생각했다면
꽤 합리적인 결론이다. 높은 산은 종종 구름에 가려지기 때문이다.

하지만 이제 삼각측량이 가능하다. 멀리 떨어진 관측 지점에서
천체들의 위치를 (더 멀리 떨어진 어두운 천체와 비교하여) 측정할 수
있게 된 것이다. 위치의 변화('시차(parallax, 視差)')는 천체의 거리와
관련이 있다. 오래전 서기전 2세기에 그리스의 천문학자인 니케아의
히파르코스(Hipparchus of Nicaea)는 달까지의 거리를 지구 지름의
30배로 측정했다. 현대의 단위로 하면 지구에서 380,000킬로미터
거리에 달이 있다는 것이다.(실제 거리와 거의 일치한다.—옮긴이)

달은 이렇게 맨눈으로 거리를 측정할 수 있는 유일한 천체지만 우주의
광대함을 알려주기에 충분했다. 하늘은 가까이 있지 않았다. 달은 엄청난
거리에 떨어져 있지만 모든 천체 중에서 가장 가까이 있는 것이다.
달은 인간이 가보기를 꿈꿀 수 있을 정도로 가까이 있었다.
1,000,000킬로미터의 절반도 되지 않는 거리에 있다. 만일 달이
없었다면 가장 가까운 천체는 달보다 100배나 더 멀리 있는 금성이
되었을 것이다. 달까지는 로켓으로 3일 만에 갈 수 있지만 금성까지는

사진: NASA

아서먼프의 코스머스

6개월이 걸린다. 인류는 이제 달에 발을 디뎠다. 달이 징검다리로 그곳에 존재하지 않았다면 우리가 우주 탐사를 시도라도 해볼 수 있었을까?[116쪽 사진]

달이 정말로 두 번째 지구가 되어 그곳에 사람이 살게 된다면 우리가 반드시 알아야 할 중요한 숫자가 있다. 바로 크기다.

첫 번째 질문은 '크기'가 과연 무엇을 의미하느냐이다.

달의 크기로 가장 자주 주어지는 것은 달의 지름이다. 달까지의 거리가 결정되면 지름은 바로 알 수 있기 때문이다.

달의 지름은 3,456킬로미터이고 지구의 지름은 12,662킬로미터이므로 대부분의 사람들은 자연스럽게 달의 크기가 지구의 4분의 1, 혹은 지구의 크기가 달의 4배라고 말하곤 한다(정확한 숫자로 말하면 달은 지구 크기의 0.273배, 혹은 지구는 달의 크기의 3.66배이다).

이렇게 말하면 달이 꽤 큰 세계처럼 보인다.

하지만, 크기를 조금 다른 관점에서 한번 살펴보자. 지름을 제외하고 태양계 천체들과 관련된 숫자들 중 가장 관심이 가는 것은 중력에 영향을 주는 질량이다.

다른 조건이 모두 같다면 질량은 지름의 세제곱에 비례한다. 지름으로 봤을 때 지구의 크기가 달의 3.66배라면 질량은 3.66×3.66×3.66, 즉 49배 더 크다. 하지만 이는 둘의 밀도가 같을 경우의 얘기다.

지구는 달보다 밀도가 1.67배 더 크기 때문에 질량의 차이는 단순히 지름을 세제곱한 것보다 훨씬 크다. 실제로 지구의 질량은 달의 질량보다 81배 더 크다.

실망스러운 결과다. 갑자기 달이 지구에 비해 너무 작아져 버렸기 때문이다. 그러면 대답하기 어려운 질문이 생긴다. 달은 지구 크기의 4분의 1인가, 81분의 1인가?

실제로는 특정한 상황에 맞게 의미 있는 비교를 해야 한다. 그리고 인류가 달에서 사는 것을 고려한다면 둘 다 직접적인 의미는 없다. 고려해야 할 것은 달의 **표면적**이다.

일반적인 환경이라면 인류는 표면에 살 것이다. 불편한 환경을 피해 땅속으로 들어간다 하더라도 지구나 달의 지름에 비하면 얼마 안 되는 깊이다.

그러므로 우리가 달의 크기와 관련해서 주목해야 할 질문은 표면적이 지구에 비해 얼마나 되느냐이다. 다시 말해, 표면적으로 따지면 그 크기가 얼마인가?

표면적은 지름의 제곱에 비례하므로 쉽게 계산할 수 있다. 여기에 밀도는 아무런 영향이 없으므로 고려하지 않아도 된다. 지구의 지름이 달의 3.66배이므로 표면적은 3.66×3.66, 즉 13.45배가 된다.

하지만 이것도 만족스럽지 않다. 표면적이 지구의 13.45분의 1이라는 말은 쉽게 와닿지 않는다. 이게 정확히 무슨 의미일까? 표면적이 얼마나 된다는 말일까?

나는 달의 표면이나 다른 면적들에 대해 감을 잡을 수 있는 다른 방법을 생각해 보았다. 요즘에는 수많은 미국인들이 미국 내를 자유롭게 이동할 수 있기 때문에 가능한 일이다. 사람들이 미국 면적에 대해 어느 정도 감을 잡고 있으므로 이것을 단위로 사용하는 것이다. 미국 50개 주 전체 면적은 9,287,680제곱킬로미터인데 이것을 1USA라고 하자.

그 결과는 표 14에서 보였다. 지구의 지역들을 USA 단위로 표시한 것이다.

표 14

지역	표면적 (USA 단위)	지역	표면적 (USA 단위)
오스트레일리아	0.82	북아메리카	2.50
브라질	0.91	아프리카	3.20
캐나다	0.95	아시아	4.70
미국	1.00	인도양	7.80
유럽	1.07	대서양	8.80
중국	1.19	태평양	17.60
북극해	1.50	총 육지 표면적	17.50
남극 대륙	1.65	총 수면 면적	36.80
남아메리카	1.90	전체 표면적	54.30
소비에트연방	2.32		

이제 달의 표면적이 4.03USA라고 할 때, 달을 섬령하면 미국 면적의 4배, 혹은 소련 면적의 1.75배를 점령하는 것이란 사실을 바로 알 수 있을 것이다. 다른 방식으로 표현하면 달의 면

적은 아프리카와 아시아의 중간쯤 된다.

그러면 좀 더 나아가서 인류가 태양계 전체에서 점령할 수 있거나 점령할 가치가 있는 곳을 점령한다고 가정해 보자. '점령할 수 있는' 곳이라고 하면 적어도 당분간은 '거대 기체 행성'인 목성, 토성, 천왕성, 해왕성은 제외된다(여기에 대한 설명은 앞 장을 보라).

그래도 4개의 행성이 남는다. 수성, 금성, 화성, 그리고 (극단적이긴 하지만 다 채우기 위해서) 명왕성이다.(명왕성은 2006년 이후 행성에서 제외되었다.—옮긴이) 그리고 점령할 수 있을 정도로 충분히 큰 우리의 달을 제외하고도 몇 개의 큰 위성들이 있다. 여기에는 목성의 큰 위성 4개(이오, 유로파, 가니메데, 칼리스토)와 토성의 큰 위성 2개(타이탄, 레아), 그리고 해왕성의 가장 큰 위성(타이탄)이 포함된다.

이 천체들의 표면적은 쉽게 계산할 수 있고 그 결과는 표 15에 보였다. 지구와 달은 비교를 위해 포함시켰다.

표에서 보듯이 태양과 거대 기체 행성을 제외하면 10여 개의 태양계 천체 각각의 표면적은 1USA를 넘고 하나는 거기에 약간 미치지 못한다.

이 표에 있는 천체들의 전체 표면적은 225USA 정도다. 그 중에서 지구가 4분의 1을 차지하고 있고 이곳은 이미 인류에게 점령되었다. 나머지 4분의 1을 차지하는 곳은 명왕성인데 사실상 점령이 거의 불가능한 곳이다.*

---

* 사실 이 글이 처음 발표될 때 지구만 하다고 여겨졌던 명왕성의 크기는 지금 화성 정도의 크기밖에 안 되는 것으로 생각된다.(실제 명왕성의 크기는 달보다 작다.—옮긴이)

표 15

행성 또는 위성	표면적
지구	54.3
명왕성	54?
금성	49.6
화성	15.4
칼리스토	9.0
가니메데	8.85
수성	8.30
타이탄	7.30
트리톤	6.80
이오	4.65
달	4.03
유로파	3.30
레아	0.86

　금성, 화성, 달이 나머지(약 118USA)의 9분의 5를 차지한다. 이들은 가장 가까이 있어서 가장 쉽게 점령할 수 있는 곳이므로 인류가 태양 바로 옆에 있는 수성이나 다른 큰 위성들을 점령할 필요까지는 없을 것 같다. 얻을 수 있는 것도 별로 없어 보인다.

　하지만 다른 대안도 있다는 것을 이야기하고 싶다.

　지금까지 나는 지름 1,600킬로미터(레아의 지름)보다 작은 태양계 천체는 고려하지 않았다. 얼핏 생각하기에 이는 표면적이 작아서 '점령할 가치가 없기' 때문이라고 여겨질 수 있다. 더구나 중력이 너무 작아 물리학적으로나 기술적으로 문제가 될 수도 있어 보인다.

일단 중력 문제는 제쳐놓고 표면적에 집중해 보자.

작은 천체들의 표면적이 무시해도 될 정도로 작다고 가정하는 건 옳은 일일까? 태양계에는 지름 1,600킬로미터보다 작은 위성이 23개 있다. 이것은 만만찮은 수다. 이 위성들 중 어떤 것은 아주 작다. 화성의 작은 위성 데이모스는 지름이 12킬로미터가 되지 않는다.*

작은 세계의 표면을 다루기 위해 다른 단위를 사용해 보자. 미국의 도시 로스앤젤레스의 면적은 1,150제곱킬로미터다. 이것을 1LA라고 하자. 1USA는 8,000LA와 같기 때문에 이 단위는 아주 편리하다.

작은 태양계 위성들의 표면적을 비교한 값은 표 16에 보였다. (이 위성들의 지름은 모두 불확실하기 때문에 표면적 역시 불확실하다는 점을 지적해야겠다. 하지만 현재 내가 얻을 수 있는 가장 최신 정보에 기반한 것이다.)

태양계 작은 위성들의 표면적의 합은 20,000LA가 조금 안 되므로 8,000으로 나누면 약 2.5USA다. 23개 세계를 모두 모으면 달 표면의 절반이 조금 넘는다. 다르게 표현하면 북아메리카 대륙 정도 된다.

이것이 작은 행성들은 고려할 필요가 없다는 생각을 확인시켜 줄지도 모르겠다. 하지만…… 다시 한번 생각해 보자. 이 위성들을 모두 모으면 부피는 달의 6분의 1을 약간 넘지만 표면적은 절반이 넘는다.

* 1971년 화성 탐사선이 화성의 큰 위성인 포보스의 사진을 찍어 긴 쪽의 지름이 26킬로미터인 감자처럼(정말이다!) 생겼다는 사실을 보여주었다.

표 16

위성 (행성)	표면적 (LA)
이아페투스(토성)	4,450
테티스(토성)	3,400
디오네(토성)	3,400
티타니아(천왕성)	2,500
오베론(천왕성)	2,500
미마스(토성)	630
엔켈라두스(토성)	630
아리엘(천왕성)	630
움브리엘(천왕성)	440
히페리온(토성)	280
포에베(토성)	280
네레이드(해왕성)	120
아말테이아(목성)	70
미란다(천왕성)	45
VI(목성)	35
VII(목성)	6.5
VIII(목성)	6.5
IX(목성)	1.5
XI(목성)	1.5
XII(목성)	1.5
포보스(화성)	1.5
X(목성)	0.7
데이모스(화성)	0.4

작은 물체는 부피에 비해 표면적의 비율이 크다는 사실을 떠올리면 된다. 구의 표면적은 반지름이 r일 때 $4\pi r^2$이 된다. 반지름이 6,400킬로미터인 지구의 표면적은 약 500,000,000 제곱킬로미터가 된다는 말이다.

지구를 재료로 삼아 지구 반지름의 절반이 되는 작은 세계들을 만든다고 생각해 보자. 부피는 반지름의 세제곱에 비례하므로 '절반 지구'를 8개밖에 만들지 못한다. '절반 지구' 각각의 반지름은 약 3,200킬로미터이다. '절반 지구'의 표면적은 125,000,000제곱킬로미터이며, 8개 '절반 지구' 전체의 표면적은 1,000,000,000제곱킬로미터가 되어 원래 지구의 2배가된다.

일정한 부피의 물질이 있다고 하면, 이것을 작은 조각으로쪼갰을 때 전체 표면적은 커진다.

이 분석은 별로 의미가 없다고 생각할지 모른다. 23개 작은위성들의 표면은 그렇게 크지 않기 때문이다. 전체 면적이 북아메리카 대륙보다 크지 않다.

하지만 이게 다가 아니다. 아직 소행성들이 남아 있다.

소행성을 모두 모으면 질량이 지구의 1퍼센트 정도다. 이소행성들이 하나의 구로 뭉치고 평균 밀도가 지구와 같다면 그구의 반지름은 1,370킬로미터, 지름은 2,740킬로미터가 된다.이는 목성의 위성 중 하나인 유로파와 비슷한 크기고, 표면적은2.6USA로 작은 위성들을 모두 모은 것과 거의 같다.

하지만 소행성은 하나의 구로 존재하는 것이 아니라 수많은작은 조각들로 이루어져 있기 때문에 표면적이 더 크다. 소행성전체의 수가 100,000개 정도이고, 평균 지름이 56킬로미터라면 100,000개 전체의 표면적은 130USA나 된다.

소행성 전체의 표면적은 지구, 금성, 화성, 달의 표면적을 모두 합친 것보다 크다는 말이다. 지구 육지 표면의 7.5배가 된다. 기대하지 않았던 횡재다.

여기서 더 나아갈 수도 있다. 왜 표면에만 우리 스스로를 제한하는가? 당연히 땅을 파서 내부의 재료를 이용할 수도 있다. 중력이 강한 큰 세계에서는 가장 바깥 부분만 뚫고 들어갈 수 있을 뿐 진짜 내부에는 도저히 닿을 수가 없다. 하지만 소행성의 경우 중력은 거의 무시할 수 있으며 내부로 들어가는 것도 비교적 쉽다.

나는 이 개념을 엘스베르라는 가상의 소행성에 대한 이야기로 쓴 적이 있다.* 지구에서 온 방문객은 원주민에게 다음과 같은 이야기를 듣게 된다.

"여기는 작은 세상이 아니에요, 라모락 박사님. 당신은 2차원을 기준으로 판단하고 있어요. 엘스베르의 표면적은 뉴욕의 4분의 3밖에 되지 않지만 그게 다가 아니에요. 우리는 원한다면 엘스베르의 내부 어디건 자리 잡을 수 있다는 것을 기억하세요. 반지름 80킬로미터짜리 구의 부피는 50만 세제곱킬로미터가 넘어요. 엘스베르 전체에 15미터 간격으로 자리를 잡으면 전체 표면적은 143,000,000제곱킬로미터가 되는데, 이건 지구의 전체 육지 면적과 같아요. 그리고 어떤 곳도 낭비되지 않아요, 박사님."

이것은 반지름 80킬로미터, 그러니까 지름 160킬로미터의 소행성이다. 지름 56킬로미터의 소행성은 부피가 지구의 27분의 1밖에 안 되고 표면적은 5,120,000제곱킬로미터밖에 되지

---

* 〈스트라이크브레이커(Strikebreaker)〉라는 소설로 나의 단편집 《전설의 밤과 다른 이야기들(Nightfall and Other Stories)》(1969)에서 볼 수 있다.

않는다. 하지만 이것도 미국 면적의 절반이 넘는 수치다(정확하게는 0.55USA).

그러니까 지름 56킬로미터의 작은 소행성은 토성의 꽤 큰 위성인 이아페투스의 표면적만큼의 생활공간을 제공해 줄 수 있는 것이다.

소행성에서 파낸 물질도 버릴 필요가 없다. 이것은 금속과 규소의 원료로 사용될 수 있다. 중요한 원소들 중 빠진 것은 수소, 탄소, 질소뿐인데, 이것들은 거대 기체 행성, 특히 목성의 대기에서 무한에 가까운 양을 얻을 수 있다(우리가 장밋빛 수정 구슬로 미래를 보고 있다는 사실을 기억하라).

100,000개의 소행성 대부분을 파 들어가면 143,000,000,000제곱킬로미터, 혹은 55,000USA만큼의 생활공간을 얻을 수 있다. 이는 태양계에서 사용 가능한 모든 표면적(거대 기체 행성은 제외했지만 소행성은 포함한)의 150배가 넘는 면적이다.

이카로스

수천 개의 소행성들은 별들을 배경으로 움직이고 있다. 망원경이 지구 표면의 움직임을 상쇄하도록 설계되어 작동한다면 별들은 사진에서처럼 모두 점으로 나타날 것이다.[127쪽 사진] 밝은 별들은 과도하게 노출되어 더 크게 보이지만 어쨌든 한 지점에 그대로 있다.

소행성들은 별들을 배경으로 움직이기에 빛의 선으로 나타난다. 빛이 한 지점에 누적되지 않기 때문에 희미한 선으로 보이는 것이다. 일반적으로 우리에게 가까이 있는 소행성은 더 많이 움직이는 것처럼 보이므로 더 긴

사진: Mount Wilson and Palomar Observatories

줄로 나타난다. 별을 배경으로 나타나는 아주 가늘고(그렇다면 행성이 아니다) 아주 희미한(그렇다면 유성이 아니다) 긴 줄은 천문학자들의 관심을 끈다. '지구 근접' 소행성의 흔적이 분명하기 때문이다.

이 사진에서 화살표로 나타난 가느다란 줄은 소행성 이카로스다. 이 소행성은 지구 근접 소행성만큼 우리에게 가까이 접근하진 않지만 특별히 관심을 끄는 면을 가지고 있다. 궤도가 너무나 길쭉해서 어떨 때는 수성보다 태양에 더 가까이 다가간다. 가끔씩 나타나는 혜성을 제외하고는 어떤 천체보다 태양에 가까이 접근하는 것이다.

사실 이 소행성의 이름은 다음의 이야기에서 온 것이다. 그리스 신화에서 이카로스는 깃털을 왁스로 붙여 만든, 팔의 힘으로 움직이는 날개를 이용해 크레타를 탈출하려 했다. 그 날개는 함께 탈출하는 이카로스의 아버지 다이달로스가 만든 것이었다. 이카로스는 아버지의 충고를 무시하고 높이 날아올라 태양에 너무 가까이 다가갔고, 그러다 왁스가 녹아 날개가 망가져서 바다에 떨어져 죽고 말았다. 소행성 이카로스는 분명 신화 속의 이카로스보다 태양에 더 가까이 가고 있을 것이다.

소행성 내부가 현재의 미국만큼의 인구 밀도를 가진다면 소행성 하나에 평균적으로 1억 명이 살 수 있다. 그러면 소행성 전체에 10조 명이 살 수 있는 것이다.

문제는 그 정도 인구를 지탱할 수 있느냐다. 각 소행성이 모든 자원을 활용하고 효율적으로 재사용하여 자급자족이 가능하다고 생각할 수 있다(앞에서 말한 이야기의 배경이 이것이다).

문제는 에너지 공급이다. 다른 것들은 모두 재활용된다 해도 에너지는 소모되기 때문이다.

현재로서는 대부분의 에너지가 태양에서 온다(예외로는 당연히 핵에너지, 조수나 온천에서 뽑아내는 에너지가 있다). 거의 대부분 녹색 식물이 수행하고 있는 태양에너지의 활용은 효율적이지 않다. 녹색 식물은 지구에 닿는 태양에너지의 2퍼센트 정도밖에 사용하지 못하기 때문이다. 하지만 사용되지 않는 98퍼센트도 사실은 별것 아니다.

태양 빛은 모든 방향으로 나아가기 때문에 지구 궤도에 도착하면 지름 150,000,000킬로미터의 구 전체에 퍼진다. 구의 표면적은 281,600,000,000,000,000제곱킬로미터이고 지구가 차지하는 면적은 128,000,000제곱킬로미터밖에 되지 않는다.

그러므로 지구가 받는 태양 빛의 비율은 128,000,000/281,600,000,000,000,000, 즉 약 1/2,000,000,000이다.

모든 태양 빛을 받아서 현재 지구에서와 비슷한 효율로 사용한다면 지탱할 수 있는 인구는 (에너지가 문제라고 할 때) 현재 지구 인구의 20억 배다.

물론 1인당 사용하는 에너지는 증가한다. 하지만 태양에너지를 활용하는 효율도 높아질 테니 에너지는 문제가 없을 것이다. 20억 배라는 데 집중하자.

태양 빛을 모두 사용하려면 우주에 발전소를 만들어야 한다. 에너지가 많이 필요할수록 발전소는 더 넓은 면적을 차지해야 하므로 결국에는 태양 전체를 덮게 될 것이다. 모든 태양 빛은 태양계를 벗어나기 전에 발전소들 중 하나에 붙잡힌다.

이는 다른 별에서 태양을 연구하는 지적 생명체에게 재미있는 효과를 줄 수 있다. 태양의 가시광선이 천문학적으로 아주 짧은 시간 안에 사라져 버리는 것이다. 복사는 사라지지 않고 종류가 바뀐다. 태양은 적외선에서만 빛나기 시작할 것이다.

이것은 어쩌면 지적 생명체의 지적 능력이 어느 정도가 되면 항상 일어날 수 있는 일일지도 모른다. 우리는 초신성 폭발이 없는데 그냥 사라지는 별이 있나 항상 살펴보고 있어야 한다.

누가 알겠는가?

훨씬 더 이상한 생각도 해볼 수 있다. 나는 에너지 관점에서 보면 지구 인구의 20억 배까지 살 수 있다고 했다.

반면 미국의 인구밀도로 소행성에서 살 수 있는 총 인구는 10조밖에 되지 않는다. 아직 600,000배 더 늘어날 수 있지만, 과연 공간이 있을까?

인구밀도를 높이는 것은 좋은 방법이 아닌 듯 보이고, 소행성에 사는 사람들은 다른 세상을 부러운 눈으로 볼 수도 있다. 이들이 지름 320킬로미터인 토성의 위성 포에베에 관심을 가졌다고 하자. 포에베는 지름 56킬로미터의 소행성 약 200개로 쪼개질 수 있다. 표면적이 307,200제곱킬로미터인 하나의 위성 대신 전체 내부 면적이 1,024,000,000제곱킬로미터인 여러 개의 소행성이 될 수 있는 것이다.

포에베의 경우 소행성인 상태에서 파내야 하기 때문에 얻는 것이 별로 없을지도 모른다. 파내는 것이 가장 바깥쪽 표면으로 제한될 수밖에 없는 달의 경우는 어떨까?

달은 소행성을 모두 합친 것보다 더 큰 질량을 가지고 있고, 지름 56킬로미터 소행성 200,000개로 쪼개질 수 있다. 인류가 한 번에 사용할 수 있는 공간은 3배가 될 것이다.

인류가 태양계 천체들을 하나하나 쪼개서 사용하는 미래를 예상해 볼 수도 있다.

하지만 당연하게도 지구는 특별한 곳이다. 인류의 고향이기도 하기 때문에 그대로 유지하려고 할 것이다.

거대 기체 행성과 지구를 제외한 태양계의 모든 천체를 쪼갠다면 소행성의 수는 약 10,000,000배 더 많아지고 인류 전체의 수는 에너지가 허용하는 최대 수준에 이르게 될 것이다.

하지만 중요한 점이 하나 있다. 명왕성이 일을 어렵게 만들 수 있다. 우선, 우리는 명왕성에 대해서 너무 모른다. 어쩌면 소행성으로 쪼개기에 적합하지 않은 물질로 이루어져 있을 수 있다. 그리고 너무 멀리 떨어져 있다. 태양에서 64억 킬로미터 떨어진 거리에 있는, 명왕성을 쪼개서 만든 수백만 개의 소행성 모두에 태양 정거장에서 에너지를 효과적으로 보내는 일이 가능할까?

명왕성은 차치하고, 인류가 인구의 정점에 이를 수 있는 방법은 하나뿐이다. 지구를 이용하는 것이다.

나는 보수주의자와 급진주의자의 대립을 상상할 수 있다. 보수주의자는 지구는 과거를 보존하는 박물관이 되어야 하고,

인류가 인구의 정점에 도달하는 것은 중요한 일이 아니라고 주장할 것이다.

급진주의자는 지구가 인류를 위한 것이지 그 반대는 아니기 때문에 인류는 최대한 번성할 권리가 있고, 태양 정거장이 지구와 태양 사이에서 사실상 모든 빛을 흡수할 것이므로 지구는 완전한 어둠에 싸이게 되어 과거를 보존하는 박물관이 될 수 없다고 주장할 것이다.

나는 급진주의자들이 궁극적으로는 이길 거라는 예감이 든다. 그리고 강력한 무기를 가진 함대가 지구를 자르고 내부의 열이 지구를 쪼개어 소행성이 만들어지는 첫 번째 단계의 장면을 상상한다.

7. 돌고 돌고 돌고…

일반인을 위한 천문학 책을 쓰는 사람은 언젠가는 달이 항상 지구를 향하고 있지만 그래도 자전을 한다는 사실을 설명해야 하는 문제에 부딪힌다.

이 문제를 접한 적이 없고 복잡한 내용을 별로 알고 싶어 하지 않는 일반 독자에게 이것은 분명히 모순으로 보일 것이다. 달이 언제나 한쪽만 지구를 향한다는 사실을 받아들이기는 쉽다. 맨눈으로 봐도 달 표면의 모양은 언제나 똑같기 때문이다. 그렇다면 달이 자전하지 않는 것은 분명해 보인다. 달이 자전한다면 우리는 표면의 모든 부분을 조금씩 다 볼 수 있을 것이기 때문이다.

이제 일반 독자의 부족한 지식을 비웃을 필요가 없다. 그들이 맞기 때문이다. 달은 지구 표면의 관찰자의 관점에서 볼 때 자전하지 **않는다**. 천문학자들이 달이 자전**한다**고 말할 때는 지구 표면이 아닌 다른 곳의 관찰자의 관점에서 말하는 것이다.

예를 들어 달을 계속해서 관찰하면 태양 빛에 의해 생기는 그림자 선이 달 위를 천천히 움직이는 것을 볼 수 있다. 태양은 서서히 달의 모든 부분을 비추게 된다. 이는 태양 표면에 있는 관찰자(거의 없겠지만)에게는 달이 자전하는 것으로 보인다는 말이다. 태양 빛이 비추는 부분이 그 관찰자가 볼 수 있는 부분이기 때문이다.

하지만 우리의 독자들은 이렇게 생각할 수 있다. "나에게는 달의 한쪽 면만 보이니까 달은 자전하지 **않는다**. 태양에 있는 관찰자는 달의 모든 면을 보기 때문에 달이 **자전한다**고 말할 것이다. 하지만 태양에 있는 관찰자보다 내가 더 중요하다. 첫째 나는 존재하지만 그는 존재하지 않고, 둘째 그가 존재한다 하더라도 나는 나고 그는 내가 아니다. 그러므로 나는 내가 본 대로 주장한다. 달은 자전하지 **않는다**!"

이 혼란에서 빠져나갈 방법이 있다. 상황을 좀 더 체계적으로 살펴보자. 그러기 위해서 지구의 자전부터 시작해 보자. 우리에게 가장 가까운 것은 지구니까.

별이 만드는 원

보통의 관찰자에게 별들은 동쪽에서 떠서 서쪽으로 진다. 하지만 이것이 현상을 너무 단순화한 말이라는 것을 이해하는 데에는 많은 노력이 필요하지 않다.

어떤 별은 (뉴욕이나 아테네 등의 위도에서 보면) 뜨지도 지지도 않고 언제나 하늘에 떠 있다. 가장 눈에 띄는 별들은 북두칠성이라고 불리는 7개의 2등성들이다. 이들은 북반구의 하늘에서 언제나 보인다. 어떤 때는 지평선에서 높이 떠 있고 어떤 때는 지평선 가까이에 있지만 지평선 아래로는 절대 내려가지 않는다.

더 자세히 관찰해 보면 북두칠성의 별들은 하늘의 한 점을 중심으로 원을 그리고 있다. 그리고 다른 별들도 모두 마찬가지다. 원의 중심에서 가까운 별들은 지평선을 가로지르지 않는 작은 원을 그리고, 멀리 있는 별들은 큰 원을 그리며 뜨고 진다.

북두칠성보다 원의 중심에 더 가까이 있는 별들도 있다. 가장 가까이 있는 밝은 별이 북극성이다. 북극성은 원의 중심에서 각도로 겨우 1도 정도밖에 떨어져 있지 않기 때문에 아주 작은 원을 그린다. 북극성이 만드는 원은 달의 2배보다 조금 더 클 뿐이다. 이 원은 너무 작아서 도구 없이 맨눈으로 보는 사람에게는 하늘에서 움직이지 않고 언제나 같은 자리에 있는 것처럼 보인다.

아마도 페니키아인들이 북두칠성이 언제나 북쪽에 있다는 사실을 처음으로 알아챘을 것이다. 그래서 이 하늘의 나침반에 대한 확실한 지식을 갖고, 해변만 따라다니는 대신 먼 바다로 탐험할 용기를 얻었을 것이다.

사진은 천구의 북극을 중심으로 원을 그리는 별들을 보여준다.[136쪽 사진] 중심에 가장 가까이 있는 밝은 원호가 북극성이다. 당연히 별들의 이런 움직임은 지구가 이 축을 중심으로 자전한 결과다.

우리가 전제로 삼는 한 가지는, 지구에 있는 관찰자의 입장에서 지구는 자전하지 않는다는 것이다. 당신이 지금부터 지구가 멸망하는 날까지 단 한 장소에만 있다면 당신은 지구 표면의 일부밖에 볼 수 없다. 당신이 보기에 지구는 움직이지 않는다. 문명화한 인류 역사의 대부분의 시간 동안 가장 현명한 사람

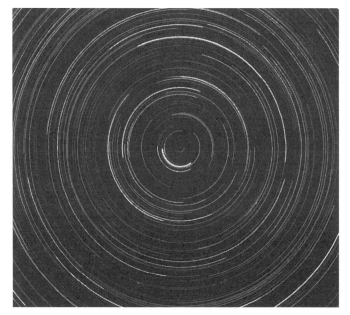

사진: Lick Observatory

들도 겉으로 보이는, 지구는 '정말로' 자전하지 않는다는 그 '진실'(그게 무엇이든 간에)을 믿었다.

그런데 (단순화하기 위해서) 지구의 적도면, 혹은 천구의 적도(지구의 적도를 하늘에 투영한 것이 천구의 적도다—옮긴이)에 있는 한 별에 있는 관찰자를 생각해 보자. 이 관찰자는 지구의 표면을 자세히 관찰할 수 있는 기구를 가지고 있다고 하자. 그 사람이 보기에 지구는 조금씩 자전하고 있고, 그래서 지구의 모든 표면을 볼 수 있다. 특정한 작은 모양(예를 들면 당신과 내가 적도 위의 어떤 지점에 서 있는 모습)을 기록해 놓고 그 모양이 다시 돌아오는 시간을 측정하면 그 관찰자가 보는 관점에서의 지구의 자전주기도 측정할 수 있다.

이것을 반대로 적용해 볼 수도 있다. 그 별에서 보이는 지구 표면의 한가운데에 우리가 있다면 그 순간 우리 역시 그 관찰자의 별을 정확히 머리 위에서 볼 것이다. 그리고 그 관찰자가 우리가 중심으로 돌아오는 주기를 잴 수 있는 것처럼 우리도 그 관찰자의 별이 머리 위에 오는 주기를 잴 수 있다. 그 주기는 같아야 할 것이다. (분 단위로 측정하기로 하자. 1분은 60초고 1초는 1태양년의 1/31,556,925.9747과 같다.)

별을 기준으로 지구의 자전주기는 약 1,436분이다. 어떤 별이든 상관없다. 지구에서 보기에 별들의 겉보기운동은 너무 작아서 별들이 모두 한 덩어리로 움직인다고 생각해도 문제가 없다.

1,436분의 주기를 지구의 '항성일(sidereal day)'이라고 한다.

'sidereal'이라는 단어는 '별'의 라틴어로, 항성일은 다시 말하면 '별을 기준으로 한 하루'라는 의미다.

태양에 있는 관찰자 또한 지구가 자전하는 것을 볼 수 있다. 하지만 태양의 관찰자가 보는 자전주기는 별의 관찰자가 본 주기와 같지 않다. 태양에 있는 관찰자는 지구에 훨씬 가까이 있기 때문에 태양을 중심으로 도는 지구의 움직임이 새로운 요소가 된다. 지구가 한 바퀴 자전하는(별에 있는 관찰자가 봤을 때) 동안 지구는 우주 공간을 상당한 거리만큼 움직이기 때문에 태양에 있는 관찰자에게는 아직 완전히 자전하지 않은 것으로 보인다. 태양에 있는 관찰자가 볼 때 지구가 완전히 한 바퀴를 자전하려면 4분 더 지나야 한다.

우리는 이 결과를 지구에 있는 관찰자의 관점에서 설명할 수 있다. 태양에 있는 관찰자가 구한 결과를 얻으려면 태양이 머리 위에 있을 때부터 그다음 머리 위에 있게 될 때까지(다시 말하면 정오에서 정오까지)의 시간을 측정하면 된다. 지구가 태양의 주위를 도는 공전 탓에 태양은 배경의 별에 대해 서쪽에서 동쪽으로 이동하는 것으로 보인다. 1항성일이 지나면 특정한 별은 다시 머리 위로 돌아오지만 태양은 약간 동쪽으로 치우쳐 있어서 머리 위로 돌아오려면 4분이 더 지나야 한다. 그래서 태양일은 항성일보다 4분이 긴 1,440분이 된다.

다음으로 달에 있는 관찰자를 생각해 보자. 그 관찰자는 지구에 더 가까이 있기 때문에 그에게 별을 배경으로 한 지구의 움직임은 태양에 있는 관찰자가 보는 것보다 약 13배 더 크게 보인다. 그러므로 그 사람이 보는 것과 별의 관찰자가 보는 것 사이의 차이는 태양과 별의 관찰자가 보는 것 사이의 차이의 약 13배가 된다.

이 상황을 지구에서 보려면 달이 정확하게 머리 위로 지나가는 시간 간격을 측정하면 된다. 달은 별을 배경으로 태양보다 13배 더 동쪽으로 움직인다. 1항성일이 지난 후에도 달이 다시 머리 위로 지나가려면 54분을 더 기다려야 한다. 그러므로 지구의 '달일', 즉 '태음일(lunar day)'은 1,490분이 된다.

우리는 지구의 자전주기를 금성이나 달, 핼리혜성, 혹은 인공위성의 관찰자의 관점에서도 측정할 수 있다. 하지만 그건 자제하겠다. 대신 지금까지의 결과를 표 17에 정리해 보았다.

표 17

항성일	1,436분
태양일	1,440분
태음일	1,490분

그러면 이제 당연히 다음과 같은 합리적인 질문이 떠오른다. 도대체 어떤 것이 **하루**인가? **진짜** 하루는 무엇인가?

이 질문에 대한 답은 그 질문이 합리적이지 않다는 것이다. 진짜 하루란 것은 없고 진짜 자전주기라는 것도 없다. 단지 관찰자의 위치에 따라 달라지는 겉보기 주기가 있을 뿐이다. 좀 더 그럴듯한 말로 하면, 지구의 자전주기는 기준에 따라 다르고 모든 기준이 똑같이 중요하다.

그런데 모든 기준이 똑같이 중요하다면 할 수 있는 건 더 이상 없는 것일까?

그렇지 않다! 모든 기준이 똑같이 중요할 수는 있지만 똑같이 유용하지는 않다. 어떤 경우에는 특정한 기준이 유용하고, 다른 경우에는 다른 기준이 유용할 수 있다. 우리는 상황에 따라 적당한 기준을 자유롭게 선택할 수 있다.

예를 들어, 나는 태양일이 1,440분이라고 했는데 사실 그건 거짓말이다. 지구의 자전축은 공전궤도면에 대해 기울어져 있고 지구는 태양에 가까이 있을 때도 있고 멀리 있을 때도 있기 때문에(그래서 궤도를 빠르게 혹은 느리게 움직인다) 태양일은 1,440분보다 약간 길 때도 있고 약간 짧을 때도 있다. 당신이 만일 정확히 1,440분 간격으로 '정오'를 표시해 놓는다면 1년 동안 태양은 머리 위를 최대 16분 더 빨리 지나가거나 16분 더 늦게 지나갈 때가 있을 것이다. 다행히 그 오차는 상쇄되기 때문에 1년 후에는 다시 같아진다.

이런 이유로 1,440분은 그냥 태양일이 아니라 1년 동안의 모든 태양일을 평균한 것으로 '평균태양일'이라고 부른다. 그리고 1년에 4일을 제외한 모든 정오에는 실제 태양이 아니라 '평균태양'이라고 하는 가상의 태양이 머리 위를 지나간다. 평균태양은 진짜 태양이 완벽하게 일정하게 움직일 경우의 태양의 위치다.

태음일은 태양일보다 훨씬 불규칙하지만 항성일은 매우 일정하다. 특정한 별은 매 1,436분마다 머리 위를 지나간다.

만일 우리가 시간을 측정한다면 가장 일정한 항성일이 가장 유용한 것은 당연해 보인다. 별이 머리 위로 지나가는 경로를 이용한 항성일을 시계의 기준으로 사용하는 곳에서는 별을 기준으로 자전하는 지구가 바로 시계가 된다. 그렇다면 1초는 항성일의 1/1436.09로 정의된다(사실 1년의 길이는 항성일보다 더 일정하므로, 현재 공식적인 1초는 항성년으로 정의된다).(현재 1초의 기준은 세슘-133 원자가 91억9,263만1,770번 진동하는 시간으로 정의된다.─옮긴이)

태양일은 불규칙하긴 하지만 중요한 장점을 가지고 있다. 태양일은 태양의 위치를 기준으로 하고, 태양의 위치는 지구의 어떤 부분이 빛을 받는지를 결정한다. 간단하게 말하면 태양일은 빛을 받는 시간(낮)과 어두운 시간(밤)의 합과 같다. 역사적으로 대부분의 사람들은 별의 위치나 그 별이 언제 머리 위로 지나가는지에 대해 거의 관심을 갖지 않았다. 하지만 밤과 낮, 일출과 일몰, 정오와 황혼이 언제인지는 크게 신경 쓰지 않아도 알 수가 있다.

따라서 단연코 가장 중요하고 유용한 것은 태양일이다. 이것이 원래 시간의 기준이었으며, 이것을 24시간으로 나누고, 각 시간을 60분으로 나눴다(24에 60을 곱하면 1태양일인 1,440분이 된다). 이 기준으로 하면 1항성일은 23시간 56분이고 1태음일은 24시간 50분이 된다.

사실 태양일이 너무나 유용한 덕분에 인류는 이것을 그냥 하루로 여기는 데 익숙해져서 지구가 '진짜로' 정확하게 24시간 만에 자전하는 것으로 생각한다. 사실 이것은 지구가 태양을 기준으로 하는 자전일 뿐이다. 다른 천체를 기준으로 하는 자전 또한 '진짜' 혹은 '가짜'라고 할 수 없다. 사실 지구에 있는 관찰자에게 '진짜' 혹은 '가짜' 자전은 의미가 없다. 지구에서 보기에 지구는 자전하지 않기 때문이다.

태음일도 쓸모가 있다. 우리가 매 시간 시계를 2분 5초씩 느리게 가게 하면 달을 기준으로 하는 시간이 된다. 그렇게 하면 밀물(혹은 썰물)은 정확히 하루에 두 번씩 매일 같은 시간에, 12시간 간격으로 (약간의 변화만 동반하고) 일어난다.

아주 유용한 기준은 바로 지구다. 지구가 자전하지 않는다고 가정하는 것이다. 당구를 칠 때, 야구공을 던질 때, 해외여행을 계획할 때 우리는 지구가 자전한다는 사실을 전혀 고려하지 않는다. 우리는 항상 지구는 움직이지 않는다고 가정한다.

금성

금성은 낮에 망원경으로 볼 때 하늘에서 가장 아름답게 빛나는 점이다. 황혼이 짙어지는 서쪽 하늘에 금성이 다이아몬드처럼 홀로 빛나고 있으면 수많은 시와 노래의 소재가 된 아름다운 '저녁별'이 된다. 망원경이 발명되자 금성은 갑자기 가장 혼란스러움을 주는 행성이 되었는데 금성을 아름답게 만든 바로 그 이유 때문이었다. 금성이 아름다운 것은 밝아서인데, 그것은 수성을 제외하면 금성이 태양에 가장 가까이 있고 지구에서 가장 가까운 행성이기 때문이다.

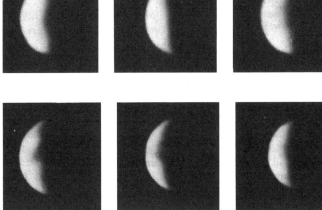

사진: Mount Wilson and Palomar Observatories

금성과 지구가 태양을 기준으로 같은 방향에 있을 때의 거리는 40,000,000킬로미터밖에 되지 않는다. 달을 제외하고는, 어느 정도 크기를 가진 천체 중에서 금성보다 지구에 더 가까이 오는 것은 없다. 그런데 금성이 밝은 이유는 태양에서 오는 빛의 4분의 3을 반사하는 두꺼운 구름을 가지고 있기 때문이기도 하다. 이 구름 때문에 우리는 금성의 표면을 볼 수가 없다. 망원경으로 보면 아무 무늬 없는 하얀 원일 뿐이다. 그리고 금성은 우리보다 태양에 가까이 있기 때문에 달처럼 위상 변화가 생긴다. 가장 혼란스러운 것은 우리에게 가까이 왔을 때 금성이 초승달 모양으로밖에 보이지 않는다는 점이다. 가까울수록 더 가늘게 보인다. 우리가 '둥근 금성'을 볼 때는 금성이 멀리 태양 반대편에 있을 때다. 여기 실린 사진들은 초승달 모양과 보름달 모양의 중간 정도에 있을 때, 금성이 가장 밝을 때다.[143쪽 사진]

물론 지난 20년 동안 천문학자들은 금성을 지나가거나 심지어 착륙까지 한 탐사선에서 레이더를 이용해 이 행성을 조사했다. 지금은 20년 전보다 훨씬 더 많은 것을 알게 되었다. 우리는 금성이 엄청나게 뜨겁다는 사실(납이 녹을 정도로)과 엄청나게 건조하다는 사실과 숨을 쉴 수 없는 짙은 이산화탄소 대기를 갖고 있다는 사실을 알게 되었다. 마치 전형적인 지옥의 모습과도 같다. 이 행성의 로마식 이름인 루시퍼가 악마의 이름인 것은 신기한 일이다.

이제 달로 넘어가 보자. 앞에서도 말했지만 지구에 있는 관찰자가 보기에 달은 자전하지 않으므로 달의 '지구일(terrestrial day)'은 길이가 무한하다. 하지만 우리가 기준을 옮기면 달이 자전한다고 말할 수 있다(보통은 이런 설명을 하지 않기 때문에 사람들이 이해하기 어려워한다). 우리는 그 기준을 태양이나 별로 옮길 수 있다. 그러면 달은 자전할 뿐만 아니라 두 주기 중 하나를 갖게 된다.

별을 기준으로 하면 달의 자전주기는 27일 7시간 43분 11.5초, 혹은 27.3217일이 된다(여기서 1일은 평균태양일로 24시간이다). 이것이 달의 항성일이다. 또한 달이 (별을 기준으로) 지구의 주위를 공전하는 주기이기도 하다. 그래서 '항성월'이라고도 불린다.

1항성월 동안 달은 태양 공전궤도의 약 13분의 1만큼 움직이기 때문에, 태양에 있는 관찰자가 보기에 달의 위치 변화는 꽤 크다. 이것을 따라잡으려면 달이 이틀을 더 자전해야 한다. 달이 태양을 기준으로 자전하는 주기는 달이 태양을 기준으로 지구를 공전하는 주기와 같다. 그래서 이것은 달의 태양일, 혹은 태양월이라고 불린다(사실 곧 이야기하겠지만 둘 다 사용되지 않는 말이다). 태양월은 29일 12시간 44분 2.8초 혹은 29.5306일이다.

이 둘 중에 태양월이 인류에게 훨씬 유용하다. 달의 위상은 태양과 달의 상대적인 위치로 결정되기 때문이다. 그러므로 초승달이 다시 초승달이 되거나 보름달이 다시 보름달이 되는 시간은 1태양월인 29.5306일이다. 달의 위상이 계절을 표시하는 데 사용되던 고대에는 태양월이 가장 중요한 시간 단위였다.

사실 달력을 정확하게 유지하기 위해서 초승달이 뜨는 날을 정확하게 알아내는 것은 아주 힘든 일이었다. 제사장이 있는 곳에서 이 일을 담당했고, 'calendar(달력)'라는 단어는 라틴어 'to proclaim(선언하다)'에서 유래했다. 기념을 하면서 매달의 시작을 선언했기 때문이다. 고대의 제사장들이 매달의 시작을 선언하는 것은 '시노드(synod)'라고 불렸다. 그래서 지금까지 내가 태양월(논리적인 이름이다)이라고 부른 것은 실제로는 'synodic month(삭망월)'이라고 불린다.

태양에서 더 멀리 떨어져 있고 별을 기준으로 더 빠르게 자전하는 행성일수록 항성일과 태양일 사이의 차이가 작다. 지구보다 멀리 있는 행성들은 그 차이를 무시할 수 있다.

지구보다 태양에 가까이 있는 두 행성의 경우에는 그 차이가 아주 크다. 수성과 금성은 모두 영원히 한쪽 면만 태양을 향하고 있기 때문에 태양일이 없다. 하지만 별을 기준으로는 자전하고, 태양을 공전하는 주기(이것도 역시 별을 기준으로)만큼 긴 항성일을 가진다.*

태양계의 여러 위성들이 언제나 한쪽 면만 그들의 행성을 향하고 있다면(실제로 그럴 가능성이 높기도 하고) 이들의 항성일은 행성을 공전하는 주기와 같을 것이다.

표 18은 이런 경우에 맞게 준비된 것이다(나는 이전에는 본 적이 없다). 태양계 32개 주요 천체에 대한 별 기준 자전주기 목록이다. 태양, 지구, 다른 8개 행성(불확실하긴 하지만 자전을 하고 있는 명왕성까지), 달, 그리고 21개의 다른 위성들이다. 직

---

* 세상에! 이 글이 1964년 1월에 처음 발표된 후 천문학자들은 수성과 금성 모두 태양을 기준으로 자전한다는 사실을 알아냈다. 수성의 자전주기는 59일이고 금성의 자전주기는 243일이다.

표 18

천체	항성일 (분)*
금성	350,000
이아페투스(토성-8)	104,000
수성	82,000
달(지구-1)	39,300
태양	35,060
히페리온(토성-7)	30,600
칼리스토(목성-5)	24,000
타이탄(토성-6)	23,000
오베론(천왕성-5)	19,400
티타니아(천왕성-4)	12,550
가니메데(목성-4)	10,300
명왕성	8,650
트리톤(해왕성-1)	8,450
레아(토성-5)	6,500
움브리엘(천왕성-3)	5,950
유로파(목성-3)	5,100
디오네(토성-4)	3,950
아리엘(천왕성-2)	3,630
테티스(토성-3)	2,720
이오(목성-2)	2,550
미란다(천왕성-1)	2,030
엔켈라두스(토성-2)	1,975
데이모스(화성-2)	1,815
화성	1,477
지구	1,436
미마스(토성-1)	1,350
해왕성	948
아말테이아(목성-1)	720
천왕성	645
토성	614
목성	590
포보스	460

표 18

태양계 천체들의 자전

* 금성과 수성의 항성일은 이들의 자전에 대한 새로운 지식을 반영하여 정확한 값으로 표시했다. 이 글이 처음 발표될 때의 값은 당연히 틀린 것이다.

돌고 돌고 돌고…

접 비교할 수 있도록 분 단위로 주기를 적었고 긴 것부터 차례대로 나열했다. 위성에는 괄호 안에 그것이 속한 행성의 이름과 그 위성이 행성에서 몇 번째 위치에 있는지 표시했다.

이 값들은 그 천체의 표면에 있는 관찰자가 볼 때 별들이 하늘을 완전히 한 바퀴 도는 데 걸리는 시간이다. 이 값을 720으로 나누면 별 하나가 (적도를 기준으로) 지구에서 본 태양이나 달의 넓이만큼 움직이는 데 걸리는 시간이 된다.

믿기 어려울지 모르겠지만 지구에서는 2분밖에 되지 않는다. 포보스(화성에 더 가까운 위성)에서는 30초 조금 넘는 시간밖에 안 된다. 커다란 화성이 하늘에서 움직이지 않는 동안 별들은 지구에서 보는 것보다 4배 빠르게 움직이는 것이다. 실제로 보면 어떤 모습일까.

반면에 달에서는 별 하나가 태양의 겉보기 크기만큼 움직이는 데 55분이 걸린다. 지구에서보다 약 30배 긴 시간 동안 천체들을 계속해서 연구할 수 있는 것이다. 나는 이 사실이 달에 망원경을 설치했을 때의 장점으로 언급되는 것을 본 적이 없다. 구름과 다른 대기의 방해가 없다는 것과 이 장점이 결합되면 달의 천문대는 천문학자들이 기꺼이 로켓을 타고 방문할 만한 곳이 될 것이다.

금성에서는 별 하나가 태양의 겉보기 크기만큼 지나가는 데 485분, 즉 8시간이 걸린다. 천문학자들이 하늘을 관측하기에 정말 좋은 곳이다. 단, 구름만 없다면.

8. 명왕성을 넘어서

지난 200년 동안 태양계는 세 차례나 극적으로 커졌다. 처음은 천왕성이 발견된 1781년, 그다음은 해왕성이 발견된 1846년, 마지막으로 명왕성이 발견된 1930년이다.

이제 끝일까? 아직 발견되지 않은 행성은 더 없을까? 확실하게 알 수는 없지만 추정은 해볼 수 있다. 그 정도는 인간의 기본 권리다.

그렇다면 열 번째 행성으로는 어떤 것이 가능할까? 먼저, 태양에서 얼마나 멀리 떨어져 있을까? 그 답을 위해서 우리는 18세기로 돌아갈 것이다.

1766년 독일의 천문학자 요한 다니엘 티티우스(Johann Daniel Titius)는 태양에서 행성들까지의 거리를 간단하게 알려주는 공식을 만들었다. 티티우스는 처음에는 0, 그다음 3, 그리고 그때부터 계속해서 앞의 수의 2배가 되는 수의 배열을 다음과 같이 만들었다.

0, 3, 6, 12, 24, 48, 96, 192, 384, 768...

그런 다음 모든 수에 4를 더했다.

4, 7, 10, 16, 28, 52, 100, 196, 388, 772...

이제 태양에서 지구까지의 평균 거리를 10으로 하고 다른 모든 행성들의 상대적인 평균 거리를 구해보자. 어떻게 되는가? 표 19는 티티우스의 수열과 티티우스 시대에 알려진 6개 행성의 태양에서의 상대적인 평균 거리를 비교해 놓은 것이다.

표 19

티티우스 수열	상대적인 거리	행성
4	3.9	수성
7	7.2	금성
10	10.0	지구
16	15.2	화성
28		
52	52.0	목성
100	95.4	토성

티티우스가 처음 이것을 발표했을 때, 요한 보데(Johann Bode)라는 또 다른 독일 천문학자 이외에는 아무도 특별히 관심을 갖지 않았다. 보데는 1772년에 이 내용을 요란스럽게 발표했다. 보데는 티티우스보다 훨씬 더 유명했기 때문에 이 행성들 사이의 거리 관계는 보데의 법칙으로 불리기 시작했고 티티우스는 완전히 가려져 버렸다. (이는 언제나 후대에게 감사할 수만은 없다는 사실을 보여준다. 기운 없는 순간에 더 슬프게 만

드는 일이다.)(지금은 티티우스-보데의 법칙이라고 불린다.—옮긴이)

보데의 노력에도 불구하고 수의 배열은 단순한 숫자 놀이로밖에 여겨지지 않았다. 그래, 재미있긴 한데 그래서 뭐? 하지만 1781년, 놀라운 일이 일어났다.

독일 출신의 영국 천문학자인 프리드리히 빌헬름 허셜(Friedrich Wilhelm Herschel)은(그는 영국인이 되면서 이름에서 '프리드리히'를 떼고 '빌헬름'을 '윌리엄'으로 바꾸었다) 자신이 만든 망원경으로 하늘을 꾸준히 관측하고 있었다. 1781년 3월 13일, 허셜은 원반처럼 보이는 이상한 별을 발견했다. 실제 별은 당시에 아무리 크게 확대해도 원반처럼 보일 리가 없다(그건 지금도 그렇다). 그는 3월 19일까지 매일 관측을 하고는 그것이 다른 별에 대해 움직이고 있다고 확신했다.

원반처럼 보이고 다른 별에 대해 움직이는 것은 별일 수 없으므로 혜성이 분명했다. 허셜은 이 천체를 혜성이라고 왕립학회에 보고했다. 그런데 관측을 계속한 결과 그것이 혜성처럼 퍼져 있지 않고 행성처럼 깨끗한 경계의 원반을 가지고 있는 것이 확인되었다. 게다가 몇 달 동안 관측하여 이 천체의 궤도를 계산해 보니 혜성처럼 긴 타원형 궤도가 아니라 행성처럼 거의 원형의 궤도를 갖는 것으로 드러났다. **그리고** 그 궤도는 토성보다 훨씬 더 먼 곳에 있었다.

그래서 허셜은 새로운 행성을 발견했다고 발표했다. 얼마나 놀라운 일인가! 망원경이 발명된 후 약 200년 동안 새로운 천체들이 많이 발견되었다. 수많은 새로운 별과 목성과 토성의 몇몇 새로운 위성들. 하지만 역사를 통틀어서 새로운 행성이 발견된 적은 한 번도 없었다.

이것으로 허셜은 세계에서 가장 유명한 천문학자가 되었다. 1년도 지나지 않아서 허셜은 조지 3세의 개인 천문학자가 되었고, 6년 뒤에는 부유한 과부와 결혼했다. 이뤄지지는 못했지만, 새로운 행성의 이름을 '허셜'로 붙이자는 움직임까지 있었다(지금은 천왕성으로 불린다).

윌리엄 허셜

허셜은 1738년 11월 15일 하노버에서 태어났다. 하노버는 당시 영국 왕의 지배를 받던 독일의 지역이었고, 허셜은 1757년에 영국으로 건너가 나머지 일생을 영국에서 살았다. 그의 직업은 음악가였고, 아주 훌륭한 음악가이기도 했다. 하지만 천문학에 대한 관심이 점점 커진 그는 망원경으로 하늘을 보고 싶다는 열망에 사로잡혔다.

허셜은 좋은 망원경을 살 형편이 못 되었기 때문에 망원경을 직접 만들기로 했다. 그는 동생 캐롤라인(그가 하노버에서 데려온)과 함께 렌즈를 가는(grind) 데 엄청난 노력을 기울였다. 식사를 할 틈도 없었기 때문에(혹은 먹고 싶어 하지 않았기 때문에) 렌즈를 가는 동안 캐롤라인이 허셜에게 밥을 먹여주기까지 했다.

결국 허셜은 당시 존재하는 최고의 망원경을 만들었고, 그 망원경으로 1781년 천왕성을 발견했다. 그것은 역사상 처음으로 발견된 새로운 행성이었으며, 순식간에 태양계의 크기를 2배로 키우고 허셜을 세계에서 가장 유명하고 성공한 천문학자로 만들었다.

허셜은 그런 명성에 안주하지 않았다. 그는 왕에게서 연금을 받고 부유한 과부와 결혼했지만 경제적인 안정이 은퇴할 이유는 되지 않았다. 허셜은 천왕성의 위성 2개와 토성의 새로운 위성 2개를 발견했다. 그는 매우 가까이 붙어 있는 별들을 연구하여 많은 경우 중력중심을 서로 돌고 있는 실제 '쌍성'이라는 사실을 발견했다. 뉴턴의 중력 법칙이 태양계뿐만 아니라 멀리 있는 별들에도 적용된다는 의미였다.

그는 수십만 개의 별이 구형으로 모여 있는 거대한 별의 집단인 구상성단의 위치를 연구했다. 그는 하늘의 일부를 선택한 후 별의 수를 세어서 별들이 숫돌 모양으로 분포하고 있다고 결론 내렸다. 이는 우리은하의 모습을 처음으로 표현한 것으로 은하라는 개념의 시작이 되었다. 허셜은 1822년에 사망했다.

하지만 그 발견은 우연히 이루어졌고 심지어 새로운 것도 아니었다. 사실 천왕성은 맨눈으로 봤을 때 아주 어두운 '별'처럼 보이기 때문에 몇 번씩 관측이 되었다. 천문학자들은 이미 망원경으로 보았고 몇 번은 위치를 보고하기도 했다. 최초의 영국 왕립 천문학자인 존 플램스티드(John Flamsteed)는 1690년에 천왕성을 별로 포함시킨 별 지도를 만들었다.

간단하게 말하면, 찾으려고만 했다면 어떤 천문학자도 천왕성을 발견할 수 있었다. 그리고 찾는 것이 어떤 종류의 천체이며 별에 대해서 얼마나 빠르게 움직일지 예상할 수도 있었다. 태양에서부터의 거리를 미리 알 수 있었기 때문이다. 보데의 법칙이 알려줬을 것이다. 보데의 법칙의 수열에서 일곱 번째 행성의 상대적인 거리는 (지구를 10으로 했을 때) 196이고 천왕성의 실제 거리는 191.8이다.

당연히 천문학자들은 같은 실수를 되풀이하려 하지 않았다. 보데의 법칙은 갑자기 그들이 하고자 하는 일과 관련해 유명하고 새로운 지식의 안내자가 되었다. 먼저, 화성과 목성 사이에 빠진 행성이 있었다. 적어도 **이제는** 빠진 행성이 있어야 한다는 사실을 알게 되었다. 보데의 법칙은 화성과 목성 사이에 28이라는 숫자를 내놓는데 그곳에 존재한다고 알려진 행성은 없었기 때문이었다. 그것을 찾아야만 했다.

1800년, 24명의 독일 천문학자들이 그 행성을 찾기 위한 모임을 만들었다. 그들은 하늘을 24개의 영역으로 나누어 한 사람이 한 영역씩 맡았다. 하지만 계획과 효율, 독일식 완벽함이 문제가 되었다. 그들이 준비하는 동안에 이탈리아 시칠리아의 팔레르모에 있는 천문학자 주세페 피아치(Giuseppe Piazzi)가 우연히 그 행성을 발견해 버린 것이다.

그 행성은 시칠리아의 수호 여신인 세레스라는 이름으로 불리게 되었고, 지름이 776킬로미터밖에 되지 않는 작은 천체로 밝혀졌다. 이것은 이후 수년간 화성과 목성 사이에서 발견된 수백 개의 작은 행성('소행성') 중 첫 번째일 뿐이었다. 소행성 2, 3, 4번은 피아치의 최초 발견이 있은 지 1, 2년 내에 독일의 천문학자 팀에 의해 발견되었다. 단체 작업이 완전히 실패한 것은 아니었다. 하지만 세레스가 월등히 큰 소행성이기 때문에 여기에 집중하기로 하자. 태양에서 세레스까지의 평균 거리는 27.7 이고, 보데의 법칙이 주는 값은 28이다.

그 뒤로 어떤 천문학자도 보데의 법칙에 의문을 제기하지 않았다.

천왕성의 움직임이 약간 불규칙해 보이자 영국의 존 쿠치 애덤스(John Couch Adams)와 프랑스의 위르뱅 J. J. 르베리에(Urbain J. J. Leverrier)는 각각 나름대로 천왕성 바깥에 중력으로 천왕성을 끌어당기는 행성이 있어야 한다고 생각했다. 1845년과 1846년, 두 사람은 천왕성의 이상 움직임을 설명하려면 이론적인 여덟 번째 행성이 어디에 있어야 하는지 계산했다. 그들은 태양에서 이 행성까지의 거리를 보데의 법칙이 예상하는 값으로 가정하고 시작했다. 몇 가지 가정을 더 추가하여 그들은 하늘의 거의 같은 지점을 찍었다. 그리고 실제로 여덟 번째 행성인 해왕성이 그곳에 있는 것으로 밝혀졌다.

유일한 문제는 그들의 기본적인 가정이 틀린 것으로 드러났다는 점이다. 해왕성은 태양에서의 상대 거리 388 지점에 있어야 했다. 그런데 해왕성의 거리는 301이었다. 원래 있어야 하는 것보다 1,280,000,000킬로미터 태양에 더 가까이 있는 것이었다. 이 한 방으로 보데의 법칙은 사망 선고를 받았다. 그것은 다시 그저 재미있는 숫자 놀이가 되었다.

1931년 아홉 번째 행성인 명왕성이 발견되었을 때는 아무도 이것이 보데의 법칙이 아홉 번째 행성(소행성을 제외하기 때문에 행성의 순서는 화성이 네 번째고 목성이 다섯 번째다)의

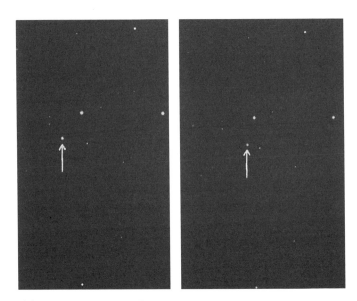

사진: Mount Wilson and Palomar Observatories

위치라고 알려주는 거리에 있을 것이라고 기대하지 않았고 실제로도 그랬다.

명왕성

명왕성은 하늘을 열심히 뒤져도 발견하기가 무척 어려웠다. 행성과 별을 구별하는 방법은, 망원경으로 보았을 때 행성은 원형으로 보이고 별은 그냥 점으로만 보인다는 것이다.

하지만 행성이 너무나 작아서 망원경으로 보아도 그냥 점으로만 보인다면 어떻게 할까. 이런 경우에는 행성이 다른 별들을 배경으로 움직임을 보인다는 사실로 구별할 수 있다. 지구에 가까울수록 더 빠르게 움직인다.

하지만 명왕성은 너무나 작고 지구에서 너무나 멀리 있기 때문에 그냥 점으로만 보이는 데다 아주 천천히 움직인다. 이 두 성질이 결합되어 명왕성은 주위의 별과 구별하기가 매우 어렵다. 명왕성은 굉장히 어둡기 때문에 명왕성을 볼 수 있을 정도의 망원경 배율이면 주변의 수많은 다른 별들도 같이 보이게 된다.

미국의 천문학자 클라이드 톰보(Clyde Tombaugh)는 하늘의 작은 영역을 정해놓고 그것을 각각 다른 날에 찍은 두 장의 사진들을 갖고 조사를 하고 있었다. 이 사진들에는 50,000개에서 400,000개의 별이 있었다. 두 사진을 서로 빠르게 바꾸는 스크린에 놓고 보면 별들은 두 사진에서 같은 위치에 있기 때문에 움직이지 않는 것으로 보인다. 그 별들 중 하나가 사실은 행성이라면 위치가 바뀌므로, 좀 전의 화면상에서 그 '별'은 앞뒤로 움직일 것이다.

1930년 2월 8일, 그런 사진 쌍들을 끈질기게 조사한 지 거의 1년이
지났을 때, 톰보는 쌍둥이자리에 있는 '별' 하나가 움직이는 것을
발견했다. 한 달 동안 관측한 결과 이것은 아주 멀리 있는 새로운
행성이라는 것이 밝혀졌고 명왕성으로 불리게 되었다. 여기에
실린 사진은 24시간 동안 우주 공간에서의 명왕성의 위치 변화를
보여준다.[156쪽 사진] 팔로마(미국 남서부의 산으로, 그곳 천문대에는
이 책 출판 당시 세계 최대의 반사망원경이 갖춰져 있었다―옮긴이)의
5미터 거대 망원경으로 확대한 것이기 때문에 꽤 많이 움직이는 것으로
보인다.

그런데 잠깐만.

천왕성보다 먼 곳에는 4개의 천체가 알려져 있는데 모두 조
금씩은 특이하다. 그 4개는 해왕성, 명왕성, 그리고 해왕성의 두
위성인 트리톤과 네레이드다.(현재는 해왕성의 위성 14개와 명왕성을
포함한 수많은 카이퍼벨트(해왕성 궤도보다 바깥이며, 황도면 부근에 천체가
도넛 모양으로 밀집한 영역) 천체들이 있다.―옮긴이)

해왕성의 이상한 점은 당연히 보데의 법칙에서 예측하
는 것보다 태양에 훨씬 더 가까이 있다는 것이다. 명왕성의 이
상한 점은 더 복잡하다. 첫째로 명왕성은 행성들 중에서 가
장 길쭉한 타원궤도를 가지고 있다. 원일점일 때는 태양에서
7,307,200,000킬로미터 거리만큼 멀어지고 근일점일 때는
4,425,600,000킬로미터까지 접근한다. 근일점에서는 해왕성

보다도 평균 40,000,000킬로미터만큼 태양에 더 가깝다.

현재 명왕성은 근일점으로 다가가고 있고 1989년에 근일점에 도달할 것이다. 20세기 후반 수십 년 동안 명왕성은 해왕성보다 태양 가까이 있다가 원일점을 향해 해왕성 바깥 궤도로 이동하여 2113년에 원일점에 도착할 것이다.

명왕성의 두 번째 이상한 점은 공전궤도면이 황도면(지구의 공전궤도면)에 대해 크게 기울어져 있다는 것이다. 그 각도는 17도로 다른 어떤 행성보다 훨씬 크다. 이 기울기 때문에 명왕성은 해왕성과 충돌을 하지 않는다. 2차원 그림에서는 이들의 궤도가 서로 만나는 것처럼 보이지만 그렇게 보이는 지점에서 명왕성은 해왕성보다 수백만 킬로미터 더 위로 지나간다.

마지막으로 특이한 점은 명왕성의 크기다. 명왕성의 지름은 5,760킬로미터(현재 명왕성의 지름은 2,320킬로미터로 당시 알던 것보다 훨씬 작은 것으로 밝혀졌다—옮긴이)로 4개의 외행성보다 많이 작다. 밀도는 훨씬 높다. 사실 크기와 질량에서 명왕성은 어떤 외행성보다 화성이나 수성과 같은 내행성과 더욱 비슷하다.

이제 해왕성의 위성들을 살펴보도록 하자. 네레이드는 지름 320킬로미터의 작은 천체로 1949년에야 발견되었다. 이것의 특이한 점은 길쭉한 타원궤도다. 해왕성에 가장 가까이 갈 때는 1,280,000킬로미터까지 다가가고 멀리 갈 때는 9,600,000킬로미터까지 멀어진다. 네레이드의 궤도는 현재까지 알려진 태양계 천체의 위성들 중에서 가장 길쭉한 타원이다. 행성과 소행성을 포함하여 이 부분에서 비교할 만한 것은 없다. 오직 혜성들만이 비슷하거나 더 길쭉한 궤도를 가진다.

네레이드와 달리 트리톤은 큰 위성이다. 지름이 4,800킬로미터를 넘고(달의 지름인 3,456킬로미터와 비교해 보라)(현재 측정된 트리톤의 지름은 2,706킬로미터로 달보다 작다―옮긴이) 원형에 가까운 궤도를 가지고 있다. 트리톤의 특이한 점은 공전궤도면이 해왕성의 적도면에서 크게 기울어져 있다는 것이다. 사실 거의 수직에 가깝다.

길쭉한 타원궤도와 기울어진 궤도면을 가진 다른 위성들도 있다. 목성 바깥쪽에 있는 7개의 위성들(아직 이름이 붙여지지 않았다)(지금은 이름이 붙어 있다―옮긴이), 토성의 아홉 번째 위성이자 가장 바깥쪽 위성인 포에베다.(지금은 포에베보다 바깥쪽에 있는 작은 위성들이 많이 발견되었다.―옮긴이) 천문학자들은 목성과 토성의 바깥쪽 위성들은 아마도 처음부터 이 행성들의 가족이 아니라 포획된 소행성일 것이라고 생각한다. 원래의 구성원들(목성의 거대 위성인 가니메데, 이오, 칼리스토, 유로파, 토성의 거대 위성인 타이탄을 포함한 안쪽 위성들)은 모두 행성의 적도면에서 거의 원형 궤도로 공전한다. 천왕성의 작은 위성 5개와 화성의 작은 2개의 위성도 마찬가지다. 위성이 원래 만들어질 때는 기울어지지 않은 궤도면에서 원형 궤도를 갖는 것이 필수적으로 보인다.

그러니까 네레이드는 포획된 소행성일 수 있다. 그런데 소행성대에서 그토록 먼 곳에서 그렇게 큰 소행성이 발견되는 것은 놀라운 일이다(네레이드 정도 크기의 소행성은 많아야 4개에서 5개를 넘지 않는다). 그리고 트리톤 역시 포획된 것일까? 트리톤같이 커다란 천체가 어쩌다 해왕성 근처를 돌아다니다가 포획되었을까?(당시에는 해왕성 바깥에 또 다른 소행성대인 카이퍼 벨트가 있다는 사실이 알려져 있지 않았다.─옮긴이)

어떤 천문학자들은 과거에 해왕성 근처에서 어떤 파멸적인 사건이 일어났을 수도 있다는 의견을 제시한다. 그들은 외행성의 크기라기보다는 위성의 크기에 훨씬 가까운 명왕성이 원래는 해왕성의 위성이었을 거라고 제안한다. 그런데 어떤 사건이 일어나서 지금과 같은 길쭉한 타원궤도를 가진 독립적인 행성의 궤도를 돌게 되었다는 것이다. 그 사건의 충격으로 트리톤의 궤도 또한 크게 기울어졌을 것이다.

그런데 그 파멸적인 사건이 무엇이었을까? 아무도 알 수 없다.

태양계에서 일어난 파멸적인 사건의 분명한 흔적은 당연히 소행성대다. 그곳에 하나의 행성이 있었다는 증거는 아무것도 없다. 하지만 하나의 행성이 있었다가 폭발했다고 볼 만한 유혹이 생기는 것은 당연하다. (아마도 이웃의 거대한 행성인 목성의 조석력 때문에) 지름 776킬로미터의 세레스와 지름 160킬로미터 정도의 서너 개를 포함한 수천 개의 암석 조각을 만든 폭발은 분명 파멸적인 사건이었을 것이다.

하지만 화성과 목성 사이에 있는 소행성들의 전체 질량은 화성의 10분의 1, 혹은 수성의 5분의 1이 되지 않는다. 행성이 있었다 하더라도 가장 작은 행성이었을 것이다. 왜일까? 이웃의 목성이 행성을 만들 재료의 대부분을 집어삼키고 난쟁이 행성을 만들 정도밖에 남겨놓지 않았기 때문일까?

아니면 폭발 후에 원래 행성의 아주 일부만이 화성과 목성 궤도에 남아 있게 되었기 때문일까? 이 '4.5번째 행성'(화성이 네 번째이고 목성이 다섯 번째이므로)이 큰 조각을 먼 우주 공간으로 날려 보냈다면 어떨까. 그 조각이 목성, 토성, 해왕성을 넘어 해왕성에게 붙잡히거나 크게 휘어졌다고 상상해 볼 수도 있다.

어쩌면 그 조각이 해왕성에게 이상한 궤도로 붙잡혀 트리톤이 되고, 해왕성의 원래 위성이었던 명왕성은 튀어나가 특이한 궤도를 가진 독립적인 행성이 되었을 수도 있다. 혹은 4.5번째 행성의 조각이 행성의 궤도로 휘어져 명왕성이 되고 그 중력 때문에 트리톤의 궤도가 기울어졌을 수도 있다. 혹은 명왕성, 트리톤, 네레이드 모두가 4.5번째 행성의 조각일 수도 있다.

미심쩍은 점은 어떻게 4.5번째 행성의 폭발이 그토록 많은 물질을 모두 같은 방향으로 그토록 멀리까지 보낼 수 있었을까 하는 것이다. 명왕성 쪽으로 날아간 것과 거의 같은 질량이 반대쪽인 태양을 향해 날아가 균형을 맞추었을 수도 있을까?

이는 우리의 달에 대해서도 의문을 갖게 만든다. 트리톤처럼 달도 자신의 행성인 지구의 적도면에 대해서 기울어져 있다. 큰 수치는 아니지만 18도 정도 기울어져 있고 공전궤도도 약간 타원형이다. 더구나 달은 지구 크기에 비해서 너무 크다. 지구 정도 크기의 행성이 그렇게 큰 위성을 갖는 경우는 없다. 다른 내행성을 보면, 화성은 아주 작은 2개의 위성을 가지고 있고 금성과 수성에는 위성이 없다.

달의 질량은 지구 질량의 80분의 1인데 자신의 행성에 비해 이와 비슷한 정도의 질량이라도 갖는 위성은 아무것도 없다.

그러면 명왕성의 반대쪽으로 날아간 4.5번째 행성의 조각이 지구에 잡혀서 달이 되는 것은 가능했을까? 내가 생각해도 그럴 가능성은 거의 없어 보이지만 생각해 보는 것은 자유다. 어쩌면 달의 조각이 지구로 더 다가오면서 지구의 중력을 받아 쪼개졌을 수도 있다. 한 조각은 속도가 충분히 늦춰져서 지구에 잡히고, 다른 조각은 속도가 빨라져서 태양계를 탈출했을 수도 있다.

혹은, 가능성은 점점 더 낮아지지만, 이 마지막 조각이 탈출하지 못하고 태양에게 잡혀서 행성들 가운데 명왕성 다음으로 길쭉한 타원궤도와 기울어진 궤도면을 가진 수성이 되었을 수도 있다.

달, 트리톤, 명왕성, 수성과 원래 궤도에 남아 있는 소행성의 잔해들을 모두 합치면 화성의 2배 가까이 되는 질량을 가진 천체가 된다. 이것은 4.5번째 위치에 아주 적합한 그럴듯한 행성이다.

물론 이것이 해왕성의 궤도가 원래 있어야 하는 것보다 태양에 훨씬 가까이 있는 것을 설명하지는 못한다. 하지만 어떻게 다 가지겠는가. 세세한 부분에 대한 설명은 천문학자들에게 맡기고 우리는 제약받지 않는 상상의 즐거움을 계속 누려보자. 우리는 천왕성 너머의 모든 천체를 하나의 행성으로 간주할 수 있다. 이들의 태양에서의 평균적인 거리는 원래대로 유지되지만 개별적인 조각은 파멸적인 사건에 의해 복잡해졌다.

천왕성 너머 천체들의 평균 거리를 구하면 (명왕성 덕분에) 5,865,600,000킬로미터가 되며 지구의 거리를 10으로 할 때 395이다.

이제 새로운 티티우스 수열을 표 20에서 정리해 보자.

표 20

티티우스 수열	상대 거리	행성
4	3.9	1) 수성
7	7.2	2) 금성
10	10.0	3) 지구
16	15.2	4) 화성
28	27.7	4.5) 세레스
52	52.0	5) 목성
100	95.4	6) 토성
196	191.8	7) 천왕성
388	395	8, 9) 해왕성, 명왕성
772	?	열 번째 행성

이제 됐다. 내가 이 글을 시작할 때 제시했던 질문에 대답할 때다. 열 번째 행성이 있어야 할 위치는 772, 그러니까 태양에서의 평균 거리가 11,520,000,000킬로미터인 곳이다.

크기는 얼마가 되어야 할까? 명왕성을 무시하고 4개의 외행성만 고려한다면 목성에서부터 지름이 계속 줄어드는 것을 알 수 있다. 138,720(목성), 114,400(토성), 51,200(천왕성), 44,160(해왕성)이다. 이 추세를 이어서 열 번째 행성의 지름을 적당히 16,000킬로미터라고 해보자.

그 정도 지름에 태양에서(그리고 우리에게서) 그 정도 거리에 있으면 열 번째 행성의 겉보기 밝기는 13등급이 되어야 한다. 태양에 더 가까우면서 더 작은 명왕성보다 약간 밝다. 원반은 아주 작게 보이겠지만, 더 가까우면서 더 작은 명왕성보다는 크게 보일 것이다. 그런데 명왕성은 발견되었는데 더 크고 더 밝을 것으로 예상되는 열 번째 행성이 발견되지 않은 것은 열 번째 행성이 존재하지 않는다는 의미일까?*

꼭 그렇지는 않다. 명왕성은 비슷하거나 더 밝은 수많은 별들 사이를 움직인다는 사실 때문에 발견되었다. 열 번째 행성도 마찬가지로 움직이겠지만 훨씬 더 느릴 것이다. 케플러 제3법칙(행성의 공전주기의 제곱이 태양에서의 거리의 세제곱에 비례한다는 법칙, 3장 참조—옮긴이)에 의하면 열 번째 행성의 공전주기는 약 680년으로 명왕성의 공전주기보다 약 3배 더 길다. 그러므로 열 번째 행성은 별들 사이를 명왕성의 3분의 1의 속도로밖에 움직이지 않는다. 열 번째 행성이 보름달 넓이를 가로지르는 데는 1년이 걸린다. 이는 그냥 하늘을 관측해서는 쉽게 발견할 수 있는 움직임이 아니다. 그러니까 천왕성이 그랬던 것처럼, 이미 관측이 됐지만 알아채지 못하고 있을 수도 있다.

나에게 충격을 주는 열 번째 행성의 가장 특이한 점은 너무

* 실제로 1972년에 핼리혜성의 궤도를 계산한 결과, 알려진 행성으로는 설명할 수 없는 변화가 발견되었다. 이 계산은 1960년대 초에 쓴 이 글에 묘사된 것과 비슷한 성질을 가진 열 번째 행성이 정말로 존재할 수 있다는 사실을 보여주었다. 하지만 열 번째 행성은 발견되지 않았고 이후의 계산에 의해 (적어도 핼리혜성에 근거해서는) 열 번째 행성이 존재할 가능성은 별로 없는 것으로 밝혀졌다.

나 고립되어 있다는 것이다. 이 행성은 해왕성에 가장 가까이 있을 때조차 지구에서 보기에 해왕성보다 2배 더 멀리 있다. 대부분의 시간 동안 이 행성은 우리와 명왕성 사이의 거리보다도 명왕성에서 더 떨어져 있다. 2,700년마다, 좋은 조건일 때, 명왕성은 열 번째 행성에서 40억 킬로미터(지구에서 해왕성까지의 거리) 이내로 접근한다. 위성이나 혜성을 제외한 다른 어떤 것도 72억 킬로미터 이내로 접근하지 못한다.

이곳에서 태양은 당연히 원반 모양으로 구별되지 않는다. 태양은 화성이 우리에게 가장 가까이 다가왔을 때보다 더 크지 않은, 완전한 별처럼 보일 것이다. 하지만 태양이 점처럼 보인다 하더라도 보름달보다 60배 이상 밝고, 밤하늘에서 두 번째로 밝은 천체인 시리우스보다 100만 배는 더 밝을 것이다.

열 번째 행성에 지능 있는 생명체가 산다면 이 별이 뭔가 다르다는 것을 알게 될 게 분명하다. 그리고 유심히 관찰한다면 그들은 태양이 다른 별들을 배경으로 천천히 움직이고 있는 모습을 볼 수 있을 것이다.

열 번째 행성에서 보면 태양계의 모든 구성원이 태양을 둘러싸고 있는 것처럼 보일 게 틀림없다. 그렇게 멀리서 보면 명왕성조차 긴 타원궤도의 원일점에 있을 때에도 절대 40도 바깥으로 벗어나지 않는다. 다른 행성들은 모두 언제나 태양에 더 가까이 있다.

열 번째 행성에서 보면 수성과 금성은 태양에서 보름달 지름보다 더 멀리 떨어지는 경우가 절대 없다. 지구는 최대 보름달 크기의 절반만큼 가끔씩 뒤로 움직이고, 화성은 보름달 크기의 2배만큼 주기적으로 뒤로 움직일 것이다. 시야를 방해하는 대기가 없더라도 네 행성은 모두 점 크기의 태양의 밝기에 가려져서, 열 번째 행성에서는 특별한 기구를 사용하지 않고는 볼 수 없을 것이다.

그러면 목성, 토성, 천왕성, 해왕성, 명왕성 등 5개의 외행성만 남는다. 이들은 태양의 한쪽에 몰려서 (망원경으로) 뚱뚱한 초승달처럼 보일 때 가장 보기 좋을 것이다. 그 위치에서 목성, 토성, 천왕성, 해왕성은 열 번째 행성에서 거의 같은 거리에 있다. 명왕성은 조건이 좋다면 나머지보다 조금 더 가까이 있을 것이다.

거리 요소를 제거하면 토성이 목성보다 어두울 것이라는 말이다. 토성이 더 작고 태양에서 더 멀리 떨어져 있어서 태양 빛을 덜 받기 때문이다. 같은 이유로 천왕성은 토성보다 어둡고, 해왕성은 천왕성보다 어둡고, 명왕성은 해왕성보다 어두울 것이다.

사실 천왕성, 해왕성, 명왕성은 열 번째 행성에서 가장 가까운 위치에 있을 때 목성과 토성보다 더 가까이 다가오지만 맨눈으로는 보이지 않는다.

목성과 토성은 열 번째 행성에서 특별한 기구 없이 볼 수 있는 유일한 행성들이지만 전혀 멋지게 보이지 않을 것이다. 목성이 가장 밝을 때 카스토르와 비슷한 밝기인 1.5등급 정도일 것이다. 그리고 그런 경우는 6년마다 1년 정도이고, 가장 밝을 때도 태양에서 4도 정도밖에 떨어져 있지 않기 때문에 관측하기가 쉽지 않다. 토성은 15년마다 2년 정도의 주기로 평범한 별 수준인 3.5등급 정도까지 밝아질 것이다. 그게 전부다.

열 번째 행성에 있는 천문학자는 이 행성들을 완전히 무시할 게 뻔하다. 태양계의 다른 세계들이 그들에게는 더 잘 보일 것이다. 하지만 그들도 별을 관측할 게 틀림없다. 열 번째 행성은 태양계에서 가장 큰 시차(視差)를 얻을 수 있는 곳이다. 우주를 아주 넓게 움직이기 때문이다(물론 완전한 시차(full parallax)를 얻으려면 340년을 기다려야 한다). 거리를 측정하는 방법들 중 가장 믿을 수 있는 방법인 시차로 측정할 수 있는 거리가 지금 가능한 것보다 100배는 늘어날 수 있다.

마지막으로 하나 더. 열 번째 행성의 이름을 뭐라고 붙이면 좋을까? 우리는 고전 신화에 집착하는 오랜 전통을 가지고 있다. 아홉 번째 행성 이름을 '명왕성(Pluto)'으로 붙였기 때문에 열 번째 행성은 그의 짝인 '페르세포네(Proserpina)'로 이름 붙이고 싶은 유혹이 생긴다. 하지만 그 유혹에 저항해야 한다. 페르세포네는 명왕성의 위성이 발견되면 당연히 붙여야 할 이름이기 때문에 이를 위해 일단 제쳐두어야 한다.(이후에 발견된 명왕성의 위성은 페르세포네가 아니라 카론, 닉스, 히드라가 되었다.—옮긴이)

그런데 그리스 신화에는 플루토와 페르세포네가 사는 하데스로 죽은 이들의 영혼을 실어주는 뱃사공이 있다. 그의 이름은 카론이다. 하데스 입구를 지키는 머리 3개인 개도 있는데, 이름은 케르베로스다.

나의 제안은 열 번째 행성의 이름을 카론이라고 붙이고 첫 번째로 발견되는 위성의 이름을 케르베로스로 하자는 것이다.(카론은 명왕성의 위성 이름이 되었다.—옮긴이)

그러면 먼 우주를 탐사하고 태양계로 돌아오는 탐사선은 황도면을 지나면서 카론과 케르베로스의 궤도를 지나 플루토와 페르세포네의 궤도에 이르게 된다.

이보다 더 상징적인 경우가 어디 있겠는가?

명왕성의 행성 제외

1930년에 발견된 이후 약 75년 동안 태양계의 아홉 번째 행성이었던 명왕성은 2005년 명왕성보다 조금 큰 에리스가 발견되고 이후 명왕성이나 에리스와 비슷한 크기의 천체들이 발견되면서 행성으로서의 지위가 위태로워지기 시작했다. 명왕성을 행성으로 인정하면 에리스를 비롯한 몇몇 다른 천체들도 행성으로 인정해야만 했다. 더구나 명왕성 궤도 근처에서 새로운 천체들이 계속 발견되고 있었기 때문에 행성의 수는 계속해서 늘어나게 될 상황이었다. 그래서 국제천문연맹(IAU)은 2006년 행성의 정의를 확정하는 안을 제안하고 투표에 붙여 그 안을 확정했다. 새롭게 확정된 행성의 정의는 다음과 같다.

(1) 한 별의 주위를 돌고 있다(별이 아닌 다른 행성의 주위를 돌고 있으면 안 된다는 의미다).

(2) 그 자체의 중력이 충분히 커서 구형을 이룬다.

(3) 자신의 궤도 근처의 다른 천체들을 지배해야 한다.

명왕성은 이 세 조건 중에서 세 번째 조건을 만족하지 못하기 때문에 행성에 속하지 못하게 되었다. 명왕성처럼 앞의 2가지 기준은 만족하지만 세 번째 기준을 만족하지 못하는 천체를 왜소행성이라고 부르기로 했다.(옮긴이)

9. 이리저리 돌아다니기

내가 본 크고 작은 천문학 책들은 모두 태양계 관련 목록을 포함하고 있다. 각 행성들의 지름, 태양에서의 거리, 자전주기, 반사율, 밀도, 위성의 수 등등.

나는 숫자에 병적으로 집착하기 때문에 그런 목록을 보면 새로운 정보가 있을까 하는 희망으로 열심히 살펴본다. 간혹 표면 온도나 궤도속도와 같은 보상을 얻기도 하지만 정말로 만족한 적은 한 번도 없다.

그래서 가끔 내 뇌의 창의력 회로가 적당히 말랑말랑해졌을 때 손에 있는 재료들을 이용해 새로운 값을 직접 찾아내며 시간을 보내곤 한다(적어도 아주 예전에 시간이 많을 때는 분명히 그랬다).

지금도 그러긴 하지만, 이제 그 결과를 글로 쓸 수 있게 되었으니 나와 함께 이리저리 돌아다니며 어떤 결과가 나오는지 한번 살펴보자.

이렇게 시작해 보자. 예를 들어⋯⋯
뉴턴에 따르면 우주의 모든 물체는 우주의 다른 모든 물체를, 두 물체의 질량(m_1과 m_2)의 곱을 그 물체의 중심에서 중심까지의 거리(d)의 제곱으로 나눈 값에 비례하는 힘(f)으로 끌어당긴다. 비례 관계를 등식으로 만들기 위해 중력 상수(g)를 곱하면 다음과 같은 식이 된다.

$$f = \frac{gm_1m_2}{d^2}$$ (방정식 12)

이는 지구와 태양, 지구와 달, 지구와 다른 모든 행성, 그리고 지구와 소행성들 또는 우주에 있는 먼지들은 모두 서로를 끌어당긴다는 말이다.

다행히 태양은 태양계에 있는 다른 어떤 것들보다 월등히 무겁기 때문에, 지구나 다른 모든 행성의 궤도를 계산하는 데 적용할 수 있는 훌륭한 첫 번째 가정은 마치 우주에 그 둘만 있는 것처럼 그 행성과 태양만 고려하는 것이다. 나머지 천체들은 나중에 작은 효과로 보정하면 된다.

마찬가지로 위성의 궤도 역시 처음에는 우주에 위성과 그 위성의 행성만 있다고 가정하고 계산할 수 있다.

나의 관심을 끈 것은 이 지점이었다. 태양이 행성들보다 그렇게 월등히 무겁다면 행성보다 훨씬 더 멀리 있어도 위성에 상당한 힘을 미쳐야 하는 것 아닐까? 그렇다면 어느 정도가 '상당한' 힘일까?

이 문제를 다른 관점으로 보기 위해서 위성을 사이에 놓고 한쪽에서는 행성이, 다른 쪽에서는 태양이 중력 밧줄로 서로 당기는 줄다리기를 생각해 보자. 태양은 이 줄다리기를 얼마나 잘

할 수 있을까?

아마도 천문학자들이 이미 계산했을 것 같긴 하지만 나는 어떤 천문학 책에서도 그 결과나 그에 대한 논의를 본 적이 없다. 그래서 직접 해보기로 했다.

우리는 이렇게 해볼 것이다. 위성의 질량을 m, 그 위성이 돌고 있는 행성의 질량을 m_p, 태양의 질량을 m_s라고 한다. 위성에서 행성까지의 거리를 d_p, 위성에서 태양까지의 거리를 d_s라고 한다. 위성과 행성 사이의 중력은 f_p, 위성과 태양 사이의 중력은 f_s다. 이게 전부다. 이 장에서 다른 기호는 사용하지 않겠다고 약속한다.

방정식 12에서 위성과 행성 사이의 중력은 다음과 같다.

$$f_p = \frac{gmm_p}{d_p^2} \text{ (방정식 13)}$$

위성과 태양 사이의 중력은 다음과 같다.

$$f_s = \frac{gmm_s}{d_s^2} \text{ (방정식 14)}$$

우리가 관심 있는 것은 위성과 행성 사이의 중력과 위성과 태양 사이의 중력을 비교해 보는 것이다. 다시 말하면 f_p/f_s의 비율을 구하는 셈이고, 이것을 '줄다리기 값'이라고 부르기로 하자. 이것을 구하려면 방정식 13을 방정식 14로 나누어야 한다. 그러면 결과는 다음과 같다.

$$f_p/f_s=(m_p/m_s)(d_s/d_p)^2 \text{ (방정식 15)}$$

나누는 과정에서 몇 가지가 단순화되었다. 먼저 중력 상수가 소거됐다. 불편한 단위를 가진 불편하게 작은 수를 다루는 귀찮음을 감수할 필요가 없다는 의미다. 위성의 질량 또한 소거되었다. (다시 말해서 줄다리기 값을 얻는 데 특정한 위성의 질량이 크거나 작은 것은 상관이 없다는 말이다. 결과는 같기 때문이다.)

줄다리기 값(f_p/f_s)을 구하는 데 필요한 것은 행성/태양의 질량비(m_p/m_s)와 위성에서 태양까지/위성에서 행성까지의 거리의 비의 제곱($(d_s/d_p)^2$)이다.

위성을 가진 행성은 6개뿐이고, 태양에서 먼 순서로 해왕성, 천왕성, 토성, 목성, 화성, 지구다. (나는 개인적인 이유로 지구를 맨 앞이 아니라 맨 뒤에 놓았다. 이유는 곧 알게 될 것이다.)

이를 위해 먼저 질량비를 계산하여 표 21에 나타냈다.

표 21

행성	행성과 태양의 질량비
해왕성	0.000052
천왕성	0.000044
토성	0.00028
목성	0.00095
화성	0.00000033
지구	0.0000030

표에서 볼 수 있듯이 질량비에서는 태양이 압도적이다. 가장 무거운 행성인 목성조차 태양 질량의 1,000분의 1이 되지 않는다. 사실 모든 행성을 합쳐도(여기에 위성, 소행성, 혜성, 유성체를 모두 합쳐도) 태양 질량의 750분의 1이 넘지 않는다.

　　지금까지의 줄다리기에서는 모두 태양이 승자다.

　　하지만 이제 거리의 비를 고려해야 한다. 이는 행성에게 절대적으로 유리하다. 모든 위성은 당연히 태양보다 그들의 행성에 훨씬 더 가까이 있기 때문이다. 더구나 원래도 (행성들에게) 유리한 이 비율은 제곱을 해야 해서 더욱더 유리해진다. 그래서 결과적으로 태양이 이 줄다리기에서 지게 될 거라고 충분히 확신할 수 있다. 하지만 확인은 해보자.

　　먼저 해왕성을 살펴보자. 이 행성에는 트리톤과 네레이드라는 2개의 위성이 있다.(현재는 해왕성에서 10개 이상의 위성이 발견된 상태다.—옮긴이) 태양에서 두 위성까지의 평균 거리는 당연히 태양에서 해왕성까지의 평균 거리인 4,475,200,000킬로미터와 정확하게 같다. 반면 트리톤에서 해왕성까지의 평균 거리는 352,000킬로미터밖에 되지 않고 네레이드에서 해왕성까지의 평균 거리는 5,536,000킬로미터다.

　　위성에서 태양까지의 거리를 위성에서 해왕성까지의 거리로 나누어 제곱하면 트리톤은 162,000,000이고 네레이드는 655,000이다. 이 값을 해왕성과 태양의 질량비에 곱하면 줄다리기 값은 표 22와 같다.

표 22

위성	줄다리기 값
트리톤	8,400
네레이드	34

두 위성의 상황은 크게 다르다. 가까운 위성인 트리톤에 대한 해왕성의 중력 효과는 태양이 미치는 효과에 비해 압도적으로 크다. 트리톤은 해왕성에게 단단하게 잡혀 있다. 하지만 바깥쪽 위성인 네레이드는 해왕성이 상당히 강하게 당기긴 해도 압도적이지는 **않다**. 더구나 네레이드는 태양계 위성들 중에서 가장 길쭉한 타원궤도를 가지고 있다. 궤도의 한쪽 끝에서는 해왕성에 1,280,000킬로미터 이내로 다가가고 다른 쪽 끝에서는 해왕성에서 9,600,000킬로미터까지 멀어진다. 해왕성에서 가장 멀리 있을 때 네레이드의 줄다리기 값은 11까지 작아진다!

여러 가지 이유로(네레이드의 길쭉한 타원궤도도 하나의 원인이다) 천문학자들은 네레이드가 해왕성의 진짜 위성이 아니라 어쩌다 해왕성에 너무 가까이 다가갔다가 붙잡힌 소행성이라고 생각한다.

해왕성이 네레이드를 약하게 붙잡고 있다는 사실이 그 생각을 뒷받침한다. 사실 긴 천문학적 관점에서 보면 해왕성과 네레이드의 관계는 일시적이다. 아마도 태양이 당기는 중력 효과가 언젠가는 네레이드를 해왕성에게서 떼어놓을 것이다. 반면 트리톤은 태양계 전체 규모의 파국이 일어나지 않는 한 해왕성의 곁을 떠나지 않을 것이다.

모든 위성에 대한 계산 과정을 보여주는 것은 아무런 의미가 없다. 계산은 내가 하고 독자들께는 결과만 알려주겠다. 예를 들어 천왕성에는 **5개**의 위성이 있는데(현재 천왕성에는 20개 이상의 위성이 발견되었다—옮긴이) 모두 천왕성의 적도면에서 공전하고 있다. 천문학자들은 그것들이 모두 천왕성의 실제 위성이라고 생각한다. 행성에서 가까운 쪽부터 미란다, 아리엘, 움브리엘, 티타니아, 오베론이다.

이 위성들의 줄다리기 값은 표 23과 같다.

표 23

위성	줄다리기 값
미란다	24,600
아리엘	9,850
움브리엘	4,750
티타니아	1,750
오베론	1,050

모두 천왕성의 중력에 안전하고도 압도적으로 묶여 있으며, 높은 줄다리기 값은 이들이 진정한 위성이라는 사실을 보여준다.

이제 **10개**의 위성을 가진 토성으로 가보자.(현재 토성에는 60개 이상의 위성이 발견되었다.—옮긴이) 야누스,* 미마스, 엔켈라두스, 테티스, 디오네, 레아, 타이탄, 히페리온, 이아페투스, 포에베가 그 위성들이다. 이들 가운데 토성의 적도면에서 공전하고 있는 안쪽의 8개 위성들은 진정한 위성으로 여겨진다. 아홉 번째 위성인 포에베는 크게 기울어진 궤도를 갖고 있어서 붙잡힌 소행성으로 생각된다.

이 위성들의 줄다리기 값은 표 24와 같다.

표 24

위성	줄다리기 값
야누스	23,000
미마스	15,500
엔켈라두스	9,800
테티스	6,400
디오네	4,150
레아	2,000
타이탄	380
히페리온	260
이아페투스	45
포에베	3.5

포에베의 값이 아주 작다는 사실을 알 수 있다.

목성에는 12개의 위성이 있는데(현재 목성에는 60개 이상의 위성이 발견되었다—옮긴이) 둘로 나누어서 살펴보겠다. 안쪽의 5개 위성인 아말테이아, 이오, 유로파, 가니메데, 칼리스토는 모두

* 야누스는 이 글이 처음 발표되고 4년 후에 발견되었기 때문에 당시에는 포함되어 있지 않았고, 이번에 포함시켰다.

목성의 적도면에서 공전하며 실제 위성으로 생각된다. 이 위성
들의 줄다리기 값은 표 25와 같다.

표 25

위성	줄다리기 값
아말테이아	18,200
이오	3,260
유로파	1,260
가니메데	490
칼리스토	160

이들은 모두 목성의 중력에 묶여 있다.

그런데 목성에는 공식적인 이름이 없는 7개의 위성이 더 있
다. 이들은 발견된 순서대로 로마숫자로 표기된다. 목성에서 가
까운 순서로 Ⅵ, Ⅹ, Ⅶ, Ⅻ, Ⅺ, Ⅷ, Ⅸ이다. 이들은 크기가 작고
길쭉한 타원궤도와 목성의 적도면에서 크게 기울어진 공전궤도
면을 가지고 있다. 천문학자들은 이들이 붙잡힌 소행성이라고
생각한다(목성은 다른 행성들보다 훨씬 무겁고 소행성대에 가
까이 있기 때문에 7개의 소행성을 붙잡은 것이 놀라운 일은 아
니다).

이 7개 위성들의 줄다리기 값은 이들이 붙잡힌 소행성이라
고 확신히게 해준다. 그 값은 표 26과 같다.

표 26

위성	줄다리기 값
VI	4.4
X	4.3
VII	4.2
XII	1.3
XI	1.2
VIII	1.03
IX	1.03

목성이 이 바깥쪽 위성들을 잡고 있는 힘은 정말 약하다.

화성은 2개의 위성 포보스와 데이모스를 가지고 있는데 둘 다 작고 화성에 아주 가까이 위치한다. 이들은 화성의 적도면에서 공전하며 실제 위성으로 생각된다. 줄다리기 값은 표 27과 같다.

표 27

위성	줄다리기 값
포보스	195
데이모스	32

지금까지 31개의 위성을 살펴봤는데, 이 중 22개는 실제 위성으로 여겨지고 9개는 (아마도) 붙잡힌 소행성으로 생각된다.* 일단 서른두 번째 위성인 우리의 달은 잠시 제외해 두겠다 (곧 돌아올 것이다). 31개 위성을 표 28에 요약했다.

* 이 글이 처음 발표될 때는 발견되지 않았던 야누스도 여기에 포함시켰다.

표 28

	위성의 수	
행성	실제 위성	붙잡힌 소행성
해왕성	1	1
천왕성	5	0
토성	9	1
목성	5	7
화성	2	0

이제 이 위성들을 줄다리기 값의 관점에서 분석해 보자. 실제 위성들 중에서 줄다리기 값이 가장 작은 것은 데이모스로 32다. 반면 붙잡힌 위성들 중에서 줄다리기 값이 가장 큰 것은 네레이드로 평균 34다.

이것으로 미루어 볼 때 줄다리기 값 30이 실제 위성이 갖는 가장 작은 값이고, 이보다 더 작은 위성은 아마도 붙잡혀서 일시적으로만 행성의 구성원이라고 가정해 볼 수 있을 것이다.

행성의 질량, 행성의 중심에서 태양까지의 거리를 알면 줄다리기 값을 알 수 있다. 방정식 15를 이용하여 f_p/f_s 값은 30으로 놓고, 알고 있는 m_p, m_s, d_s 값을 넣으면 d_p를 구할 수 있다. 이 방법을 사용할 수 없는 유일한 행성은 m_p 값이 매우 불확실한 명왕성이다. 그래서 명왕성은 제외했다.

우리는 실제 위성, 혹은 일반적인 형태의 실제 위싱이 가질 수 있는 최소 거리도 정할 수 있다. 실제 위성이 그 행성에 특정한 거리보다 더 가까이 있으면 조석력이 위성을 산산조각 낼 것이라고 계산되어 있다. 바꾸어 말하면, 어떤 거리에 이미 조각들이 있다면 이들은 하나의 천체로 뭉치지 못할 것이다. 이 거리 한계를, 1849년에 이 계산을 해낸 천문학자 로시(E.Roche)의 이름을 따서 '로시 한계'라고 한다. 로시 한계는 행성 중심에서의 거리가 행성 반지름의 2.44배가 되는 곳이다.*

계산기를 꺼낼 필요는 없고, 표 29에 4개 외행성들의 결과를 보였다.

표 29

행성	최대(줄다리기 값 30)	최소(로시 한계)
해왕성	5,920,000	60,800
천왕성	3,520,000	62,400
토성	4,320,000	139,200
목성	4,320,000	169,600

실제 위성의 거리(행성의 중심에서 킬로미터 단위)

보다시피 경쟁자인 태양에서 멀리 떨어져 있는 질량이 큰 이 외행성들은 크고 복잡한 위성계를 가질 만한 충분한 공간을 차지하고 있고, 22개의 실제 위성들 모두 이 공간 안에 있다.

토성은 로시 한계 안쪽에 뭔가를 가지고 있다. 바로 고리들이다. 가장 바깥쪽 고리는 토성의 중심에서 136,000킬로미터까지 뻗어 있다. 고리를 구성하는 물질들은 토성에 그렇게 가까이 있지 않았다면 모여서 실제 위성을 만들었을 게 틀림없다.

이 고리들은 우리가 눈으로 볼 수 있는 행성들 가운데 유일

* 로시 한계는 오직 특정 크기보다 더 크고 몇 가지 다른 조건을 갖춘 경우에 적용되지만 여기서는 그런 것을 걱정할 필요가 없다.

하고, 당연히 우리가 볼 수 있는 행성들은 태양계에 있는 행성들이다. 그중에서도 위성과 연관시켜서 생각할 수 있는 합리적인 행성들(이유는 곧 설명하겠다)은 4개의 큰 행성이다.

이 행성들 중에서 토성은 고리를 가지고 있고 목성은 아슬아슬하게 없다.(실제로는 4개의 큰 행성 모두 고리를 가지고 있다는 사실이 밝혀졌다.—옮긴이) 가장 안쪽에 있는 위성인 아말테이아는 행성의 중심에서 176,000킬로미터 떨어져 있는데 로시 한계는 169,600킬로미터이다. 이 행성이 몇 킬로미터만 더 안쪽에 있었다면 목성도 고리를 가졌을 것이다. 그래서 나는 우리가 언젠가 다른 항성계를 탐사하게 된다면 (아마 놀랍게도) 약 절반 정도의 큰 행성들이 토성과 같은 고리를 가지고 있을 것이라고 예측해 본다.

이제 같은 방법을 안쪽 행성들에 적용시켜 보자. 안쪽 행성들은 바깥쪽 행성들보다 훨씬 질량이 작고 경쟁자인 태양에 훨씬 가까이 있기 때문에 실제 위성들이 만들어질 수 있는 거리 범위가 더 제한되어 있을 것이라 추정할 수 있는데, 실제로도 그렇다. 내가 계산한 값은 표 30에 보였다.

표 30

실제 위성의 거리(행성의 중심에서부터 킬로미터 단위)		
행성	최대 (줄다리기 값 30)	최소 (로시 한계)
화성	24,000	8,240
지구	16,400	15,360
금성	30,400	14,720
수성	2,080	6,080

그러니까 보다시피 바깥쪽 행성들은 모두 3,000,000킬로미터 이상의, 실제 위성이 존재할 수 있는 범위를 가지고 있고, 안쪽의 행성들은 훨씬 제한된 범위를 가지고 있다. 화성과 금성은 그 범위가 16,000킬로미터밖에 되지 않고, 지구는 조금 더 나아서 32,000킬로미터다.

수성이 가장 재미있는 경우다. 수성이 강력한 경쟁자인 가까이 있는 태양에 대항해서 실제 위성을 가질 수 있는 최대 거리는 로시 한계보다 작다. 나의 논리가 맞다면 수성은 실제 위성을 가질 수 **없고** 작은 돌조각들 이외에는 기대할 것이 없다.

실제로 수성에는 위성이 발견된 적이 없다. 그런데 내가 알기로는 누구도 그 이유에 대해 합리적인 설명을 해준 적이 없고, 경험적인 사실 이상으로 다룬 적이 없다. 나보다 더 많은 천문학 지식을 가지고 있는 훌륭한 독자분이 계시다면 그 이유에 대한 설명이 있다고 말해주시기 바란다. 그러면 나는 그 소식을 우아하게 받아들일 것이다. 적어도 발차기와 소리 지르기는 내 서재에서만 할 것이다.

금성, 지구, 화성은 수성보다 태양에서 멀리 있기 때문에 로시 한계 밖에 실제 위성을 가질 수 있는 약간의 여유가 있다. 하지만 여유가 많지는 않아서 그렇게 작은 공간에 아주 작은 위성이 아닌 충분한 물질을 모을 가능성은 아주 작다.

그리고 금성도 지구도 이 범위 안에 (작은 조각은 있을 수 있지만) 어떤 위성도 없으며, 화성의 경우 지름 32킬로미터도 되지 않는, 이름을 붙이기도 어려울 정도의 2개의 작은 위성밖에 없다.

이 모든 것이 이렇게 잘 맞아 들어가고 여러 행성에서 위성계의 세부 사항들을 이렇게 합리적으로 설명할 수 있다는 것이 놀라운 한편 나에게는 정말 즐거운 일이다.

그런데 안타깝게도 설명할 수 없는 것이 하나 있다. 지금까지 무시해 왔던 단 하나.

도대체 우리의 달은 그렇게 멀리서 뭘 하고 있단 말인가?

달은 내가 지금까지 구성한, 포기하기에는 너무 아름다운 논리에서 볼 때 실제 위성이 되기에 지구에서 너무나 멀리 떨어져 있다. 달은 지구에 붙잡히기에는 너무 크다. 달이 지구에 붙잡혀서 거의 원에 가까운 궤도를 돌 가능성은 워낙 작아서 그런 일이 일어났다고 보기 어렵다.

물론 달이 원래는 지구 가까이(내가 구한 실제 위성의 한계 이내에) 있다가 조석 효과로 점점 멀어졌다는 이론도 있다. 나는 거기에 동의하지 않는다. 만일 달이 원래 32,000킬로미터 거리에서 원운동을 하던 실제 위성이었다면 거의 확실하게 지구의 적도면에서 돌아야 할 텐데 그렇지 않다.

그런데 실제 위성도 아니고 붙잡힌 것도 아니라면 도대체 달은 뭘까?* 놀랄 수 있겠지만 나는 답을 가지고 있다. 그 답을 설명하려면 줄다리기 값을 결정하던 곳으로 돌아가야 한다. 사실 내가 계산하지 않은 위성이 하나 있다. 바로 달이다. 그것을 지금 해보자.

* 이 글은 1963년에 발표되었다. 당시에는 실제로 달에 가면 달 표면을 연구해 달이 붙잡힌 것인지 아닌지 알아낼 수 있다는 희망을 가지고 있었다. 하지만 달을 여러 번 방문했지만 아직은 답을 얻지 못하고 있다. 우리가 얻은 정보는 답을 주기보다는 의문만 더해주고 있다.

달과 지구의 평균 거리는 380,000킬로미터이고 달과 태양의 평균 거리는 150,000,000킬로미터다. 달-태양 거리와 달-지구 거리의 비는 392다. 제곱하면 154,000이 된다. 지구와 달의 질량비는 앞에서 제시한 것처럼 0.0000030이다. 이 값에 154,000을 곱하면 줄다리기 값은 표 31과 같다.

표 31

위성	줄다리기 값
달	0.46

달은 태양계의 위성 가운데 그것이 속한 행성이 태양에게 줄다리기에서 **지는** 유일한 위성이다. 태양이 지구보다 달을 2배 더 강하게 끌어당긴다.

우리가 보는 달은 실제 위성도 붙잡힌 위성도 아닌, 하나의 독자적인 행성처럼 지구와 보조를 맞춰 태양의 주위를 돌고 있는 것이다. 지구-달계의 관점에서 상황을 가장 단순하게 보면 달이 지구 주위를 돌고 있다. 하지만 지구와 달이 태양 주위를 도는 궤도를 정확한 스케일로 그리면 달의 궤도는 어디서나 태양을 향하고 있는 것을 볼 수 있다. 달은 언제나 태양을 향해서 '떨어지고' 있다. 다른 위성들은 모두 예외 없이 궤도의 일부에서는 태양에서 멀어지는 쪽으로 '떨어진다'. 이들은 자신들의 행성에 훨씬 더 강하게 묶여 있기 때문이다. 하지만 달은 그렇지 않다.

달은 실제 위성의 경우와 달리 지구의 적도면에서 공전하지 않는다. 그보다는 황도면에 더 가까운 궤도면에서 지구 주위를 돈다. 다시 말하면 일반적으로 행성들이 태양 주위를 도는 궤도면에서 돈다는 말이다. 이것은 행성이 하는 일이 아닌가!

그렇다면 태양에서 멀리 떨어진 큰 행성이 하나의 핵과 여러 개의 위성을 만드는 경우와, 태양 가까이에 있는 작은 행성이 위성 없이 하나의 핵을 만드는 경우 사이의 중간 지점도 가능하지 않을까? 그러면 2개의 핵이 형성되어 한 쌍의 행성이 만들어지는 경계조건도 있을 수 있지 않을까?

어쩌면 지구는 그 가능한 질량과 거리의 경계에 있을 수도 있다. 적당히 작고 적당히 가까이 있는. 상황이 더 좋았다면 크기가 비슷한 2개의 행성이 만들어졌을 수도 있다. 둘 다 대기와 바다와 생명을 가질 수도 있었을 것이다. 어쩌면 쌍 행성을 가진 다른 항성계에서는 크기가 같은 경우가 더 흔할 수도 있다.

그걸 놓쳤다면 정말 안타까운 일이다…….

아니면(누가 알겠는가) 정말 대단한 행운이다!

현재 달이 만들어진 과정과 관련해 가장 유력한 학설은, 태양계 형성 초기에 화성만 한 소행성이 지구에 충돌하여 지구에서 떨어져 나간 잔해로 달이 만들어졌다는 거대 충돌설이다. 거대 충돌설을 뒷받침하는 주요한 근거는 2가지가 있다. 첫째는 달의 전체적인 구성이 지구의 바깥 부분과 비슷하다는 것이다. 충돌에 의해 지구의 바깥 부분이 떨어져 나가 달이 만들어졌다는 가설과 잘 맞는다. 두 번째, 달은 지구에 비해 기화될 수 있는 물질의 함량이 더 낮다는 것이다. 충돌로 인해 발생한 열이 이런 물질들을 증발시켰다고 볼 수 있는 결과다. 그리고 아시모프의 생각과는 달리 달이 원래는 지구 가까이 있다가 조석 효과로 점점 멀어졌다는 이론이 맞는 것으로 여겨지고 있다. 달은 지금도 조금씩 멀어지고 있다.(옮긴이)

10. 별로 가는 디딤돌

손에 잡힐 듯이 다가온 태양계 정복에 대해서 만족스럽지 못한 중요한 점이 있다.* 우리는 우리가 무엇을 발견할지 너무나 잘 알고 있으며, 그것이 충분하지 못하다는 것이다.

　미미한 생명체가 있을 가능성이 있는 화성을 제외하고 태양계의 다른 세계는 모두 황량한 곳이다(엄청난 기적이 일어나지 않는다면).

　물론 우리는 많은 정보와 지식을 얻을 것이다. 이 황량한 세계에 도달하는 과정에서 우리는 중요한 합금, 플라스틱, 연료 들을 개발할 것이다. 우리는 소형화, 자동화, 컴퓨터와 같은 유용한 기술을 습득할 것이다. 나는 이 발전을 과소평가하지 않는다.

　하지만 화성의 공주나 촉수 달린 괴물이나 지적인 존재나 동물원으로 보내야 할 괴수는 존재하지 않는다. 멋진 이야기는 없다!

　우주 탐사의 결과와 성과를 얻으려면 별로 가야 한다. 그 별의 주위를 도는 지구와 같은 행성을 찾아야 한다. 그곳에서 완전한 친구(희망사항이다) 혹은 적, 슈퍼맨이나 괴물을 만나야 한다.

　그러면 어떻게 별로 갈 수 있을까? 달이 바로 문(門)이고 화

---

* 이 글은 1960년에 처음 발표되었고 평소 나의 낙관주의를 보여주고 있다. 달은 '정복'되었지만 지금과 같은 실망스러운 분위기에서 얼마나 더 먼 우주까지 탐사를 계속할 수 있을지는 모르겠다.

성은 문턱을 바로 지난 정도라면 별은 너무나 먼 세상이다.

달은 380,000킬로미터 떨어져 있고 화성은 가장 가까울 때 56,000,000킬로미터 떨어져 있다. 행성들 중에서 가장 멀리 있는 명왕성도 7,440,000,000킬로미터보다 멀리 떨어져 있지 않다. 반면에 우리에게 가장 가까이 있는 별이 포함된 알파 센타우리계는 40,000,000,000,000,000킬로미터 떨어져 있다.

다시 말하면 우리가 태양계의 끝까지 겨우 가서 명왕성 위치에 서더라도 가장 가까이 있는 별까지의 거리의 5,000분의 1도 가지 못했다는 말이다.

별까지 가는 디딤돌이 있다면 정말 좋을 것이다. 명왕성과 별들 사이에 천체들이 있다면 가장 가까운 별로 가는 긴 여행 중에 잠시 멈춰서 쉴 수 있는 곳을 제공해 줄 것이다.

나는 기쁜 마음으로 웃으며 그런 디딤돌이 실제로 존재한다고 믿을 만한 충분한 이유가 있다고 말해주고 싶다. 있을지 없을지 모르는, 알파 센타우리와 우리 사이에 존재하는 어두운 별이나 명왕성보다 멀리 있는 행성을 의미하는 것이 아니다.

명왕성보다 훨씬 더 바깥 궤도에서 태양을 둘러싸고 있는 소행성들을 말하는 것이다. 태양계의 크기를 훨씬 크게 만들, 태양을 둘러싼 소행성대가 아주 높은 가능성으로 실제로 존재한다는 말이다.

이 소행성들에 대한 이야기를 하려면 태양계의 시초부터 시작해야 한다. 이번 이야기에는 혜성이 포함된다.

아득한 옛날부터 혜성은 잠재적인 재앙으로 여겨졌고 그럴 만한 충분한 이유가 있어 보인다.

하늘은 대부분의 경우 조용하고 변화가 없거나, 있다 하더라도 주기적인 변화만 있는 것이었다. 태양이 뜨고 지고, 달의 모양이 변하고, '항성'들은 세대를 거쳐 정확하게 그 자리에 머무르고, 행성들은 복잡하지만 주기적인 경로로 그 사이를 움직인다.

모두 그대로고, 모두 평화롭다.

그런데 갑자기 어디에선가 혜성이 나타난다. 이것은 하늘에 있는 무엇과도 다르다. 희미하게 퍼진 빛인 '코마'(혼수상태라는 의미가 있다—옮긴이)가 별처럼 보이는 핵을 둘러싸고 있고, 코마에서 나온 휘어진 꼬리가 하늘의 절반을 가로지르기도 한다. 어디에서 왔는지 모르는 혜성은 어디론지 모르게 사라진다. 혜성이 오는 것과 가는 것을 예측할 방법은 없어 보였고, 할 수 있는 말은 혜성이 하늘의 평화와 평온함에 혼란을 가져다준다는 것뿐이었다.

혜성은 그 자체로 충분히 혼란스러웠다. 거기다 모양도 이상했다. 묶지 않은 긴 머리카락을 날리며 하늘을 가로지르는 마녀를 닮았다. 'comet(혜성)'이라는 이름도 '긴 머리카락'을 의미하는 그리스어 'kometes'에서 온 것이다.

자연스럽게 사람들은 이런 갑작스럽고 위험한 등장을 두고 신이 인간에게 재앙을 경고하는 것이라고 생각했다. 그리고 인간의 삶에는 언제나 재앙이 있기 때문에 이 이론은 항상 맞는 것처럼 보였다. 혜성이 나타나면 언제나 재앙이 따른다. 혜성이 등장하면 1년 안에 반드시 전쟁이 일어나거나 전염병이 퍼지거나 흉년이 들거나 유명한 사람이 죽거나 이단자들이 나타나는 등의 일이 생긴다.

최근에 등장한 큰 혜성은 1910년에 나타난 것으로 많은 사람들에게 세계의 종말이 오고 있다는 믿음을 주는 데 성공했다(이 혜성은 어떤 바보라도 마크 트웨인의 죽음, 타이타닉호의 침몰, 제1차 세계대전의 발발을 비롯한 수많은 파국을 예언한 것이라고 주장할 수 있다).

그런데 실제 혜성의 정체는 무엇일까? 아리스토텔레스를 비롯한 고대인과 중세의 사상가들은 하늘은 완전하고 변화가 없다고 믿었다. 혜성은 나타났다가 사라지고 시작과 끝이 있기 때문에(별들과 행성들은 그렇지 않은데) 불완전하고 변화가 있는 것으로 하늘의 일부일 수 없었다. 그러므로 혜성은 나쁜 공기 탓에 대기에서 일어나는 현상으로, 부패하고 오염된 지구에 속하는 것이었다.

이 생각은 1577년까지 지속되었다. 덴마크의 천문학자 티코 브라헤(Tycho Brahe)는 그해에 나타난 밝은 혜성을 그 자신이 있는 덴마크의 천문대와 프라하에 있는 천문대에서 관측하여 별을 배경으로 위치가 변하는 시차를 측정했다. 그 시차는 측정하기에 너무나 작았다. 그도 그럴 것이 측정한 곳 사이의 거리가 너무 짧았고(약 800킬로미터) 당시는 망원경도 나오기 전이었다. 하지만 그렇다고 해도 혜성이 지구에서 1,000,000킬로미터 이내에 있었다면 시차를 측정할 수 있었을 것이다. 그래서 티코는 혜성이 지구에서 달보다 **적어도** 3배 이상 더 멀리 있다고 결론 내렸다. 그것은 분명 혜성이 하늘에 속하는 것이라는 말이었다. 아리스토텔레스가 틀린 것이다.

지구가 아니라 하늘에 속하는 것이라고 해도 혜성은 여전히 골칫거리였다. 혜성은 어디에도 맞지 않았다. 코페르니쿠스가 태양을 태양계의 중심에 놓고 케플러가 행성의 궤도를 타원으로 정하자 행성들은 꼭 맞는 위치에 자리를 잡았다. 그런데 혜성은 그렇지 않았다. 혜성은 여전히 어디에서 왔는지, 어디로 사라지는지 모르는, 태양의 왕국의 무법자처럼 보였다.

혜성

20세기에는 혜성 운이 별로 없었다. 1910년에 핼리혜성이 돌아와 꽤 멋진 모습을 보여주었지만 그 이후로는 맨눈으로 볼 수 있는 혜성이 거의 없었고 멋진 모습을 보여준 혜성은 전혀 없다.

19세기에 지구에 가장 가까이 온 몇 개의 거대한 혜성들은 하늘의 절반을 가로지르고 거대한 칼처럼 빛났다. 이들은 장주기 혜성이라 궤도가 태양에서 너무 멀리까지 가기 때문에 돌아오려면 몇 천 년 혹은 심지어는 몇 백만 년이 걸릴 것이다. 이들은 태양 가까이로 몇 번밖에 오지 않은(어쩌면 처음일 수도 있는) 신선한 혜성들로 태양에 의해 가열되어 먼지와 기체를 만들 휘발성 물질을 충분히 갖고 있었으며 태양풍에 밀려 긴 꼬리가 만들어졌다.

사진: Lick Observatory

이런 장관을 연출하는 혜성들은 전혀 예측할 수가 없다. 태양계 외곽까지 혜성을 쫓아갈 방법도 없고, 궤도가 무척 큰 타원이라면 우리가 보는 것은 수백만 년 만에 돌아오는 혜성일 것이다. 우리는 그 혜성이 또 한 번 돌아오는 것을 보지 못한다.

문명이 발전하기 전인 수십만 년 전에 마지막으로 나타났던 몇 개의 혜성이 앞으로 5년 동안 우리 앞에 나타날 준비를 하고 있는지는 모를 일이다. 희망은 가져볼 수 있다.

물론 매년 몇 개의 혜성이 발견된다. 이들은 대체로 작고 어두운 것들로, 태양계에서 너무 오래되었거나 태양에 너무 많이 접근하는 바람에 어두워진 것들이다. 하지만 맨눈으로 볼 수 있는 혜성도 가끔은 나타난다. 여기 실린 사진에 있는 혜성이 그중 하나다.[194쪽 사진]

그때, 행성들의 움직임을 너무나 훌륭하게 설명해 주는 뉴턴과 그의 중력 법칙이 등장했다. 그 법칙이 혜성의 움직임도 설명할 수 있을까? 이것은 중요한 시험이었다.

1704년 뉴턴의 친한 친구인 에드먼드 핼리는 혜성들의 움직임을 중력 법칙으로 설명할 수 있는지 알아보기 위해 관측 기록이 존재하는 여러 혜성의 궤도를 연구했다. 24개의 혜성 기록이었다.

가장 좋은 자료는 핼리 자신이 관측한 1682년의 혜성이었다. 이 혜성의 궤도를 연구한 결과 핼리는 75년 전인 1607년의 혜성과 그보다 76년 저인 1531년의 혜성이 하늘의 같은 지역을 지나갔다는 사실을 알게 되었다. 더 과거를 조사해 보니 그보다 75년 전인 1456년에도 혜성에 대한 기록이 있었다.

같은 혜성이 당시에 알려진 가장 먼 행성인 토성보다 더 멀리까지 뻗어 있는 아주 긴 타원궤도를 따라 움직이며 약 75년 간격으로 다시 돌아오는 것은 아닐까?

핼리는 그럴 거라고 확신했다. 그러고는 1682년의 혜성이 1758년에 다시 돌아올 거라고 예측했다.

에드먼드 핼리

핼리는 1656년 11월 8일 런던 근교에서 태어났다. 그는 어릴 때부터 천문학에 관심이 많았고, 스무 살 때 이미 남대서양에 있는 세인트헬레나섬으로 가서 유럽의 위도에서는 보이지 않는 남반구 하늘의 별자리 지도를 그렸다.

1684년 핼리의 아버지가 살해되고, 핼리는 많은 유산은 물려받게 되었다. 그는 그 돈을 유용하게 사용했다. 예를 들어, 아이작 뉴턴이 그의 위대한 책 《프린키피아》를 출판하려 했을 때 로버트 훅과 벌인 과학 논쟁으로, 출판을 지원하기로 했던 왕립학회가 지원을 취소하고 말았다. 그때 핼리가 출판과 관련된 모든 비용을 부담했다. 뿐만 아니라 삽화를 기획하고 교정본을 검토하고 발생하는 모든 문제를 해결했다.

뉴턴의 가장 좋은 친구이자 열렬한 지지자로서 핼리는 중력의 원리를 혜성에 적용시켜 보았다. 혜성은 그때까지 천문학자들이 자주 관심을 가졌지만 어떤 법칙도 적용되지 않는 것이었다. 핼리는 자신이 관측한 1682년의 혜성이 1456년, 1531년, 1607년에도 같은 경로를 지나갔다는 사실을 발견했다. 그는 이것이 아주 긴 타원궤도를 가진 하나의 혜성일 것이라 생각하고 궤도를 연구한 끝에 이 혜성이 1758년에 다시 돌아올 거라고 예측했다.

실제로 그랬다. 하지만 핼리는 그것을 볼 수 없었다. 1742년에 사망했기 때문이다. 하지만 그 혜성은 그때부터 핼리혜성으로 불리게 되었다. 이 혜성은 1910년에 마지막으로 나타났고 1986년에 다시 돌아올 것이다. 핼리는 몇몇 항성의 위치가 고정되어 있지 않고 그리스 시대 이후로 위치가 변했다는 사실을 처음 알아낸 사람이기도 하다. 생애 마지막 20년 동안 그는 왕실 천문학자로 재직했다. 그리고 1742년에 사망했다.

핼리가 그의 예측이 맞는지 틀리는지 확인할 수가 없다는 사실을 알았다는 것은 과학 역사에서 가장 안타까운 일 중 하나다. 그걸 확인하려면 그는 102세까지 살아야 했는데 그러지 못했다. 그는 최선을 다해서 85세까지 살았지만 그것으로는 충분하지 않았다.

혜성은 1758년 크리스마스 밤에 발견되어 1759년 초에 하늘 높이 올라갔다. 그 혜성은 진짜로 돌아왔고, 그때부터 핼리혜성으로 불리게 되었다(1910년에 나타난 혜성도 핼리혜성이었다).

이는 일대 사건이었다. 혜성들, 아니면 적어도 하나의 혜성은 법칙을 따르는 평범한 태양계의 구성원이 된 것이다. 이후로 많은 혜성들의 궤도가 결정되었다. 이제 혜성을 신이 재앙을 예고하기 위해서 보낸 것이라고 생각할 논리적인 이유는 전혀 없게 되었다. 하지만 또다시 큰 혜성이 나타나면 세상의 종말을 준비하는 사람들을 막지는 못할 것이다. 그건 분명하다.

혜성이 태양계의 평범한 구성원이고 행성과 똑같은 운동 법칙을 따른다는 것은 알겠는데, 그러면 도대체 혜성은 무엇일까? 글쎄, 그렇게 대단한 것은 아니다.

혜성은 종종 여러 행성에 접근해서 행성의 중력에 의해 궤도가 바뀌고 가끔은 급격히 바뀌기도 한다(이런 변화 때문에 혜성이 언제 돌아올지 확정하기가 어렵다). 행성은 혜성의 중력 효과로 측정 가능한 정도의 변화를 보인 적이 한 번도 없다. 1779년의 혜성은 목성의 위성계를 지나갔지만 위성들에는 아무런 영향을 주지 않았다.

명백한 결론은, 혜성은 부피가 크고 어떤 혜성은 태양보다 크지만 질량은 아주 작다는 것이다. 아무리 큰 혜성도 질량은 중간 크기의 소행성보다 크지 않다.

그렇다면 혜성의 밀도는 지극히 낮을 수밖에 없다. 지구의 대기보다 밀도가 낮아야 한다. 이는 별들이 혜성의 꼬리 사이에서 밝기가 별로 줄어들지 않은 채 보이는 사실로 설명된다. 지구는 1910년에 핼리혜성의 꼬리를 통과했지만 아무런 영향도 받지 않았다. 사실 핼리혜성은 지구와 태양 사이를 지나갔지만 아무것도 보이지 않았다. 태양 빛은 마치 진공을 통과하는 것처럼 빛났다.

하버드 대학의 프레드 위플(Fred Whipple) 교수는 몇 년 전이 모든 것을 설명할 수 있는 혜성의 구성 성분에 대한 이론을 발표했는데 지금은 널리 받아들여지고 있다. 위플 교수는 혜성이 물, 메탄, 이산화탄소, 암모니아 등과 같은, 낮은 온도에서 녹는 '얼음'으로 이루어져 있다는 의견을 제시했다. 태양에서 멀리 있을 때는 고체 상태이므로 혜성은 작은 고체 덩어리다. 그런데 태양에 가까이 다가가면 얼음이 증발하여 먼지와 기체가 태양풍에 의해 태양의 반대 방향으로 밀려 나간다.*

(1531년에 처음 관측된 것처럼) 혜성의 꼬리는 분명히 언제나 태양의 반대 방향을 향한다. 혜성이 태양을 향할 때는 혜성의 뒤로 뻗고, 태양에서 멀어질 때는 혜성의 앞으로 뻗는다. 그리고 태양에 가까이 갈수록 꼬리는 길어진다.

혜성에서는 생각하는 것보다 그렇게 많은 대기가 광압에 의해 만들어지지 않으며 없어지지도 않는다. 얼음은 열전도가 잘 되지 않고 혜성은 상대적으로 짧은 시간 동안만 태양 근처에 머무른다. 혜성은 대부분의 재료를 그대로 가지고 돌아간다.

그래도 혜성은 돌아올 때마다 재료의 일부를 잃어버린다. 꼬리로 간 것은 우주 공간으로 사라져서 절대 다시 돌아오지 않는다. 태양 근처를 수십 번 지나가면 혜성은 사라질 수도 있다. 100년 이상의 간격으로 돌아오는 혜성도 수천 년 이상 지속되는 것은 불가능하다. 그러므로 우리는 역사 시대 이내에 혜성이 줄어들고 죽는 것을 볼 수 있다.

그리고 실제로 그랬다. 1910년에 돌아온 핼리혜성은 이전

---

* 이 글을 처음 발표했을 때 나는 혜성의 꼬리를 만드는 것을 '태양 빛의 광압'이라고 말했다. 그때는 천문학자들도 그렇게 생각했는데, 광압은 그렇게 강하지가 않다. 태양풍(태양에서 모든 방향으로 날아가는 입자들)의 존재는 이 글이 발표되기 2년 전인 1958년에 분명히 밝혀졌다. 하지만 태양풍과 혜성 꼬리의 관계는 당시에 내가 글에 포함시킬 정도로 명백해진 않았다.

의 묘사에 비하면 실망스러울 정도로 어두웠다. 1986년에 다시 돌아올 때는 훨씬 더 실망스러울 것이다. 핼리혜성은 죽어가고 있다.

그리고 몇몇 혜성은 사람이 관측하는 동안 실제로 죽었다. 가장 잘 알려진 예는 1772년에 독일의 천문학자 빌헬름 폰 비엘라(Wilhelm von Biela)가 발견한 비엘라혜성이다. 이 혜성은 6.6년의 주기로 몇 번 돌아오는 것이 관측되었다. 1846년에 이 혜성은 둘로 쪼개져서 두 조각이 나란히 움직이는 모습으로 발견되었다. 1852년에는 둘의 거리가 더 멀어졌다. 그리고 비엘라혜성은 다시는 발견되지 않았다. 죽은 것이다.

그런데 이게 끝이 아니다. 그 혜성의 궤도에 한 무리의 소행성들이 있다. 우리는 비엘라혜성이 있었다면 1872년에 지구를 아주 가까이 지나갔을 것이라는 사실을 안다. 혜성은 없었다. 하지만 그해에는 혜성이 있었어야 할 자리에 쏟아지는 유성우가 있었다.

얼음에 묻혀 있는 것은 대부분 자갈과 작은 입자들이고 금속과 규산염은 많지 않아 보인다. 한데 묶고 있는 얼음이 없어지면 내용물들은 흩어진다. 지금은 작은 유성체들이 오래전에 죽은 혜성의 유령으로 남아 있다.

혜성의 수명이 그렇게 짧은데도, 50억 년이나 된 태양계에 여전히 혜성이 많이 존재한다면(매년 새로운 혜성들이 발견된다) 계속해서 혜성을 공급해 주는 곳이 있는 게 분명하다. 그렇다면 혜성은 어디에서 오는 것일까?

가장 쉬운 대답은 성간 공간에서 온다는 것이다. 이들은 별들 사이를 떠돌아다니는 존재들이다. 가끔씩 태양의 중력에 이끌려 들어왔다가 멀리 날아간다. 어떤 것은 이끌려 와서 행성에 붙잡히기도 하고, 주기 혜성이 됐다가 죽음을 맞이하기도 한다.

이 가능성에 대해서는 반대 주장이 있다. 첫째로, 성간 물질이 지금과 같은 비율로 태양계로 들어오려면 성간 공간이 수많은 혜성으로 가득 차 있어야 한다. 그리고 다른 방향보다 태양이 움직이는 방향으로 더 많은 혜성이 이끌려 들어와야 한다. 그런데 그렇지 않다. 혜성은 모든 방향에서 똑같이 온다.

둘째로, 성간 공간에서 무작위로 혜성이 태양계로 들어온다면 일부는 쌍곡선 궤도(열린 머리띠 같은)를 가져야 한다. 그런데 **분명한** 쌍곡선 궤도를 가진 혜성은 관측된 적이 없다.

이런 관점에서 볼 때 혜성의 기원과 관련해 더 논리적인 가능성은, 태양에 묶여 있는 어떤 장소가 있다는 것이다. 몇 년 전 이런 장소가 태양에서 모든 방향으로 2광년 거리에 얼음 소행성들로 이루어진 껍질 형태로 존재한다는 주장이 있었다.〔네덜란드의 천문학자 얀 오르트(Jan H. Oort)가 주장한 것으로, 태양계 외곽에 있는 혜성의 고향인 이곳을 지금은 오르트 구름이라고 부른다.—옮긴이〕

이 껍질이 어떻게 존재하게 됐는지를 설명하기는 쉽다. 태양계가 지름 수 광년의 먼지와 기체 구름의 거대한 움직임으로 시작되었다면 그것이 회전하고 수축하여 현재의 태양과 행성이 만들어졌을 것이다. 그런데 원래 구름의 가장 바깥 부분은 행성이 만들어지기에는 밀도가 너무 낮아서 지역적으로만 뭉쳤을 것이다. 아주 먼 곳에서 수십억 년 동안 온도가 절대 0도 근처에 머물렀을 테니 원래 구름을 구성하고 있던 얼음들은 소행성의 작은 중력에도 잡혀 있었을 것이다(태양 가까운 곳에서는 온도가 높기 때문에 지구와 같은 큰 천체도 얼음을 잃는다).

어떤 계산에 따르면 이 '혜성형 소행성' 가운데에는 질량이 최대 지구의 100분의 1 혹은 심지어 10분의 1에 이르는 덩어리 100,000,000,000개가 포함되어 있다. 그러면 혜성형 소행성의 평균 질량은 600,000,000~6,000,000,000톤이 된다. 이 소행성들의 밀도가 얼음과 같다고 하면 평균 지름은 대략 1.5킬로미터 정도가 될 것이다.

수천억 개의 소행성이 껍질처럼 둘러싸고 있다면 지구에서도 관측이 되어야 하는 것 아니냐고 생각할 수도 있을 것이다. 하지만 1~2광년 정도 거리에서 태양을 둘러싸는 껍질은 부피가 30세제곱광년이 되어야 한다. 이것은 너무나 큰 규모다! 1,000억 개의 소행성이 그 부피에 고르게 분포한다면 소행성들 사이의 평균 거리는 약 20억 킬로미터로 지구에서 천왕성까지의 거리와 비슷하다.

1광년 이상 떨어진 곳에서 수십억 킬로미터 간격으로 퍼져 있는 1.5킬로미터 정도의 얼음 덩어리가 차지하는 공간은 별로 인상적이지 않다. 혜성형 소행성들은 밝게 빛나지도 않고 별빛을 가리지도 않기 때문에 모습을 드러내지 못한다.

껍질의 중간 정도인 1.5광년 거리에 있는 혜성형 소행성을 생각해 보자. 그 거리에서 태양은 등급 −2로 하늘에서 가장 밝은 별로 보이겠지만 어쨌든 하나의 별로만 보인다. 소행성은 여전히 태양 중력의 영향 아래 있지만(가까운 다른 별이 없으므로) 그 영향은 아주 약하다.

태양에서부터 1.5광년 거리에서 원형 궤도를 도는 혜성형 소행성은 아주 약한 중력의 영향을 받기 때문에 1분에 5킬로미터 정도의 속도로밖에 움직이지 않는다. 자동차 운전을 하는 사람들에게는 꽤 빠른 속도로 느껴지겠지만, 지구는 1분에 1,760킬로미터를 움직이고 아주 멀리 있는 명왕성도 1분에 최소 240킬로미터를 움직인다.

이렇게 느리게 움직이기 때문에 혜성형 소행성이 태양을 한 바퀴 도는 데는 평균 30,000,000년이 걸린다. 멀리 있는 소행성들은 태양계가 존재하는 동안 아직 태양 주위를 200바퀴도 돌지 못했다.

그런데 혜성형 소행성들이 그렇게 멀리서 조용히 돈다면 왜 계속해서 영원히 돌지 않는 걸까? 무엇이 그들을 태양 쪽으로 보내는 것일까? 할 수 있는 유일한 답은 가까이 있는 별들이 중력으로 영향을 준다는 것이다. 알파 센타우리가 정확하게 태양과의 사이에 있는 이 혜성형 소행성들에 미치는 중력의 영향은 태양 중력의 10퍼센트 정도이고 이는 무시할 수 있는 정도가 아니다(알파 센타우리는 이 소행성들에서 태양보다 아주 약간 더 멀리 있다는 사실을 기억하라). 가까이 있는 몇몇 다른 별들이

이 소행성들에게 미치는 중력의 영향은 태양 중력의 1퍼센트를 조금 넘는다.

이 중력 효과가 특정한 소행성의 궤도속도를 줄이게 되면 이 소행성은 태양을 향해 떨어져서 원형 궤도가 타원형으로 바뀐다. 궤도속도가 충분히 느려지면 소행성은 태양을 향해 급격히 떨어지기 때문에 태양계 안으로 들어갈 수 있게 된다. 그리고 속도가 점점 빨라져서 태양 주위를 돈 다음 중력 효과가 일어났던 곳으로 돌아오고, 다시 태양을 돈 다음 돌아오기를 반복한다. 태양에 충분히 가까워지면 얼음이 증발하여 거대한 꼬리와 코마가 만들어지고 지구의 관측자들에게도 보이게 된다.

태양과 혜성만 존재한다면 이 새로운 긴 타원궤도는 영원히 유지된다. (추가적인 별의 중력 효과가 없다면) 이 궤도를 도는 혜성은 껍질 부분에 있을 때보다 훨씬 짧은 주기를 갖게 되지만 지구의 기준에서 보면 여전히 길다. 10,000,000년 정도다.

인간의 관점에서 보면 이런 '장주기 혜성'은 한 번뿐이다. 이런 형태의 혜성은 역사 시대를 통틀어 이전에 관측된 적이 없다. 그때는 존재하지 않았기 때문이다. 그리고 다음 방문을 인류가 보게 될 가능성도 별로 크지 않다.

물론 혜성이 일단 태양계 안쪽으로 들어오면 궤도에 영향을 받을 정도로 어떤 행성에 가까이 다가갈 가능성은 언제나 존재한다. 어떤 경우에는 속도가 빨라져서 쌍곡선 궤도가 되어 태양계를 영원히 벗어나게 된다. 속도가 느려져서 혜성 껍질로 돌아갈 수 있을 정도의 운동에너지를 더 이상 얻지 못하게 되는 경우도 있다. 그리고 행성의 중력 효과로 속도가 느려져 행성에 붙잡히기도 한다.

바깥쪽의 행성들은 모두 혜성 '가족'을 지니고 있고, 그중에서 당연히 목성이 가장 큰 규모로 가지고 있다. 목성의 가족 중에서 가장 특별한 것은 엔케혜성이다. 엔케혜성은 프랑스의 천문학자 장 루이 폰(Jean Louis Pons)이 처음 발견했고 1818년 독일의 천문학자 요한 프란츠 엔케(Johann Franz Encke)가 궤도를 알아냈다.

엔케혜성은 3.3년으로, 알려진 혜성 중에서 가장 짧은 주기를 가지고 있다. 이 혜성은 태양에서 640,000,000킬로미터 이상 멀어지지 않는다. 그러니까 가장 멀리 있을 때도 목성보다 멀어지지 않는다는 말이다. 이 혜성은 근일점일 때 수성의 궤도에 상당히 접근하는데, 수성이 이 혜성에 미치는 중력의 영향은 수성의 질량을 측정하는 데 사용되었다.

예상하겠지만 엔케혜성은 어둡고 멋있어 보이지도 않으며 꼬리도 생기지 않는다. 이 혜성은 태양 가까이로 너무 많이 다가갔다. 얼음은 대부분 사라지고 지금은 원래의 얼음과 섞인 단단한 규산염 잔해로 구성되어 있을 것이다.

당연히 별의 중력 효과로 혜성 껍질의 규모는 점점 작아질 것이다. 속도가 느려져서 태양계 안쪽으로 보내진 혜성형 소행성은 반드시 죽음을 맞게 된다. 별의 중력 효과로 더 빨라진 혜성형 소행성은 쌍곡선 궤도가 되어 태양에서 멀어진다.

반면에 우리가 아는 한 혜성 껍질에 혜성형 소행성이 추가되지는 않기 때문에 소행성의 수는 계속해서 감소한다.

하지만 이것이 문제가 되진 않는다. 아마도 매년 3개 정도의 새로운 혜성이 태양계 안쪽으로 보내지는 것으로 추정된다. 매년 평균 3개는 쌍곡선 궤도로 빨라져서 사라지는 것으로 추정할 수 있다. 이런 비율이면 태양계 50억 년 역사 동안 30,000,000,000개의 혜성형 소행성이 사라지거나 부서졌다. 이는 아직 남아 있는 수의 30퍼센트밖에 되지 않는 양이다.

혜성들은 계속 죽어가지만 앞으로 수십억 년은 더 지금과 같은 수가 유지될 것이다.

내가 이 글의 첫 부분에 별로 가는 디딤돌이라고 말한 것이 바로 이 혜성형 소행성들이다.

우리가 명왕성까지 도달한다 하더라도, 속도가 줄어 태양계 바깥쪽으로 접근한 가까운 혜성형 소행성에 도달하는 것에 비하면 큰 걸음이 아니다. 이런 소행성에 도달하는 것도 알파 센타우리에 도달하는 것에 비하면 그렇게 많은 노력이 필요한 일은 아니다.

그런 1킬로미터 크기의 얼음 덩어리들에 기지를 만들 수 있다면 섬에서 섬으로 건너가는 것처럼 소행성에서 소행성으로 건너뛰며 혜성 껍질의 가장 바깥쪽까지 나아갈 수 있을 것이다.

2광년이 그런 건너뛰기의 마지막일 것이라고 생각할 필요는 없다. 알파 센타우리도 혜성형 소행성 껍질을 가지고 있지 않다고 믿을 이유는 없기 때문이다. 그럴 이유가 뭐가 있겠는가? (더 복잡한 것을 가지고 있을 수는 있다. 알파 센타우리는 사실 3개의 별이기 때문이다.)

그런 것이 있다면 알파 센타우리와 태양은 서로 충분히 가깝기 때문에 바깥쪽 경계도 상당히 가까울 것이다.

그렇다면 우리는 계속 얼음 사이를 건너갈 수 있다. 수십억 킬로미터를 쉬지 않고 여행하는 일 없이 가장 가까운 별에 도착할 수 있는 것이다. 마치 정상을 정복하기 위해서 중간 기지를 계속 만드는 것처럼.

솔직히 이것이 별까지의 여행을 쉽게 만들어 준다고 말하지는 못하겠다. 하지만 우리가 반드시 **가야 한다면** 이것이 시작하기에 가장 쉬운 방법이다.

11. 2개의 태양을 가진 행성

제목만 보면 옛날식 SF 이야기처럼 느껴지지 않는가?

제목은 옛날식일지 몰라도 상황은 그렇지 않다. 상상할 수 있는 가장 멋진 무대 중 하나는 하늘에 태양이 2개 이상 있는 것이다.

이 상황을 묘사하는 작가는 천문학적인 진실성에 신경 쓸 필요가 없다(보통은 신경 쓰지 않는다). 태양들은 보통 우리의 태양처럼 묘사되고 둘 다(혹은 전부) 하늘에서 독립적으로 움직인다. 작가는 보통 하나의 태양은 막 떠오르고 있고 다른 하나는 머리 위를 지나갔다는 식으로 다채로운 상황을 만든다. 더 다채롭게(실제 색깔의 의미에서) 하기 위해 예를 들면 하나의 태양은 붉은색, 다른 하나는 푸른색으로 설정할 수도 있다. 그리고 2개의 그림자와 다양한 구도와 색깔의 조합을 묘사할 수 있다.*

이것을 보면 우리는 태양이 하나밖에 없고, 그나마 색깔도 없다는 사실에 한숨짓기 충분하다. 아, 잃어버린 영광이여!

하늘에 태양이 2개 이상 있다면 어떻게 **될까**? 물론 다중성(multiple stars)에는 여러 형태가 있다. 둘로 이루어진 것도 있고

---

* 나도 1954년에 이런 이야기를 썼다. 제목은 '미끼(Sucker Bait)'이고 내 책 《화성으로 가는 길과 그 밖의 이야기들(The Martian Way and Other Stories)》(Doubleday, 1955)에서 볼 수 있다. 적어도 나는 이 이야기에서 상황을 합리화하려고 시도했다. 그런데 1941년에는 6개의 태양을 가진 행성에 대한 이야기 〈전설의 밤(Nightfall)〉을 썼다. 이것은 《전설의 밤과 그 밖의 이야기들》(Doubleday, 1969)에 있다. 〈전설의 밤〉은 천문학적으로 가장 있음직하지 않은 상황이지만 나의 가장 인기 있는 단편으로 남아 있다.

더 많은 별로 이루어진 것도 있다. 서로 가까이 있는 것도 있고 멀리 떨어진 것도 있다. 별들이 서로 비슷할 수도, 다를 수도 있다. 하나는 적색거성이고 다른 하나는 백색왜성일 수도 있다.

하지만 그런 계를 굳이 만들어 내거나 이상하고 특이한 것을 찾지는 말자. 사실 우리는 바로 뒷마당에 그런 예를 가지고 있다. 태양에서 가장 가까이 있는 별, 너무 가까워서 팔을 뻗으면 닿을 만한 거리에 있는 별, 40,000,000,000,000킬로미터밖에 떨어지지 않은 바로 이웃에 있는 별인 알파 센타우리가 바로 다중성이다.

우리의 지구가 알파 센타우리계에 있다고 가정해 보자. 그러면 어떻게 될까?

먼저 알파 센타우리는 어떻게 생겼을까?

알파 센타우리는 남반구 하늘에 있는 별이다. 북위 30도 북쪽에서는 결코 보이지 않는다. 미국에서는 절대 볼 수 없고 나도 본 적이 없다. 그리고 고대 그리스인들도 전혀 보지 못했다.

코르도바, 바그다드, 다마스쿠스에 있는 중세 아랍의 주요 천문대들도 모두 북위 30도보다 북쪽에 있다. 어쩌면 아라비아와 사하라사막에 살던 아랍인들은 가끔씩 남쪽 지평선 근처에서 밝은 별을 보았을 수 있지만 지식인들에게 전달되지는 않은 것으로 보인다.

문제는 하늘에서 세 번째로 밝은 별인 알파 센타우리에 이름이 없다는 것이다. 그리스인들도 아랍인들도 이름을 붙이지 않았다('알파 센타우리'라는 이름은 공식적인 '천문학'에서의 이름이다).

물론 1400년대 유럽인들이 아프리카 해안을 따라 내려갔을 때 그 밝은 별은 금방 눈에 띄었을 것이다. 천문학자들도 유럽에서는 보이지 않는 남반구 하늘의 별 지도를 그리기 위해 여행을 다녔다. (그 첫 번째가 핼리혜성으로 유명한 에드먼드 핼리였다. 핼리는 1676년 스무 살의 나이에 훗날 나폴레옹 덕분에 유명해진 세인트헬레나섬으로 가서 남반구 별들의 지도를 만들었다.) 천문학자들은 고대인들이 하늘을 관측해 온 것과 같은 방법으로 남반구 별자리들을 완성했다.

당연히 라틴어로 이름을 지었고, 이미 있는 이름들과 잘 어울리도록 신화 속 동물들의 이름을 사용했다(현대에 발견된 행성들이 이전에 있었던 것과 잘 어울리도록 신화 속 이름을 사용하는 것과 마찬가지로). 남쪽 하늘의 별자리 중에서 눈에 띄는 것에는 '센타우르(Centaur)'라는 이름이 붙었다. 라틴어로 이것은 센타우루스(*Centaurus*)이고 이것의 소유격이 센타우리(*Centauri*)이다.

센타우루스자리에는 2개의 1등급 별이 있다. 더 밝은 쪽이 알파 센타우리이고 또 하나가 베타 센타우리다. '알파'와 '베타'는 그리스 알파벳의 처음 두 글자지만 그리스어에서 '첫 번째'와 '두 번째'를 나타내는 숫자로도 쓰였고 과학자들에 의해 계속 사용되고 있다. 그러니까 이 별들의 이름을 해석하면 '센타우르의 첫 번째 별'과 '센타우르의 두 번째 별'이 된다.

알파 센타우리의 밝기는 0.06등급으로, 앞에서 말한 대로 하늘에서 세 번째로 밝은 별이다. 그보다 더 밝은 별은 카노푸스(-0.86)와 시리우스(-1.58)뿐이다.

(등급의 값이 작을수록 로그 비율로 더 밝다. 1등급 차이는 밝기로는 2.512배 차이가 난다. 2등급 차이는 2.512 × 2.512배, 즉 6.31배 차이이고 이런 식으로 계속된다.)

1650년경에는 맨눈으로는 하나의 별로 보이는 별이 실제로는 가까이 있는 2개의 별이라는 사실을 알아낼 수 있을 정도로 망원경이 좋아졌다. 1685년 아프리카의 예수회 선교사들이 천체를 관측해 알파 센타우리가 그런 2개의 별이라는 사실을 처음으로 알아냈다. 더 밝은 별은 알파 센타우리 A, 나머지 하나는 알파 센타우리 B가 되었다.

알파 센타우리 A의 등급은 0.3, 알파 센타우리 B의 등급은 1.7이다. 등급 차이 1.4는 알파 센타우리 A가 알파 센타우리 B보다 약 3.6배 더 밝다는 의미다. 별의 실제 밝기를 알려면, 즉 밝기를 태양과 비교하려면 알파 센타우리까지의 거리를 알아야 한다.

이 거리는 지구가 태양 주위를 돌면서 위치를 바꿀 때 별의 위치가 약간 바뀌는 것을 측정하여 구할 수 있다. 지구의 움직임 때문에 별의 위치가 조금씩 바뀌는 현상을 별의 시차(視差)라 하고, 이는 별까지의 거리가 커질수록 작아진다. 아주 멀리 있는 별은 시차가 전혀 없기 때문에 가까이 있는 별의 시차를 측정하는 배경이 된다(이 배경이 없으면 시차는 의미가 없다).

하지만 천문학자들은 달, 태양, 행성의 시차를 측정하는 데는 성공했지만 그 뒤로 수백 년 동안 별의 시차를 측정하는 데는 성공하지 못했다. 사실 가장 가까운 별의 시차도 너무 작아서 측정하기가 어렵다.

또 다른 문제는, 시차를 모르면 어떤 별이 가까이 있는지 또는 멀리 있는지 알 수가 없다는 것이다. 그렇다면 어떤 별이 시차를 측정하는 대상이고 어떤 별이 배경이 되는 별인지 어떻게 알 수가 있을까?

천문학자들은 모든 조건이 같다면 밝은 별이 어두운 별보다 더 가까이 있다고 가정했다. 그리고 큰 고유운동(별 자신의 움직임 때문에 위치가 바뀌는 운동으로, 앞뒤로 왕복하는 시차와 달리 언제나 한 방향으로만 움직인다)을 갖는 별이 고유운동이 작은 별보다 가까이 있다고 가정했다. 이 가정이 모든 경우에 들어맞을 필요는 없다. 밝은 별이 어두운 별보다 더 멀리 있을 수 있기 때문이다. 하지만 그러려면 원체 아주 밝아야 한다. 그리고 가까이 있는 별이 아주 빠르게 움직이더라도 우리 시선 방향과 나란하게 움직이면 움직임이 보이지 않는다. 이런 문제에도 불구하고 이 가정들은 적어도 천문학자들에게 출발점을 제공해 준다.

1830년대가 되자 별의 시차 문제에 대한 합동 공격이 시작되었다. 각기 다른 세 나라에서 3명의 천문학자들이 3개의 별을 이용해 이 문제에 도전했다. 토머스 헨더슨(Thomas Henderson, 영국)은 알파 센타우리를 관측했고, 프리드리히 빌헬름 폰 슈트루베(Friedrich Wilhelm von Struve, 독일 태생 러시아인)는 하늘에서

네 번째로 밝은 별인 베가를 연구했다. 두 별 모두 밝을 뿐만 아니라 상당히 큰 고유운동을 가지고 있다. 프리드리히 빌헬름 베셀(Friedrich Wilhelm Bessel, 독일)은 61 시그니(61 Cygni, 백조자리 61)에 노력을 기울였다. 이것은 어두운 별이었지만 특별히 큰 고유운동을 가지고 있었다. 이들은 아주 멀리 있는 것으로 여겨지는 어두운 별들과 이 별들의 위치를 적어도 1년 넘는 시간 동안 비교했다.

세 별 모두 멀리 있는 이웃 별들과 비교했을 때 약간의 위치 변화가 분명하게 관측되었다. 그렇게 (과학에서는 자주 있는 일이지만) 수백 년의 실패 끝에 여러 개의 성공이 거의 동시에 이루어졌다.

베셀이 가장 빨랐다. 1839년, 베셀은 별까지의 거리를 가장 먼저 측정한 사람으로 인정을 받았다. 백조자리 61까지의 거리는 11광년으로 밝혀졌다. 1839년 후반에는 헨더슨이 알파 센타우리까지의 거리를 4광년으로 측정했고, 1840년에는 슈트루베가 베가까지의 거리를 27광년으로 측정했다.

알파 센타우리계의 별들보다 더 가까이 있는 별은 발견되지 않았다.

알파 센타우리까지의 거리가 측정되자 알파 센타우리 A(두 별 중 더 밝은 것)의 밝기가 태양과 거의 같다는 사실은 쉽게 알아낼 수 있었다. 스펙트럼으로 보면 표면 온도도 태양과 같기 때문에 이 별은 지름, 질량, 밝기 등 모든 것이 태양과 똑같은 태양의 쌍둥이로 보인다.

알파 센타우리 B의 온도가 알파 센타우리 A의 온도와 같다면 단위 면적당 밝기도 같을 것이다. 알파 센타우리 B는 밝기가 자기 짝의 3.6분의 1밖에 되지 않기 때문에 면적도 1/3.6이 되어야 한다. 두 별의 지름은 면적의 제곱근이고 (밀도가 같다고 가정하면) 질량은 면적의 세제곱근이다.

그렇다면 알파 센타우리 A의 지름은 알파 센타우리 B보다 1.9배 더 크고 질량은 약 7배 더 크다. (실제로는 알파 센타우리 B가 알파 센타우리 A보다 3배 더 차갑기 때문에 내가 말하는 값은 정확하지 않다. 하지만 이 글의 목적을 위해서는 정확성에 대해 너무 걱정할 필요가 없다.)

두 별은 공통의 중력중심을 기준으로 타원궤도를 돈다. 공전주기는 약 80년이다. 서로 가장 가까울 때는 약 15억 킬로미터 떨어져 있고, 가장 멀 때는 약 53억 킬로미터가 된다.

이제 (상상 속에서) 알파 센타우리계를 우리 태양계에 재현해 보자. 알파 센타우리 A는 모든 면에서 우리 태양의 쌍둥이이므로 우리 태양을 알파 센타우리 A라고 가정하자. 하지만 편의상 그냥 태양이라고 부르겠다.

이제 알파 센타우리 B(그냥 태양 B라고 부르겠다)가 태양 주위를 돈다고 생각해 보자. 복잡함을 피하기 위해서 이것의 지름은 정확히 태양의 절반이고 밀도는 태양과 같으므로 질량은 태양의 8분의 1이 된다고 하자. 이는 알파 센타우리 B의 경우와 정확하게 같지는 않지만 꽤 합리적인 가정이다.

태양 B는 알파 센타우리 A와 B 사이의 평균 거리에서 행성들과 같은 공전궤도면 위를 거의 원궤도로 돈다고 가정한다(역시 정확하지는 않지만 문제는 없다). 그러면 태양에서 3,200,000,000킬로미터 떨어진 궤도를 돌게 된다. 이는 우리 태양계에서 천왕성을 알파 센타우리 B로 바꿔놓은 경우와 거의 같다.

이렇게 하면 지구는 알파 센타우리계와 비슷한 다중성계에 있는 것처럼 된다. 그럼 하늘은 어떻게 보일까?

우선 태양계의 상황이 달라진다. 천왕성, 해왕성, 명왕성은 없어진다. 이들의 궤도는 태양 B에 묻히게 된다. 하지만 이 행성들은 망원경 시대 이전에는 알려져 있지 않았기 때문에 맨눈으로 관측하는 경우에는 달라지는 것이 없다.

그런데 고대부터 알려진 행성들 중 가장 바깥에 있는 토성도 내가 만든 상황에서는 태양 B보다 태양에 더 가깝다. 태양의 중력은 태양 B보다 8배 더 크기 때문에 토성과 토성보다 더 가까이 있는 행성들을 아무 문제 없이 붙잡고 있을 수 있다(아마도 행성들의 궤도에 약간의 재미있는 효과가 발생하겠지만 나는 천문학자가 아니기 때문에 그것을 계산하진 못한다).

태양 B는 태양의 새로운 아주 큰 '행성'처럼 행동할 것이다. 태양과 태양 B는 소행성대에 위치하게 될 질량중심을 기준으로 공전을 할 것이다. 이곳을 중심으로 8년마다 한 바퀴씩 도는 태양의 움직임은 망원경 이전 시대에는 알아채지 못했을 게 뻔하다. 태양이 지구를 포함한 모든 행성을 같이 끌고 다닐 것이기 때문이다. 이 움직임은 지구에서 태양까지의 거리에도, 태양 B

까지의 거리에도 영향을 미치지 못할 것이다.

〔망원경이 발명된 이후에는 (우리를 끌고 다니는) 태양의 움직임이 가까운 별의 시차 변화에 반영되어 알아낼 수 있었을 것이다.〕

그렇다면 태양 B는 우리의 하늘에서 어떻게 보일까?

태양처럼 보이지는 **않을** 게 틀림없다. 다른 행성들처럼 점으로 보일 것이다. 3,200,000,000킬로미터 거리에서 지름 688,000킬로미터는 45초각이 된다. 맨눈으로 볼 때 태양 B는 더 작지만 더 가까이 있는 목성과 비슷한 크기로 보인다.

맨눈 관측자(그리스인이나 바빌로니아인들 같은)들은 별들 사이에서 천천히 움직이는 밝은 점을 하나 더 보았을 것이다. 이것은 다른 행성들보다 더 천천히 움직였을 것이다. 하늘을 한 바퀴 도는 데 토성의 29.5년이나 목성의 12년보다 긴 80년이 걸렸을 것이다. 이것을 본 그리스인들은 태양 B가 다른 행성들보다 지구에서 더 멀리 있다고 (올바르게) 결론 내렸을 것이다.

물론 태양 B에게는 다른 행성들과 특별히 다른 한 가지가 있었을 것이다. 아주 밝았을 것이기 때문이다. 겉보기등급이 -18 정도 되지 않았을까. 이는 태양 밝기의 3,000분의 1밖에 안 되지만 보름달보다는 150배나 더 밝다. 밤하늘에 태양 B가 떠 있으면 지구를 너끈히 밝힐 수 있었을 것이다.

태양 B에는 특이한 것이 또 하나 있었을 수 있다. 밝기처럼 분명한 것은 아니지만 적어도 가능성은 있다.

태양계의 '행성'인데 다른 행성들처럼 위성을 갖지 못할 이유가 어디 있겠는가? (물론 이 위성은 태양을 공전하므로 사실은 행성이지만 용어에 너무 신경 쓰지 말자.)

태양 B는 다른 행성들보다 훨씬 크기 때문에, 위성도 더 크고 더 멀리까지 있을 것이라고 기대할 수 있다.

예를 들면 천왕성 크기의 위성을 가질 수도 있다. (왜 안 되겠는가? 태양에 비했을 때의 목성보다 태양 B에 비했을 때의 천왕성이 훨씬 작다. 태양이 목성을 끌고 다닌다면 태양 B가 천왕성 크기의 행성을 갖는 것은 충분히 합리적이다.)

천왕성은 150,000,000킬로미터 거리에서 태양 B의 주위를 돌 수 있다. (역시 왜 안 되겠는가? 태양 B보다 훨씬 작은 데다, 중력이 만만찮은 태양에 훨씬 가까이 있는 목성도 20,000,000킬로미터 거리에 위성을 가지고 있다. 목성이 그 정도를 유지할 수 있다면 태양 B도 150,000,000킬로미터를 유지할 수 있다.)

천왕성이 지구의 궤도와 같은 평면에서 태양 B 주위를 돈다면 지구 시점에서는 태양 B의 한쪽으로 움직였다가 다른 쪽으로 움직이기를 영원히 반복할 것이다. 천왕성이 태양 B에서 가장 멀리 떨어질 때는 약 3도가 된다. 이것은 태양이나 달의 겉보기 크기의 6배 정도라 지구에서 맨눈으로 충분히 볼 수 있을 것이다.

하지만 그 거리에서 천왕성이 맨눈으로 보일까?

만약 태양 B가 **없다면** 천왕성을 볼 수 **있다**. 태양에서 2,880,000,000킬로미터 떨어져 있고(가상의 태양 B를 놓은 거리와 거의 같다) 등급이 5.7이기 때문에 매우 어두운 별처럼 보인다.

그런데 천왕성이 태양 B 주위를 돈다면 멀리 있는 태양의 약한 빛뿐만 아니라(우리가 보는 천왕성은 이 태양 빛을 반사한 것이다) 훨씬 가까이 있는 태양 B의 더 강한 빛을 반사할 것이 틀림없다.

이 조건에서 천왕성의 평균 등급은 1.7이 될 것이다. 다른 행성만큼은 밝지 않지만 북극성보다는 밝다. 가까이 있는 태양 B 때문에 북극성보다 천왕성을 보기가 더 어렵겠지만 그래도 충분히 보일 것이다. (태양 B가 행성을 더 가질 수도 있겠지만 복잡하게 만들지 말자. 하나만으로도 충분히 복잡하다.)

그리스인들은 예외적으로 밝은 점뿐만 아니라 또 다른(훨씬 더 어두운) 점이 마치 밝은 점에 붙잡혀 있는 것처럼 앞뒤로 왔다 갔다 하는 멋진 장면을 보았을 것이다.

밝기와 눈에 보이는 위성 둘 다 완전히 특별한 요소다. 나는 이것이 신화와 과학 모든 면에서 그리스인의 사상에 흥미로운 변화를 일으켰을 거라는 이론을 가지고 있다.

행성의 '회합 주기(synodic period)'를 포함하고 있는 신화를 먼저 살펴보자(그리스 신화가 그리스 과학보다 더 오래되었으니까). 회합 주기란 우리가 보는 하늘에서 행성과 태양이 만나는 주기다. 목성은 태양과 399일마다 한 번씩 만나고, 토성은 태양과 378일마다 만난다. 태양 B와 태양은 369일마다 만났을 것이다(이는 지구의 공전으로 그 행성이 지구에서 보기에 태양 반대편에 있게 되는 주기를 측정하는 것과 같다).

행성이 태양 가까이 갈수록 밤하늘에 있는 시간은 점점 짧아지고 낮에 하늘에 있는 시간은 점점 길어진다. 일반적인 행성들의 경우 맨눈으로 볼 수 있는 시간이 점점 짧아진다는 말이다. 낮에는 태양 빛이 너무 밝아서 보이지 않기 때문이다. 달조차도 낮에는 잘 보이지 않는다.

하지만 태양 B는 다르다. 보름달보다 150배 더 밝기 때문에 낮에도 분명하게 밝은 점으로 보일 것이다. 태양 안경을 사용하면 바로 태양 가까이 갈 때까지 볼 수 있을 것이 틀림없다.

이제 인류가 어떻게 불을 이용하는 법을 배우게 되었는지에 대해 그리스 신화를 살펴보자. 처음 창조된 인간은 벌거벗고 추위에 떠는 비참한 상태였다. 동물들 중에서 가장 약하고 보잘것없었다. 반신인 프로메테우스가 새로운 창조물을 불쌍히 여겨 태양에서 불을 훔쳐서 인류에게 가져다주었다. 불을 가진 인류는 밤과 겨울과 맹수들을 극복했다. 인류는 금속을 다루고 문명을 발전시켰다.

하지만 제우스는 이에 크게 분노했다. 프로메테우스는 세상의 끝(그리스인들에게는 코카서스산이었다)으로 끌려가 바위에 묶였다. 제우스가 보낸 독수리가 매일 그의 간을 파먹었다. 하지만 밤에는 건드리지 않았다. 밤 동안에는 다음 날의 고문을 위해 간이 회복됐기 때문이다.

자, 보자. 이 모든 것이 태양 B의 움직임과 완벽하게 일치하지 않는가? 매년 태양 B는 프로메테우스의 죄를 저지른다. 낮에 태양에 접근하는 것이 보인다. 이렇게 보이는 유일한 행성이다. 태양에서 불을 훔칠 수 있는 유일한 존재이며 분명히 성공했다. 그러니까 이것이 다른 모든 행성들보다 훨씬 더 밝고, 심지어 달보다도 훨씬 더 밝은 이유 아니겠는가?

더구나 인류에게 불을 가져다주어서 밤하늘에 있을 때는 땅을 어두운 낮처럼 밝혀준다.

하지만 이 행성은 벌을 받았다. 다른 어떤 행성보다 먼 우주의 끝으로 쫓겨났다. 심지어 간을 파먹는 독수리까지 위성의 모습으로 분명하게 보인다. 이 행성이 태양의 불을 훔치느라 바쁠 때 위성은 보이지 않는다(당연히 밝은 태양 빛에 묻히기 때문이다). 행성이 우주 끝으로 쫓겨나 밤에 보이기 시작하면 위성은 나타난다. 위성은 간을 파먹기 위해 밝은 행성에게 접근했다가 회복될 수 있도록 멀어지고 다시 접근하는 과정을 영원히 계속한다.

이 모든 것을 감안할 경우, 만일 태양 B가 하늘에 실제로 존재한다면 프로메테우스라는 이름을 붙이는 일은 불가피하지 않았을까? 그리고 그 위성은 라틴어 이름인 울투리우스(*Vulturius*, 독수리를 뜻하는 'vulture'의 라틴어 이름—옮긴이)가 되었을 것이다.

이상한 상상(상상인 줄 모두 알 테니)을 너무 진지하고 지루하게 늘어놓았다. 하지만 이 책을 읽고 있는 사람 중 누군가가 이것이 우연이라고 하기에는 너무 뭔가에 가깝지 않을까 생각한다 하더라도 놀라지 않을 것이다. 애초에 하늘에서의 이런 상황이 실제로 벌어져서 그에 기반하여 신화가 만들어진 것은 아닐까?

혹 인류가 알파 센타우리 A의 주위를 도는 행성에서 온 것은 아닐까? 약 50,000년 전에 인류가 지구로 이주해 와서 네안데르탈인들을 멸종시키고 '진정한 인간'의 세상을 만든 것은 아닐까? 어떤 파국이 그들의 문명을 파괴하여 새로운 문명을 건설할 수밖에 없게 된 것은 아닐까?

프로메테우스 신화는 알파 센타우리 B가 하늘에 있던 먼 과거에 대한 희미한 기억이 아닐까? 알파 센타우리계가 아틀란티스 신화의 기원인 건 아닐까?

나는 그렇게 생각하지 않는다. 하지만 이 이야기를 SF에 사용하고자 하는 사람은 누구라도 환영한다. 이 개념으로 컬트 종교를 만들려고 하는 사람을 말릴 수는 없겠지만 제발 (나에게 그 교리를 보낼 생각 말고) 그것을 여기서 처음 읽었다는 말은 하지 **말아달라.**

프로메테우스

프로메테우스는 내가 가장 좋아하는 신화이고, 이길 수 없다는 것을 알면서도 궁극적인 힘에 저항한 이 고통받는 반신을 나는 당연히 동정한다.[222쪽 그림]

사실 이 신화는 오늘날 인류기 마주하고 있는 상황에서 볼 때 특히 중요하다. 제우스는 아버지인 크로노스를 이기고 우주를 지배하게 되었다. 그는 자신의 힘을 믿고 힘없는 존재들의 권리와 요구를

PROMETHÉE DÉCHIRÉ PAR UN VAUTOUR.
Prometheus tortured by a Vulture.

Prometheus durch einen Geyer zerrissen.
Prometheus door een Gier verscheurt.

베르나르 피카르, 〈독수리에게 고통받는 프로메테우스〉, 1731

무시했다. 그는 인류에게 관심이 없었으며 프로메테우스가 인류를 걱정해 뭔가를 해주었을 때 프로메테우스에게 제멋대로 불공정한 벌을 주었다.

하지만 프로메테우스는 제우스가 알지 못했던 것을 알고 있었고 그것이 그가 쥐고 있던 카드였다. 제우스는 자기 아버지보다 더 위대한 아이를 낳을 운명을 가진 여신이 있다는 사실을 알고 있었다. 하지만 그 여신이 누군지는 몰랐다. 이것은 그의 애정 생활을 방해했다(제우스는 이 방향으로는 뛰어나고 다재다능했다). 그가 아버지에게 했던 짓을 그에게 할 새롭고 젊은 신의 등장이 언제일지 알 수 없었기 때문이다.

그런데 프로메테우스는 그 여신이 누구인지 알았다. 결국 제우스는 항복할 수밖에 없었다. 그는 절대적인 권력은 존재할 수 없다는 사실을, 약자의 권리를 고려하지 않는 한 그의 처지가 불안할 수밖에 없다는 사실을 배우게 되었다. 프로메테우스는 풀려났고 그 여신이 바다의 여신 테티스라는 사실을 알려줬다. 테티스는 인간인 펠레우스와의 결혼을 강요당했고 아들 아킬레우스를 낳았다. 아킬레우스는 아버지보다는 강했지만 신에는 비할 수 없었다.

오늘날, 인류는 제우스다. 그리고 그리스인들이 생각했던 제우스의 힘보다 더 강력한 힘을 가지고 있다. 인류가 자신의 힘을 제우스처럼 멋대로 불공정하게 사용한다면 인류의 운명도 끝이다. 제우스는 깨달았다. 우리는 어떨까?

그렇다면 태양 B(혹은 '프로메테우스')는 그리스 과학에 어떤 영향을 미쳤을까?

　현실 세계에서는 문제가 균형을 잡는 데 시간이 걸린다. 서기전 300년까지 만들어진 우주에 대한 인기 있는 그리스의 이론은 지구가 중심에 있고 하늘의 모든 것은 지구를 중심으로 돈다는 것이었다. 아리스토텔레스의 철학이 이 이론을 지지했다.

　서기전 280년경 사모스의 아리스타르코스는 오직 달만이 지구 주위를 돈다고 주장했다. 지구를 포함한 모든 행성은 태양의 주위를 돈다는 태양 중심 이론을 제안한 것이다. 그는 달과 태양의 상대적인 크기 및 거리에 대한 개념도 가지고 있었다.

　잠시 동안은 아리스토텔레스의 월등한 지위에도 불구하고 아리스타르코스의 관점도 가능성이 있는 것으로 여겨졌다. 하지만 서기전 150년경 니케아의 히파르코스가 지구 중심 이론을 수학으로 너무나 완벽하게 정리한 덕분에 경쟁은 끝났다. 서기 150년경 프톨레마이오스가 지구 중심 이론을 마지막으로 손보았고 그 후 약 1,400년 동안 지구가 우주의 중심이라는 데 대해 아무도 의문을 제기하지 않았다.

　하지만 프로메테우스와 울투리우스가 하늘에 있었다면 그리스인들은 분명히 지구를 중심으로 돌지 않는 천체의 예를 하나 갖게 되었을 것이다. 울투리우스는 프로메테우스 주위를 도니까.

　아리스타르코스는 분명 프로메테우스가 주위를 도는 행성을 가진 또 다른 태양이라고 주장했을 것이다. 유추에 의한 그 주장은 내가 보기에는 분명히 성공했다. 코페르니쿠스의 등장

224

아시모프의 코스모스

이 기다려졌을 것이다.

더구나 울투리우스가 프로메테우스 주위를 도는 운동은 중력의 영향을 분명하게 보여준다. 중력이 지구의 경우로만 한정되고 다른 천체들에는 적용되지 않는다는 아리스토텔레스의 개념은 생겨날 수 없었을 것이다.

뉴턴의 등장 역시 기다려졌을 터다.

그다음엔 어땠을까? 그리스의 천재들은 사라지고 말았을까? 여전히 암흑시대가 등장했을까? 아니면 과학이 2,000년 일찍 시작되어 우리는 지금 우주를 지배하게 됐을까? 아니면 로마 시대에 일어난 핵전쟁으로 살아남지 못하게 됐을까?

이런 식으로 흘러간다. SF의 색깔 있는 그림자에서 시작해, 태양이 영원한 외로운 항해에서 동반성(companion star)을 데리고 있기만 했다면 인류의 역사가 (좋은 쪽으로든 나쁜 쪽으로든) 얼마나 다르게 흘러갔을지 생각해 보게 된 것이다.

12. 반짝반짝 작은 별

어릴 때 나는 우리 태양이 '황색왜성'인지 뭔지로 불리고, 잘난 사람들이 태양을 우리은하의 별로 중요하지 않은 구성원으로 취급한다는 사실을 알고는 큰 충격을 받았다.

그전에 나는 너무나 당연하게 별들은 무척 작은 것이라 생각했고 내가 읽은 모든 것이 그 생각을 확인해 주었다. 작은 별들에 관한 동화는 수도 없이 많았고 (내가 본 바에 따르면) 별은 태양과 달의 아이들이었다. 밝게 빛나는 태양은 아버지, 어둡고 희미한 달은 어머니였다.

이 작은 빛의 점들이 모두 우리 태양보다 더 큰 태양이라는 사실을 알았을 때 나는 하늘의 가족이 무너진 것 같았을 뿐만 아니라 내가 태양계의 구성원이라는 것도 보잘것없는 사실처럼 느꼈다. 나중에 모든 별이 태양보다 큰 건 아니고, 사실 대부분 태양보다 작다는 사실을 알고 쓸쓸하게 안도했다.

나는 그 작은 별들 중 어떤 것들은 매우 흥미롭다는 사실을 발견했다. 그 별들에 대해 이야기하기 위해서 반대쪽 끝에서부터 아시모프 방식을 시작하겠다. 지구와 태양부터 시작하는 것이다.

사실 지구만 태양 주위를 공전하는 것은 아니다. 지구와 태양 둘 다 공동의 중력중심을 공전한다. 당연히 중력중심은 무거운 물체에 더 가까이 있고, 가까운 정도는 두 물체의 질량비에 비례한다.

태양은 지구보다 333,400배 더 무겁기 때문에 중력중심은 지구의 중심보다 태양의 중심에 333,400배 더 가까이 있다. 지구의 중심에서 태양의 중심까지의 거리는 148,592,000킬로미터인데, 이것을 333,400으로 나누면 446이다. 그러므로 지구-태양 시스템의 중력중심은 태양의 중심에서 446킬로미터 지점이 된다.

지구는 이 중력중심을 1년 주기로 공전하고, 태양은 같은 지점을 반지름 446킬로미터의 작은 원을 만들며 항상 지구에서 먼 쪽에 있으면서 공전한다. 물론 이 미세한 움직임을 태양계 밖, 그러니까 알파 센타우리에서 관측하는 것은 거의 불가능하다.

하지만 다른 행성이라면 어떨까? 모든 행성은 태양과 공동의 중력중심을 공전한다. 어떤 행성들은 지구보다 더 무겁고 태양에서 더 멀리 떨어져 있기 때문에 중력중심이 태양의 중심에서 더 먼 곳에 있게 된다. 그 결과는 내가 계산해서 표 32에 정리했다(천문학 교과서에서 이 값을 본 적은 없다).

태양의 반지름은 691,520킬로미터이므로 하나를 제외한 모든 경우의 중력중심은 태양 표면 아래 있다. 목성만이 예외나. 목성-태양 시스템의 중력중심은 태양 표면보다 약 48,000킬로미터 **위에** 있다(당연히 언제나 목성 방향이다).

표 32

행성	태양-행성 시스템의 중력중심과 태양 중심 사이의 거리 (킬로미터)
수성	10
금성	128
지구	446
화성	72
목성	736,000
토성	400,000
천왕성	128,000
해왕성	224,000
명왕성	2,400(?)

태양계에 태양과 목성만 있다면 알파 센타우리에 있는 관찰자는 (원칙적으로) 태양이 약 12년마다 한 번씩 뭔가를 중심으로 작은 원으로 그리며 도는 것을 관측할 수 있을 것이다. 이 '뭔가'는 태양과 다른 물체로 구성되어 있는 시스템의 중력중심이 될 수밖에 없다. 관찰자가 태양의 질량을 대충이라도 알고 있다면 12년의 공전주기를 만들기 위해 얼마만큼 떨어져 있어야 하는지 알 수 있다. 그 거리와 태양이 도는 반지름을 결합하면 다른 물체의 질량을 알아낼 수 있다. 이런 방법으로 알파 센타우리의 관찰자는 목성을 직접 보지 않고도 목성의 존재와 질량, 태양에서의 거리를 알아낼 수 있는 것이다.(지금은 실제로 이런 방법으로 다른 별의 주위를 도는 행성의 질량과 중심 별에서의 거리를 알아낸다.—옮긴이)

하지만 사실 목성에 의한 태양의 흔들림은 알파 센타우리에서 알아채기에 너무 작다. (그들의 도구가 우리보다 더 좋지 않다는 가정에서) 더 큰 문제는 토성, 천왕성, 해왕성도(다른 행성들은 무시해도 된다) 태양을 흔들어서 태양의 움직임을 복잡하게 만든다는 것이다.

그런데 태양의 주위를 도는 물체가 목성보다 훨씬 무겁다고 가정해 보자. 태양은 훨씬 더 크고 훨씬 더 단순한 원으로 돌 것이다. 태양을 공전하는 다른 물체들의 효과가 이 거대-목성의 효과에 묻혀버릴 테니까. 물론 태양은 이런 상황에 있지 않다. 하지만 다른 별에서는 가능할 수도 있지 않을까?

그렇다. 실제로 **가능하다.**

1834년 독일의 천문학자 프리드리히 빌헬름 베셀은 오랫동안 유심히 관측한 결과 시리우스가 하늘에서 물결처럼 움직이고 있다고 결론 내렸다. 이것은 시리우스와 다른 물체의 중력중심이 직선으로 움직이고, 시리우스가 이 중력중심을 (약 50년을 주기로) 물결치듯 움직이면서 공전한다는 가정으로 가장 잘 설명될 수 있다.

그런데 시리우스는 태양보다 약 2.5배 더 무겁다. 관측에서 보이는 것처럼 시리우스가 크게 움직이기 때문에, 짝이 되는 물체는 목성보다 훨씬 더 무거워야 한다. 실제로 목성보다 약 1,000배 더 무거운 것으로 밝혀졌다. 우리의 태양과 비슷한 정도다. 시리우스를 '시리우스 A'라고 한다면 목성 1,000배 무게의 짝은 '시리우스 B'가 될 것이다(알파벳 문자는 다중성계의 구성원 이름을 붙일 때 표준으로 사용된다).

태양만큼 무겁다면 행성이 아니라 별이어야 하지만 베셀은 시리우스 B가 있어야 할 위치에서 시리우스 A의 이웃을 발견할 수가 없었다. 당연해 보이는 결론은 시리우스 B가 연료를 다 태우고 어두워진 수명이 다한 별이라는 것이었다. 수 세대 동안 천문학자들은 이것을 시리우스의 어둠의 짝, '암흑 동반성(dark companion)'이라고 불렀다.

그런데 1862년 미국의 망원경 제작자 앨번 그레이엄 클라크(Alvan Graham Clark)는 자신이 만든 새 18인치(46센티미터—옮긴이) 렌즈를 시험하고 있었다. 그는 렌즈가 만드는 상이 얼마나 선명한지 확인하기 위해서 시리우스를 겨냥했다. 그런데 안타깝게도 클라크의 렌즈에는 문제가 있었다. 시리우스 근처에 있어서는 안 되는 빛의 점이 발견된 것이다. 다행히 그는 렌즈를 다시 갈기 전에 다른 별로 시험해 보았다. 그러자 그 점은 사라졌다! 다시 시리우스를 보니 점이 또 나타났다.

잘못된 게 아니었다. 클라크는 별을 보고 있었던 것이다. 시리우스의 '암흑 동반성'을 본 것이었다. 사실 8등급 별이기 때문에 어두운 게 아니었다. 어둡지는 않았지만 그렇게 밝지도 않았다. 거리를 고려해 보면 이 별은 태양 밝기의 120분의 1밖에 되지 않는, 어둡게 빛나는 재(ashes)였다.

19세기 후반에는 분광학이 등장했다. 특정한 스펙트럼선은 특정한 온도에서만 만들어질 수 있다. 그렇게 별의 스펙트럼으로 별의 표면 온도를 구할 수 있는 것이다. 1915년 미국의 천문학자 월터 시드니 애덤스(Walter Sydney Adams)는 시리우스 B의 스펙트럼을 관측하여 그것이 어둡게 빛나는 재가 아니라 태양보다 약간 더 높은 표면 온도를 지니고 있다는 사실을 발견하고 깜짝 놀랐다!

그런데 시리우스 B가 태양보다 더 뜨겁다면 왜 밝기는 태양의 120분의 1밖에 되지 않을까? 유일한 해결책은 이 별이 태양보다 훨씬 작아서 빛을 내는 표면도 더 작다고 가정하는 방법뿐이었다. 이 별의 온도와 낮은 광도를 고려하면 별의 지름은 약 50,000킬로미터가 되어야 한다. 시리우스 B는 별임에도 불구하고 크기는 천왕성 정도밖에 되지 않는 것이다.

이것은 그동안 어떤 천문학자가 상상했던 별보다 더 작은 흰색의 뜨거운 별이었다. 그래서 시리우스 B와 같은 종류의 별은 '백색왜성'이라고 불린다.

그런데 베셀이 측정한 시리우스 B의 질량은 여전히 유효하다. 이 별의 질량은 여전히 태양과 거의 같다. 그 모든 질량이 천왕성 부피에 들어가려면 시리우스 B의 평균 밀도가 1세제곱센티미터당 38,000킬로그램이 되어야 한다.

20년 전이었다면 애덤스의 발견 결과는 너무나 말이 되지 않아서 모든 추론이 무시되고 스펙트럼선으로 별의 온도를 측정하는 방법에도 심각한 의문이 제기되었을 것이다. 하지만 애덤스의 시대에는 원자의 내부 구조가 연구되어 원자의 질량 대부분이 원자의 중심에 있는 작은 핵에 모여 있다는 사실이 알려져 있었다. 원자가 쪼개져서 그 중심의 핵이 한데 뭉치면 시리우스 B의 밀도도(사실 그보다 수백만 배 더 큰 밀도도) 가능해진다.

시리우스 B는 크기가 작은 것으로도, 밀도로도 최고 기록을 세우지 못한다. 반 마넨(Van Maanen)의 별(발견자의 이름을 딴)의 지름은 9,677킬로미터밖에 되지 않아서 지구보다 작고 화성보다 그렇게 크지 않다. 질량은 태양의 7분의 1이므로(목성 질량의 140배) 밀도는 시리우스 B보다 15배 더 크다. 반 마넨 별의 물질의 1세제곱인치는 8,700톤이 될 것이다.

그리고 반 마넨의 별조차 가장 작은 별이 아니다. 1963년 미네소타 대학의 윌리엄 J. 루이텐(William J. Luyten)은 지름이 약 1,600킬로미터인 백색왜성을 발견했다. 달의 반밖에 되지 않는 크기다.*

물론 백색왜성도 '작은 별'로는 그렇게 만족스럽지 않다. 부피로는 왜소할지 모르지만 질량은 태양 규모고 밀도와 중력의 세기는 거대하다. 그렇다면 부피뿐만 아니라 질량과 온도에서도 작은 별은 무엇일까?

그런 별은 찾기 힘들다. 우리가 하늘을 볼 때는 자동적으로 선별된다. 크고 밝은 별은 모든 방향으로 수백 광년 거리까지 볼 수 있다. 하지만 어두운 별은 상당히 가까이 있어도 보기가 힘들다.

우리에게 보이는 별과 비교하면 우리의 태양은 분명 그다지

* 백색왜성보다 훨씬 더 작고 훨씬 더 밀도가 높은 '중성자별'도 있다. 1963년에 발표된 이 글에 중성자별이 언급되지 않은 충분한 이유가 있다. 중성자별은 1968년까지 발견되지 않았기 때문이다. 하지만 중성자별이 언급되지 않았다고 해서 이 글에 담긴 정보가 쓸모없어지는 것은 아니다.

중요하지 않은 왜성이다. 하지만 바로 우리 주변의 이웃으로 한정시키면 더 정확한 그림이 나온다. 우주에서 어두운 별을 포함한 전체 별을 비교해 볼 수 있는 유일한 부분은 우리 주변뿐이기 때문이다.

스워스모어 대학의 피터 반 드 캠프(Peter Van de Kamp)가 조사한 바에 따르면 우리 주변의 5파섹(16.5광년) 범위 안에는 우리의 태양을 포함해 39개의 항성계가 있다. 이 중 8개에는 보이는 별이 2개 있고 나머지 2개에는 보이는 별이 3개 있으므로 모두 51개의 별이 있다.

이 중에서 우리의 태양보다 훨씬 밝은 별은 정확히 3개이고 이것들을 '백색거성'이라고 부른다. 이 별들은 표 33에 있다.

표 33

별	거리 (광년)	광도 (태양=1)
시리우스 A	8.6	23
알타이르	15.7	8.3
프로키온 A	11.0	6.4

그리고 태양과 밝기가 비슷한 별이 12개(표 34) 있다. 이 별들은 왜성이냐 아니냐를 따지지 않고 '노란 별(yellow stars)'이라고 부른다.

표 34

별	거리 (광년)	광도 (태양=1)
알파 센타우리 A	4.3	1.01
태양	–	1.00
70 오피유키 A	16.4	0.40
타우 세티	11.2	0.33
알파 센타우리 B	4.3	0.30
오미크론$_2$ 에리다니 A	15.9	0.30
엡실론 에리다니	10.7	0.28
엡실론 인디	11.2	0.13
70 오피유키 B	16.4	0.08
61 시그니 A	11.1	0.07
61 시그니 B	11.1	0.04
그룸브리지 1618	14.1	0.04

태양 밝기의 25분의 1이 되지 않는 나머지 별 가운데 4개
가 백색왜성이다(표 35).

표 35

별	거리 (광년)	광도 (태양=1)
시리우스 B	8.6	0.008
오미크론$_2$ 에리다니 B	15.9	0.004
프로키온 B	11.0	0.0004
반 마넨의 별	13.2	0.00016

그러면 남은 32개의 별은 태양보다 훨씬 더 어두울 뿐만 아

니라 훨씬 더 차가워서 붉게 보이는 별이다. 물론 부피가 너무나 커서 태양보다 훨씬 밝은 차가운 붉은 별도 있다(백색왜성의 경우와 반대다). 이 거대한 차가운 별을 '적색거성'이라고 하는데 태양 근처에는 하나도 없다. 멀리 있는 베텔게우스와 안타레스가 가장 유명한 예다.

차갑고 붉고 작은 별은 '적색왜성'이다. 우리에게 가장 가까운 별이 바로 이 별이다. 알파 센타우리 시스템의 가장 어두운 세 번째 별이기도 하다. 이것은 알파 센타우리 C라고 불러야 하지만 우리에게 가장 가까이 있기 때문에 프록시마 센타우리(프록시마는 가깝다는 뜻이다―옮긴이)라고 주로 불린다. 이 별은 밝기가 태양의 23,000분의 1밖에 되지 않기 때문에, 가까이 있음에도 불구하고 아주 좋은 망원경이 있어야 볼 수 있다.

요약하면, 우리 근처에 적색거성은 없고, 3개의 백색거성과 12개의 노란 별, 4개의 백색왜성, 그리고 32개의 적색왜성이 있다. 태양의 바로 이웃을 전형적인 경우라고 생각한다면(그렇게 생각하지 않을 이유가 없다) 하늘에 있는 별들 중 절반은 적색왜성으로 태양보다 훨씬 어둡다. 실제로 우리 태양은 '황색왜성' 중에서 밝기가 상위 10퍼센트 이내에 들어간다!

적색왜성은 우리에게 새로운 것을 제공해 준다. 이 글 시작 부분에서 목성에 의한 태양의 움직임을 이야기하면서, 목성이 훨씬 더 컸다면 그 움직임도 커져서 다른 별에서도 관측이 가능할 것이라고 지적했다.

반대로 태양이 훨씬 더 가벼워도 가능하다. 중요한 것은 두 구성원의 절대적인 질량이 아니라 서로의 질량비다. 그러므로 목성-태양의 비율인 1:1,000은 움직임을 관측하기 불가능하지만 시리우스계의 두 구성원의 질량비는 1:2.5이므로 쉽게 관측할 수 있다.

예를 들어 태양 질량의 절반 정도이고 목성보다 8배 더 큰 질량의 물체가 주위를 돈다면 질량비는 1:60이다. 이 경우의 움직임은 시리우스의 경우만큼 쉽지는 않지만 관측할 수는 있을 것이다.

61 시그니에 대하여 정확하게 그런 움직임이 1943년 스워스모어 대학의 스프라울 천문대에서 관측되었다. 구성원 하나의 이상한 움직임을 통해 세 번째 구성원인 61 시그니 C를 발견한 것이다. 태양 질량의 125분의 1, 목성 질량의 8배인 천체였다. 스프라울 천문대에서는 1960년 랄랑드 21185 별(Lalande 21185)에서 비슷한 움직임을 발견했다.

그리고 1963년, 스프라울 천문대는 태양계 밖에서 세 번째 행성을 발견했다고 발표했다. 바너드별(Barnard's Star)에서였다.(이 세 발견은 모두 피터 반 드 캠프가 발표한 것인데, 이후에 모두 잘못된 것으로 밝혀졌다. 2018년에 바너드별에서 행성이 발견되긴 했지만 캠프가 주장한 것보다 훨씬 더 작은 행성이었다.—옮긴이)

이 별은 1916년 미국의 천문학자 에드워드 에머슨 바너드(Edward Emerson Barnard)에 의해 발견되었다. 아주 이상한 별이었다. 우선 이 별은 6.1광년 거리로, 우리에게 두 번째로 가까운 별이다. 〔한 묶음으로 취급하는 알파 센타우리계에 속한 세 별이 가장 가까운 별로 4.3광년이며, 랄란드 21185가 7.9광년으로 세 번째로 가깝다. 그다음은 울프 359(Wolf 359)와 시리우스계에 있는 두 별인데 각각 8.0, 8.6광년이다.〕

바너드별은 가장 빠른 고유운동을 가지고 있는데, 그 이유 중 하나는 아주 가깝기 때문이다. 1년에 10.3초각을 움직인다. 사실 이는 큰 편이 아니다. 발견된 후 47년 동안 8분각 조금 넘게 움직였을 뿐이다(달의 겉보기 크기의 약 4분의 1이다). 하지만 '항성'으로 보면 이는 엄청나게 빠른 움직임이다. 너무 빨라서 이 별은 '바너드의 달아나는 별' 혹은 '바너드의 화살'이라고 불리기도 한다.

바너드별은 질량이 태양의 약 5분의 1이고 광도는 태양의 2,500분의 1보다 작은 적색왜성이다(프록시마 센타우리보다는 9배 더 밝다).

바너드별을 움직이게 만든 행성은 바너드별 B인데, 이것은 발견된 보이지 않는 3개의 천체 중에서 가장 작다. 태양 질량의 700분의 1이고 목성 질량의 약 1.2배이다. 다시 말하면 지구 질량의 500배 정도다. 밀도가 목성과 비슷하다면 지름 약 160,000킬로미터로 행성 규모의 크기를 갖는다.

이 모든 것은 아주 중요하다. 천문학자들은 순전히 이론적인 추론으로 대부분의 별이 행성을 가지고 있다고 거의 결론 내렸다. 이제 우리는 가장 가까운 이웃에서 적어도 3개의 별이 적어도 하나의 행성을 가지고 있다는 사실을 알아냈다. 우리가 목성보다 큰 규모의 행성들만 발견할 수 있다는 사실을 고려하면 이는 놀라운 결과다. 우리 태양은 목성 규모 1개와 목성보다 작은 규모의 행성 8개를 가지고 있다. 목성 규모 행성을 갖고 있는 별은 목성보다 작은 규모의 가족을 데리고 있을 거라고 생각하는 것이 합리적이다. 그리고 목성보다 작은 규모의 행성만 갖는 별도 많을 것이다.

간단하게 말하면 이런 행성의 발견 결과에 근거할 경우 대부분의 별이 행성을 가지고 있다는 생각은 충분히 그럴듯해 보인다.

태양계가 별들의 충돌이나 충돌에 가까운 근접으로 만들어졌다고 믿었던 한 세대 전에 행성 가족은 매우 드문 것으로 여겨졌다. 이제 그 반대의 결론을 내리려 한다. 동반성이나 행성이 없는 진정 외로운 별은 매우 드문 현상이라고.

바너드별

일반적으로 별들은 무척 멀리 떨어져 있기 때문에 '고정'되어 있다(상대적으로 움직이지 않는 것처럼 보인다는 말이다). 모든 별은 움직이고, 지구의 기준으로 보면 아주 빠르게 움직이지만(초속 수십 킬로미터로) 가장 가까운 별의 거리에서도 그런 속도는 아주 작은 위치 변화밖에 만들지 못해서 수백 년이 지나야 알아볼 수 있다.

물론 망원경을 이용하면 훨씬 더 짧은 시간 안에 작은 변화를 알아볼 수 있지만 그것도 아주 가까이 있는 별들만 가능하다. 특히 그 별이 우리 시선 방향과 수직으로 움직여야 한다.

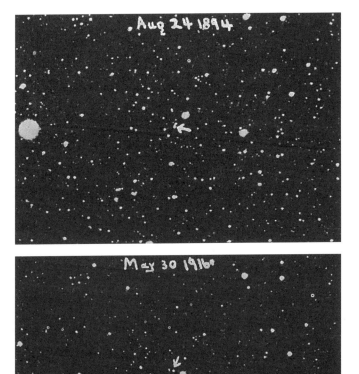

사진: Yerkes Observatory

가장 빠르게 움직이는 별은 '바너드별'이다. 1916년에 미국의 천문학자 E. E. 바너드가 발견했기 때문에 그렇게 불린다. 이 별은 6광년밖에 떨어져 있지 않기 때문에 태양계에서 두 번째로 가까운 별로 주목을 받았다. 더 가까이 있는 유일한 별은 알파 센타우리계에 있는 세 별이다. 그런데 알파 센타우리는 하늘에서 세 번째로 밝은 별인 반면 바너드별은 너무 어두워서 망원경 없이는 볼 수 없다. 알파 센타우리에 있는 2개의 큰 구성원은 태양과 상당히 비슷한 별인데, 바너드별은 작은 적색왜성이기 때문이다.

그래도 바너드별은 우리 시선 방향과 수직으로 움직인다. 그리고 가까이 있기 때문에 겉보기 속도가 1년에 10.3초각으로 다른 어떤 별보다 빠르다. 약 175년 동안 달 크기 정도를 움직인다. 대단해 보이지 않겠지만 별들의 세계에서는 '바너드의 달아나는 별'이라는 이름을 얻기에 충분하다.

사진은 불과 22년 동안 주변의 느리게 움직이는 별들에 대해 바너드별이 움직인 거리를 보여준다.[239쪽 사진]

하지만 광도가 어둡다고 해서 적색왜성이 그렇게 작은 별은 아니다. 가장 작은 적색왜성인 프록시마 센타우리도 질량은 태양 질량 10분의 1보다 작지 않다. 사실 별의 질량은 상당히 균일하다. 부피나 밀도, 광도보다는 훨씬 균일하다. 사실상 대부분의 별의 질량은 태양 질량의 10분의 1에서 10배 사이로, 100배 이내의 범위에 있다.

여기에는 충분한 이유가 있다. 질량이 증가할수록 중심부의 압력과 온도가 증가하는데 복사의 양은 온도의 4제곱에 비례한다. 그러니까 온도가 10배 증가하면 광도는 10,000배 증가한다는 말이다.

그러므로 태양 질량 10배 이상의 별들은 불안정하다. 강한 복사에 의한 압력이 짧은 시간에 별을 부숴버리기 때문이다. 반면에 태양 질량의 10분의 1보다 작은 별은 자체적으로 핵반응을 시작할 만큼 충분히 높은 내부 온도와 압력을 만들어 내지 못한다.

상한선은 꽤 명확하다. 아주 드문 경우를 제외하면, 너무 무거운 별은 부서지기 때문에 존재할 수 없다. 너무 가벼운 별은 거의 빛을 내지 않기 때문에 보이지 않는다. 따라서 하한선은 다소 불명확하다. 작은 천체는 보이지 않아도 존재할 수 있기 때문이다.(현재 관측된 바로는 태양의 약 150배 질량의 별이 흔하지는 않지만 존재하며, 중심부에서 핵융합을 할 수 있는 질량의 하한선은 태양 질량의 0.08배다.—옮긴이)

빛나는 가장 작은 별보다 작은 것은 사실 빛나지 않는 행성이다. 우리 태양계에서 가장 큰 것은 목성으로, 희미하게 빛나는 프록시마 센타우리 질량의 약 100분의 1이다. 16 시그니 C와 같은 천체는 프록시마 센타우리 질량의 12분의 1이다. 당연히 그 사이에 해당하는 질량을 가진 천체도 있을 것이다.

행성치고는 커다란 목성은 중심부의 열이 표면에 닿을 만큼의 열을 만들어 내지 못한다. 목성 표면에 열이 존재한다면 그것은 태양복사에서 얻은 것이다.* 61 시그니 C의 경우도 마찬가지로 보인다.

하지만 훨씬 더 큰 행성을 생각한다면, 내부의 열이 폭발적인 핵반응을 일으킬 정도는 아니어도 액체 상태의 물이 계속해서 존재할 정도로는 충분히 표면을 데울 수 있는 경우가 분명 있을 것이다.

우리는 이것을 초거대 행성이라고 부를 수 있는데, 그 에너지는 적외선으로 방출된다. 그런 천체는 가시광선에서 빛나지는 않지만 우리 눈이 적외선에 민감하다면 이들을 아주 어두운 별로 볼 수 있을 것이다. 그러므로 이들은 초거대 행성이라기보다는 '작은 별'이라고 불리는 편이 더 맞다.

하버드 대학 천문대의 명예 천문대장 할로 섀플리(Harlow Shapley)는 이런 작은 별이 우주에 아주 흔하며, 어쩌면 생명체가 존재할 수도 있다고 생각했다. 지구와 비슷한 밀도를 가진 작은 별의 지름은 약 240,000킬로미터이고 표면 중력은 지구의 약 18배이다. 하지만 바닷속에서 살아가는 생명체에게 중력은 중요하지 않다.

그런(어쩌면 생명체가 있을지도 모를) 작은 별이 어느 날 태양계 가까이로 다가와 우리가 탐험하게 될 가능성이 있을까?

그런 일이 일어나지 않을 거라고 확신할 수는 없다. 밝은 별일 경우에는 아주 멀리서부터 접근을 알아챌 수 있다. 그리고 앞으로 수백만 년 동안 그런 일이 없을 거라고는 확신할 수 있다. 하지만 작은 별은 우리에게 들키지 않고 접근해 올 수 있다.

---

* 최근 목성이 태양복사로 설명할 수 있는 것보다 더 많은 복사를 한다는 사실이 밝혀졌다. 압축된 중심부에서 핵반응이 일어나는 것으로 보인다. 아마도 **아주** 작고 아주 차가운 별일 것이다.(목성의 중심부에서는 핵반응이 일어나지 않는다. 그러므로 별이라고 할 수 없다. 목성은 자체 중력으로 조금씩 수축하고 있고 그 에너지가 열로 바뀐다.—옮긴이)

우리는 절대 모를 것이다. 우리가 반사된 빛이나 외부 행성들에 미치는 중력의 영향을 통해 발견하기 전에 바로 우리 머리 위까지(그러니까 태양에서부터 대략 240억 킬로미터 이내로) 다가올 수도 있다.

그러면 드디어 인류는 작은 별이 어떻게 생겼는지 직접 볼 수 있을 것이다. 그리고 수 세대 동안 어린 시절 불렀던 노랫말을 떠올리게 될 것이다. "반짝반짝 작은 별, 아름답게 비치네."

단, 반짝이지는 않겠지만.

이 글에서 아시모프가 다른 별에 있는 행성이라고 생각한 것은 모두 행성이 아닌 것으로 밝혀졌다. 최초의 외계 행성은 이 책이 나오고 한참 뒤인 1992년(펄사를 도는 행성)과 1995년(보통의 별을 도는 행성)에 발견되었다. 지금은 총 4,000개가 넘는 행성이 발견되었으며, "동반성이나 행성이 없는 진정 외로운 별은 매우 드문 현상"이라는 아시모프의 추정은 지금도 유효하다. 1995년 보통의 별을 도는 외계 행성을 처음으로 발견한 두 사람, 미셸 마요르(Michel Mayor)와 디디에 쿠엘로(Didier Queloz)는 2019년 노벨 물리학상을 수상했다.(옮긴이)

13. 지상의 하늘

이런 글을 쓸 때의 가장 좋은 점은 지속적으로 머리를 훈련시킬 수 있다는 것이다. 나는 독자들의 관심을 끌 만한 뭔가가 있는지 찾기 위해 눈과 귀를 끊임없이 열어두어야 한다.

예를 들어, 오늘 12진법에 대해 질문하는 편지를 하나 받았는데 연상 작용으로 이것이 천문학에 대한 생각으로 이어졌고 더 나아가 내가 알기로는 내가 처음으로 생각한 개념이 떠올랐다. 그것은 다음과 같다.

처음 떠오른 생각은 12진법이 이상한 곳에서 실제로 사용된다는 것이었다. 예를 들어 우리는 12개를 1다스(dozen)라고 하고 12다스를 1그로스(gross)라고 한다. 하지만 내가 알기로 12는 수학자들의 놀이에서만 쓰일 뿐 수의 기본으로는 절대 사용되지 않는다.

반면에 위치를 표시하는 기본으로 사용되는 수는 60이다. 고대 바빌로니아인들은 우리처럼 10을 기본으로 사용했지만 종종 60을 기본으로 사용하기도 했다. 60을 기본으로 하는 수에서는 숫자들의 열을 1부터 59가 채우고 10진법에서 10번째 열이 '60번째' 열이 되며, 100번째 열(10×10)은 '360번째'(60×60) 열이 된다.

우리가 123이라는 숫자를 말하면 이것은 사실 $(1 \times 10^2)+(2 \times 10^1)+(3 \times 10^0)$을 의미한다. 10^2은 100이고, 10^1은 10, 10^0은 1이므로 100+20+3이 되어 123이 되는 것이다.

그런데 바빌로니아인들이 60을 기본으로 123을 쓰면 이것은 $(1 \times 60^2)+(2 \times 60^1)+(3 \times 60^0)$을 의미한다. 60^2은 3,600, 60^1은 60, 60^0는 1이므로 3,600+120+3이 되어 10진법으로는 3,723이 된다. 60을 기본으로 하는 방식을 60진법이라고 한다.

60진법은 소수에도 적용될 수 있다.

10진법에서는 0.156과 같은 소수를 사용하는데 이것은 $0+\frac{1}{10}+\frac{5}{100}+\frac{6}{1,000}$을 의미한다. 보다시피 분모는 10의 곱으로 커진다. 60진법에서 0.156은 $0+\frac{1}{60}+\frac{5}{3,600}+\frac{6}{216,000}$을 의미한다. 3,600은 60×60이고, 216,000은 $60 \times 60 \times 60$이다.

지수 개념을 알고 있다면 $\frac{1}{10}$은 10^{-1}, $\frac{1}{100}$은 10^{-2}이고, $\frac{1}{60}$은 60^{-1}, $\frac{1}{3,600}$은 60^{-2}라는 것을 금방 알 수 있을 터이다. 결과적으로 60진법으로 표현되는 수 (15) (45) (2). (17) (25) (59)는 $(15 \times 60^2)+(45 \times 60^1)+(2 \times 60^0)+(17 \times 60^{-1})+(25 \times 60^{-2})+(59 \times 60^{-3})$을 의미한다. 원한다면 이것이 10진법으로 어떤 수가 되는지 계산해 보라. 나는 지금 바로 해볼 계획이다.

전반적으로 순수 학문적인 영역일 수도 있지만, 사실 우리는 2가지 중요한 방법으로 60진법을 여전히 사용하고 있다. 이에 대해서는 그리스 시대로 거슬러 올라간다.

그리스인들은 계산법이 복잡했던 바빌로니아인들에게서

지상의 하늘

60을 기본적인 수로 사용하는 방식을 도입했다. 60은 많은 수로 나누어떨어져서 소수를 피하기에 가장 좋기 때문이었다(소수를 피하는 것을 누가 좋아하지 않겠는가?).

예를 들어, 그리스인들은 원의 반지름을 60개로 나누어 이것을 반지름의 절반, 3분의 1, 4분의 1, 5분의 1, 6분의 1, 10분의 1 등으로 언제나 60진법의 정수로 표현할 수 있게 했다. 고대에는 종종 파이(π) 값을 대략적인 값인 3으로 사용했고, 원의 둘레는 π의 2배에 반지름을 곱한 수이기 때문에 원둘레는 반지름의 6배 혹은 60분의 360배가 된다. 그래서 (아마도) 원을 360개의 같은 부분으로 나누기 시작했을 것이다.

그럴 법한 또 다른 이유는 태양이 별들 사이를 365일 조금 넘는 기간에 한 바퀴 돈다는 사실에 있다. 그러면 하루에 약 365분의 1만큼 움직이게 된다. 고대에는 며칠 차이를 크게 문제 삼지 않았고 360이란 숫자가 훨씬 더 다루기 쉬웠기 때문에 하늘을 360개로 나누고 태양이 하루에 (대략) 그중 하나만큼 움직이는 것으로 정했을 것이다.

원의 360분의 1을 '도(degree)'라고 하는데 이것은 '계단'을 의미하는 라틴어에서 왔다. 태양이 긴 원형 계단을 움직이는 것으로 본다면 하루에 (대략) 한 계단씩을 움직인다.

계속해서, 60진법을 사용한다면 1도는 60개의 작은 부분으로 나눌 수 있고 이 작은 부분은 다시 60개로 나눌 수 있다. 1도를 60으로 한 번 나눈 것을 라틴어로 '*pars minuta prima*(첫 번째 작은 부분)'이라고 불렀고, 두 번 나눈 것을 '*pars minuta secunda*(두 번째 작은 부분)'이라고 불렀다. 이것이 영어로 분(minutes)과 초(seconds)가 되었다.

우리는 도를 (당연히) 작은 원으로 표시하고 분은 1개의 긴 점, 초는 2개의 긴 점으로 표시하는데, 이런 식으로 지구의 특정한 지점을 위도로 표시하면 39°17′42″로 쓸 수 있다. 이는 적도에서의 거리가 39도 더하기 17/60도 더하기 42/3,600도라는 말이다. 이것이 60진법이 아니면 무엇이겠는가?

60진법이 사용되는 또 하나의 분야는 시간이다(원래 천체들의 움직임에 기반한 것이다). 우리는 시간을 분과 초로 나누는데, 1시간 44분 20초란 1시간 더하기 44/60시간 더하기 20/3,600시간이라는 말이다.

초보다 더 작은 단계로 갈 수도 있는데 중세 시대의 아랍 천문학자들은 종종 그렇게 했다. 60진법의 수를 다른 수로 나누어 몫을 10개의 60진법 수로 표시한 사람이 있다는 기록이 있다.

이제 60진법을 당연한 것으로 받아들이고 원의 둘레를 고정된 수로 쪼개는 값을 생각해 보자. 특히 태양, 달, 그리고 행성들이 지나가는 하늘의 원을 생각해 보자.

그런데 하늘에서의 거리를 **도대체** 어떻게 측정하면 좋을까? 테이프를 이용할 수는 없을 것이다. 대신 관측자가 있는 곳이 원의 중심이 되고 하늘을 가로지르는 원호의 양쪽 끝에서 원의 중심을 잇는 선을 그린 다음 그 두 선 사이의 각을 측정한다.

이것을 그림 없이 설명하기가 쉽지 않지만 나는 평소와 같은 굴하지 않는 용감함으로 그렇게 해보겠다. (여러분은 그림을 그려보기를 권한다. 나의 설명이 너무 복잡해질 수도 있으니.)

지름 115피트[35미터]인 원이 있고, 그 원과 같은 중심을 가지면서 지름이 230피트[70미터]인 원, 역시 같은 중심을 갖는 지름 345피트[105미터]의 원이 있다고 하자(이를 '동심원'이라고 하며 마치 과녁처럼 생겼다).

가장 안쪽 원의 둘레는 약 360피트[110미터], 중간 원은 720피트[220미터], 가장 바깥쪽 원은 1,080피트[330미터]다.

이제 가장 안쪽 원의 둘레(360피트)를 1/360로 나누어 길이 1피트 원호의 양쪽 끝에서 원의 중심을 연결하는 선을 그어보자. 원둘레의 1/360은 1도이므로 원의 중심에서 만들어지는 각도는 1도가 된다(이 원호 360개는 원의 둘레를 전부 채우고 이 각은 360도 중심의 전체 공간을 채운다).

1도의 각은 이제 바깥쪽으로 연장되어 2개의 바깥쪽 원을 원호로 자른다. 중간에 있는 원을 2피트 길이의 원호로, 가장 바깥쪽 원을 3피트 길이의 원호로 자르게 된다. 연장된 선은 늘어나는 원의 둘레에 정확히 맞춰서 퍼져나간다. 호의 길이는 달라지지만 원에서 차지하는 비율은 똑같다. 중심에서의 1도의 각은 지름에 상관없이 모든 원둘레의 1도 원호로 이어진다. 이 원이 양성자 하나를 둘러싸든 우주 전체를 둘러싸든 상관없다. (유클리드 공간이라면) 어떤 각도든 어떤 크기든 상관없다.

당신의 눈이 원의 중심에 있고 그곳에 2개의 표시가 있다고 해보자. 두 표시는 원둘레의 6분의 1, 즉 360/6 또는 60도만큼 떨어져 있다. 두 표시에서부터 당신 눈까지 선이 연결돼 있다고 하면 2개의 선은 60도의 각을 이룰 것이다. 당신이 한쪽 표시를 보고 다른 한쪽 표시를 본다면 눈을 60도만큼 움직여야 한다.

그 원이 당신 눈에서 1킬로미터 거리에 있든 수조 킬로미터 거리에 있든 상관없다. 두 표시가 원둘레의 1/6만큼 떨어져 있다면 거리에 상관없이 60도 떨어져 있게 된다. 원이 얼마나 멀리 있는지 전혀 모를 때 정말 사용하기 좋은 측정법이다.

천문학자들은 인류 역사의 대부분 동안 천체들의 거리를 알지 못했기 때문에 각도로 측정하는 것만이 유일한 방법이었다.

잘 믿어지지 않는다면 길이 단위를 사용해 보자. 보통 사람들은 보름달의 **겉보기** 크기가 얼마나 되는지 말해 보라고 하면 본능적으로 길이 단위를 사용한다. 아마도 신중하게 "30센티미터 정도"라고 대답할 것이다.

하지만 길이 단위를 사용하는 순간 자기도 모르게 특정한 거리를 설정한 것이 된다. 30센티미터짜리 물체가 보름달만 하게 보이려면 33미터 거리에 있어야 한다. 달의 크기를 30센티미터라고 판단한 사람이 달이 실제로 33미터 거리에 있을 거라고 생각할 리는 없다.

각도로 측정할 경우 보름달의 평균 크기는 31분이라고 말하면 되고, 이는 거리에 대한 판단이 들어가지 않았기 때문에 안전하다.

하지만 일반인들에게는 익숙하지 않은 각도 단위를 계속 사용하려면 모든 사람이 명확하게 알 수 있도록 해줄 방법이 필요하다. 가장 흔한 방법은 모두가 알고 있는 익숙한 원으로 거리를 계산하여 달과 같은 크기로 보이게 하는 것이다.

그런 원의 하나로 25센트 동전이 있다. 이 동전의 지름은 0.96인치이므로 1인치로 가정해도 크게 틀리지 않는다. 이 동전이 9피트[약 2.7미터] 거리에 있으면 원호 31분이 된다. 이것은 보름달의 크기와 같으므로 이 정도 거리에서 당신의 눈과 달 사이에 이 동전이 있으면 달은 정확하게 가려진다.

이런 생각을 해본 적 없다면 9피트 거리에 있는 25센트 동전(아주 작은 것으로 여겨질 게 분명하다)이 보름달(아마 꽤 크다는 느낌을 갖고 있을 것이다)을 가릴 수 있다는 데 분명 놀랄 것이다. 내가 해줄 수 있는 말은 하나뿐이다. 직접 해보시라!

태양과 달에 대해서는 이런 일을 해볼 수 있지만 이 둘은 모든 천체 중에서 가장 크게 보이는 것들이다. 사실 이들은 (가끔씩 나타나는 혜성을 제외하고는) 원반 모양이 눈에 보이는 유일한 천체들이다. 다른 천체들은 모두 분보다 작거나 심지어 초보다 작게 보인다.

이런 비교를 계속 이어서 어떤 행성이나 별이 1킬로미터 혹은 10킬로미터 혹은 100킬로미터 떨어진 곳에 있는 25센트 동전 크기의 겉보기 지름을 가진다고 말하는 것은 쉽고, 실제로도 그렇게 하고 있다. 하지만 그게 무슨 소용인가? 그 정도 거리에서는 동전을 전혀 볼 수 없고 그 크기를 측정할 수도 없다. 그저 보이지 않는 크기를 다른 말로 표현한 것일 뿐이다.

더 나은 방법이 있어야 한다.

바로 이 지점에서 내가 처음 생각해 낸(그렇기를 바란다) 아이디어가 떠올랐다.

지구를 같은 크기의 텅 빈 부드럽고 투명한 거대한 구라고 가정하자. 그리고 당신은 지구의 표면이 아니라 지구의 중심에서 하늘을 보고 있다고 하자. 그러면 당신은 모든 천체를 지구 표면에 투영된 모습으로 보게 될 것이다.

지구 표면을 천구로 생각하는 것이다.

지구는 우리가 쉽게 각을 측정할 수 있는 구이기 때문에 이 방법은 유용하다. 우리는 위도와 경도가 각도로 측정된다는 사실을 잘 알고 있다. 지구 표면에서 1도는 110킬로미터와 같다 (지구가 완전한 구가 아니기 때문에 생기는 약간의 차이는 무시할 수 있다). 그러므로 1/60도인 1분은 1.83킬로미터, 1/60분인 1초는 30미터와 같다.

그러면 천체의 겉보기 각지름을 알면 그것이 지구 표면에 얼마의 지름으로 그려질지 정확하게 알 수 있다.

가령 평균 각지름이 31분인 달은 지구 표면에 지름 58킬로미터로 그려질 것이다. 이것은 뉴욕 전체를 거의 덮는 크기다.

처음에는 "뭐라고!"하며 놀랄 수 있겠지만 이것은 사실 그렇게 큰 편이 아니다. 당신은 지금 지구 표면에서 6,400킬로미터 떨어진 지구의 중심에서 보고 있다. 6,400킬로미터 거리에서 뉴욕이 얼마나 크게 보일지 생각해 보라. 아니면 지구본에서 뉴욕 크기의 원을 그려보라. 지구 표면 전체에 비해서 얼마나 작은지 알 수 있을 것이다. 달이 하늘 전체에 비해서 아주 작은 것과 마찬가지다. (실제로 하늘을 가득 채우려면 달 크기의 천체가 490,000개 있어야 한다. 지구 표면을 채우기 위해서 지금 그린 달 490,000개가 필요하다는 말이다.)

하지만 이것이 확대 효과를 보여줄 수는 있다. 태양이나 달보다 작아서 멀리 있는 동전으로는 설명할 수 없는 작은 크기의 천체들을 다루는 데 효과가 있다.

표 36

행성	각지름 (초)	직선 지름 (미터)
수성	12.7	390
금성	64.5	1,934
화성	25.1	774
목성	50.0	1,539
토성	20.6	634
천왕성	4.2	130
해왕성	2.4	73

표 36에서는 행성들이 지구에 가장 가까이 왔을 때 가장 큰 각지름을 지구 표면에 투영되는 직선 지름과 함께 보였다.

각지름을 잘 알 수 없는 명왕성은 제외했다. 명왕성의 크기가 화성이 가장 멀리 있을 때의 크기와 비슷하다고 가정한다면 각 지름은 0.2초이고 지름 37미터의 원으로 표시된다.

행성들이 거느리고 있는 위성들도 아주 쉽게 그릴 수 있다. 예를 들어 목성의 큰 위성 4개는 34~56미터 지름에 목성에서 5~22킬로미터 떨어져 있다. 목성의 가장 바깥쪽 궤도를 도는 위성(지름 13센티미터의 원인 목성 IX)까지 목성계 전체는 지름 약 560킬로미터의 원이 될 것이다.

이 모형에서 정말로 흥미로운 것은 별이다. 별들은 행성들과 마찬가지로 원반의 모양을 맨눈으로 볼 수 없다. 그런데 행성들과 달리 별들은 아무리 큰 망원경으로 봐도 원반의 모양이 보이지 않는다. (명왕성을 제외한) 행성들은 보통 크기의 망원경으로도 원반 모양이 보이는데 별들은 그렇지 않다.

몇몇 별들의 겉보기 각지름은 간접적인 방법으로 구해졌다. 가장 큰 각지름을 갖는 별은 아마도 베텔게우스로 0.047초다. 거대한 200인치 망원경으로도 지름을 1,000배 이상 키울 수는 없다. 그 정도 배율에서는 가장 큰 별도 1분각보다 작게 보이기 때문에 맨눈으로 목성을 보는 것보다 더 큰 원반으로 보이지는 않는다. 그리고 대부분의 별들은 베텔게우스보다 훨씬 더 작게 보인다(실제로는 베텔게우스보다 큰 별들도 너무 멀리 떨어져 있기 때문에 더 작게 보인다).

하지만 나의 지구 크기 모형에서 겉보기 지름 0.047초의 베텔게우스는 지름 약 1.4미터의 원으로 나타난다(명왕성은 128미터다).

그런데 각지름의 실제 그림을 그리는 것은 소용없는 일이다. 각지름이 구해진 별이 너무 적기 때문이다. 대신 모든 별이 태양과 실제 밝기가 같다고 가정하자(물론 이것은 사실이 아니지만 태양은 평균적인 별이기 때문에 이 가정이 우주의 모습을 크게 바꾸지는 않을 것이다).

태양은(그리고 모든 별은) 거리에 상관없이 일정한 밝기를 가지고 있다. 태양의 거리가 2배 멀어지면 겉보기 밝기는 4배 감소하고 겉보기 표면적도 같이 감소한다. 우리가 보는 면적당 밝기는 그대로지만 면적이 작아진 것이다. 간단하다.

다른 방향으로 생각해도 마찬가지다. 수성이 태양에 가장 가까이 다가갔을 때도 단위 면적당 밝기는 우리가 보는 것보다 더 밝지 않다. 하지만 우리보다 10배 더 넓은 면적을 보기 때문에 수성에서의 태양은 우리가 보는 태양보다 10배 더 밝다.

모든 별이 태양과 밝기가 같다면 겉보기 면적은 겉보기 밝기에 비례한다. 우리는 태양의 등급(-26.72)과 다른 별들의 등급을 알기 때문에 상대적인 밝기, 상대적인 면적, 그럼으로써 상대적인 지름을 구할 수 있다. 더 나아가 우리는 태양의 각크기를 알기 때문에 별들의 상대적인 지름을 상대적인 각크기로 계산할 수 있고 당연히 지구 스케일에서 직선 지름으로 바꿀 수 있다.

하지만 자세한 계산은 신경 쓸 필요 없다(어쩌면 이미 앞 문단을 건너뛰었을 것이다). 결과는 표 37에 있다.

(베텔게우스가 0.047초의 겉보기 지름을 갖는데도 알테어보다 밝지 않은 이유는 베텔게우스가 태양보다 온도가 낮은 적

색거성이라 단위 면적당 밝기가 훨씬 어둡기 때문이다. 표 37은 모든 별의 밝기가 태양과 같다는 가정에 기반했다는 사실을 기억하라.)

그러면 태양계를 벗어날 경우 어떤 일이 일어나는지 보자. 태양계 안에서는 미터나 킬로미터로 그려야 하는 천체들이 있다. 하지만 태양계를 벗어나면 천체들을 센티미터로 다루어야 한다.

표 37

별들의 크기		
별의 등급	각지름 (초)	직선 지름 (센티미터)
−1(예: 시리우스)	0.014	43.2
0(예: 리겔)	0.0086	26.7
1(예: 알테어)	0.0055	17.0
2(예: 북극성)	0.0035	10.8
3	0.0022	6.78
4	0.0014	4.32
5	0.00086	2.67
6	0.00055	1.70

지구 표면에 있는 이런 작은 덩어리들을 지구의 중심에서 바라보는 것을 상상하면 별들이 얼마나 작게 보이고 망원경으로 왜 원반 모양을 볼 수 없는지 새로운 관점으로 이해할 수 있을 것이다.

맨눈으로 볼 수 있는 별의 수는 약 6,000개이고 그중 3분의 2가 5등급과 6등급의 어두운 별이다. 대부분이 지름 1~2센티미터인 점 6,000개가 찍혀 있는 지구를 그려보면 된다. 아주 가끔씩 좀 더 큰 것도 있다. 겨우 20개만이 최대 지름 15센티미터 정도 될 것이다.

지구 표면에서 하나의 별과 또 하나의 별 사이의 평균 거리는 290킬로미터다. 뉴욕주에는 많아야 2개의 별이 있고, 미국에는(알래스카 포함) 100개 정도의 별이 있다.

보기와는 달리 하늘에는 빈 공간이 아주 많다.

물론 이는 눈에 보이는 별들만을 고려한 것이다. 망원경으로 보면 맨눈에는 보이지 않는 무수히 많은 별을 볼 수 있고, 200인치 망원경은 22등급의 별의 사진까지 찍을 수 있다.

22등급의 별을 지구 스케일에 그리면 지름이 0.001센티미터밖에 되지 않는 박테리아 정도 크기가 된다(지구 표면에 있는 빛나는 박테리아를 6,000킬로미터 떨어진 지구 중심에서 볼 수 있는 것은 현대 망원경의 놀라운 성능 덕분이다).

이 등급까지에 속해 있는 별의 수는 대략 20억 개다. 〔우리 은하에는 적어도 1,000억 개의 별이 있는데 그 대부분이 먼지 구름에 완전히 가려져 있는 은하의 핵에 위치한다. 우리에게 보이는 20억 개는 우리 주변의 나선 팔(spiral arms)에 있는 이웃들일 뿐이다.〕

이것들을 지구에 그리려면 이미 그린 6,000개의 점에다가 20억 개의 가루(대부분 지름 1센티미터 이하)를 뿌리면 된다. 그중 극소수는 볼 수 있을 정도로 크지만 대부분은 미시적인 크기다.

이렇게 많은 가루를 뿌려도 지구 스케일에서 별들 사이의 평균 거리는 500미터다.

이는 내가 예전에 나에게 던졌던 질문에 대한 답을 준다. 큰 망원경으로 찍은 사진에서 수많은 별을 보고 어떻게 이런 많은 가루들 너머로 그 뒤에 있는 은하들을 볼 수 있을까 너무나 궁금했던 것이다.

별의 수는 엄청나게 많지만 그들 사이의 깨끗한 공간은 여전히 상대적으로 매우 넓다. 우리에게 닿는 별빛은 모두 1등급 별 1,100개의 빛과 같은 것으로 계산된다. 이는 모든 별을 한군데 모으면 (지구 스케일에서) 지름 5.6미터가 된다는 말이다.

그러니까 모든 별을 합쳐도 하늘에서 명왕성만큼의 영역도 차지하지 못하는 것이다. 사실 달 혼자서 하늘에 있는 천체, 행성, 위성, 소행성, 별 들을 모두 합친 것의 300배에 가까운 영역을 차지한다.

먼지구름만 아니라면 우리은하 밖의 우주를 보는 데는 아무런 문제가 없다. 먼지구름이 유일한 장애물이고 이 문제는 우주에 망원경을 설치한다 하더라도 피할 수 없다.

우주가 지구 표면에 실제로 투영될 수 없다는 건 정말 안타까운 일이다. 월러스의 7개의 빗자루를 가진 7명의 하인을 보내("seven maids with seven mobs", 《이상한 나라의 앨리스》의 저자 루이스 캐럴의 시 〈The Walrus and The Carpenter〉에 나오는 구절이다―옮긴이) 우주의 먼지를 청소하게 할 동안만이라도 그럴 수 있다면 좋을 텐데.(적외선은 먼지구름을 통과하기 때문에 적외선 망원경을 사용하면 먼지구름 너머의 우주를 볼 수 있다.—옮긴이)

그랬다면 천문학자들이 얼마나 행복해할까!*

* 나는 하늘을 지구에 그린다는 개념을 내가 떠올린 가장 기발한 생각이라고 진심으로 생각해 왔다. 그런데 1961년 이 글이 처음 발표된 지 10여 년이 지난 지금까지 "와 아이작, 이거 정말 기발해"라고 쓴 편지를 한 통도 받지 못했다. 이럴 수가······.

14. 반짝이는 자

우주의 크기에 대한 천문학의 관점은 언제나 갑자기 변했다. 항상 더 큰 쪽으로. 가장 최근의 변화에는 전쟁 중의 암흑 상태가 큰 역할을 했다.

사실 세기가 바뀌던 시기만 해도 천문학자들에게는 우주의 크기에 대한 막연한 개념밖에 없었다. 당시까지 가장 정확한 관측은 네덜란드의 천문학자 야코뷔스 코르넬리위스 캅테인(Jacobus Cornelius Kapteyn)이 수행한 것이었다. 1906년부터 그는 우리은하 전체를 관측하는 일을 관리했다. 은하의 작은 부분의 사진을 찍어 다양한 밝기의 별의 수를 세었다. 그리고 이 별들이 평균적인 별이라 가정하고 어둡게 보이는 정도를 이용해 별까지의 거리를 계산했다.

캅테인은 우리은하가 렌즈 모양을 하고 있다는 결론에 이르렀다(한 세기 전 윌리엄 허셜의 시대 이후로 꽤 일반적으로 받아들여지던 개념이었다). 은하수는 은하의 렌즈 부분을 멀리서 볼 때 수백만 개의 별들이 구름처럼 보이는 모습이라는 것이었다. 캅테인은 우리은하의 지름을 23,000광년, 두께를 6,000광년으로 측정했다. 당시에는 캅테인뿐만 아니라 누구도 우리은하 밖에 뭔가가 존재할 것이라고 생각하지 못했다.

칼테인은 몇 가지 이유에 기반하여 태양계가 우리은하 중심 근처에 위치하고 있다는 결론도 내렸다. 첫 번째 근거는, 은하수는 하늘에서 거의 정확하게 반으로 나뉘어서 보이므로 우리가 렌즈 모양 은하를 절반으로 자르는 중앙 평면(median plane)에 있어야 한다는 것이었다. 우리가 중앙 평면보다 훨씬 위나 아래쪽에 있다면 은하수는 어느 한쪽 하늘에서 더 밀집해 보였을 것이다.

두 번째 근거는 은하수의 밝기가 모든 방향으로 거의 같다는 것이었다. 우리가 렌즈의 어느 한쪽에 치우쳐 있다면 먼 쪽 방향의 은하수가 가까운 쪽 방향의 은하수보다 더 밀집하고 밝게 보여야 할 것이다.

간단하게 말해서, 지구에서 본 하늘은 대칭적이기 때문에 태양은 우리은하의 중심 근처에 있다는 것이었다.

그런데 하늘이 대칭적으로 보이지 않게 하는 특별한 것이 하나 있었다. 바로 '구상성단'이었다. 그것은 구형에 가깝게 꽤 단단히 묶여 있는 별들의 집합이다. 구상성단은 수십만 개에서 수백만 개의 별들로 이루어져 있고 우리은하에는 약 200개의 구상성단이 존재한다.

구상성단들이 우리은하에 골고루 분포하지 않을 이유는 없으므로 우리가 중심에 있다면 구상성단은 하늘에 골고루 분포해 있어야 한다. 그런데 그렇지 않았다. 구상성단의 상당수는 하늘의 작은 부분에 모여 있었다. 궁수자리와 전갈자리 지역이었다.

이것은 천문학자들을 괴롭히는 이상한 사실이었고, 이런 것은 종종 우주에 대한 새로운 관점을 제공하는 관문이 되어주기도 한다.

이 문제에 대한 해결책과 우주에 대한 새로운 관점은 특정한 종류의 변광성이 제공해 주었다. 변광성은 밝기가 계속 변하는 별, 그러니까 변화무쌍한 별이다.

변광성은 여러 종류가 있고, 밝기가 변하는 방식에 따라 구분된다. 외적인 이유로 밝기가 변하는 별이 있다. 어두운 동반성이 우리를 향해 오는 빛을 가리는 식현상이 일어나는 경우가 외적인 이유의 대부분이다. 페르세우스자리의 별 알골은 69시간마다 식현상을 일으키는 어두운 동반성을 가지고 있다. 식현상이 일어나면 알골은 몇 시간 동안 빛의 3분의 2를 잃어버렸다가(완전히 가렸을 때) 빠르게 다시 밝아진다.

더 흥미로운 별은 내부적인 변화 때문에 **실제로** 밝기가 변하는 별이다. 어떤 별은 크고 작은 힘으로 폭발하고, 어떤 별은 알 수 없는 이유로 불규칙하게 변하고, 어떤 별은 역시 알 수 없는 이유로 아주 규칙적으로 변한다.

마지막 부류에 해당되는, 밝고 알아보기 쉬운 예는 세페우스자리에 있는 델타 세페이라는 별이다. 이 별은 5.37일을 주기로 밝았다 어두워지기를 반복한다. 가장 어두운 시점에서 약 이틀 동안 점점 밝아지다가 가장 밝을 때는 가장 어두울 때의 2배 밝기가 된다. 그리고 다시 가장 어두워지는 데 3.3일이 걸린다. 밝아지는 과정이 어두워지는 과정보다 확실히 더 빠르다.

스펙트럼으로 볼 때 델타 세페이는 맥동하는 별로 보인다. 팽창과 수축을 한다는 말이다. 맥동하는 동안 온도가 일정하다면, 크기가 가장 클 때 가장 밝고 가장 작을 때 가장 어둡다고 쉽게 이해할 수 있을 것이다. 그런데 이 별은 온도도 변해서 가장 뜨거울 때 가장 밝고 가장 차가울 때 가장 어둡다. 문제는 온도가 가장 높고 가장 밝은 지점이 크기가 가장 클 때가 아니라 팽창하여 가장 큰 크기가 되는 도중에 나타난다는 것이다. 온도가 가장 낮고 가장 어두운 지점은 수축하여 가장 작은 크기가 되는 도중에 나타난다. 그러니까 델타 세페이는 가장 밝을 때와 가장 어두울 때의 크기가 거의 같다. 밝을 때는 팽창하는 도중이고 어두울 때는 수축하는 도중이긴 하지만.

은하수

은하수는 하늘을 둘러싸고 있는 부드러운 빛의 띠다. 달이 없는 밤에 마치 희미하게 빛나는 구름처럼 보인다. 밝은 달이나 도시의 불빛 같은 외부의 빛이 있으면 보이지 않는다. 현대의 도시에만 사는 사람은 절대 볼 수 없다(밝은 몇 백 개의 별 이외에는 아무것도 볼 수 없다).

은하수의 정체에 대해서는 고대부터 많은 추측이 있었다. 하늘과 땅을 잇는, 신에게로 가는 사다리로 여겨지기도 했다(이 역할에는 무지개가 더 좋은 후보이긴 하지만). 내가 아는 가장 아름다운 이야기는 은하수가 헤라의 가슴에서 나온 젖이 넘친 것이라는 이야기다(헤라는 그리스 최고의 신 제우스의 아내다).

물론 아주 어두운 수많은 별들이 어둡게 빛나는 안개처럼 보이는

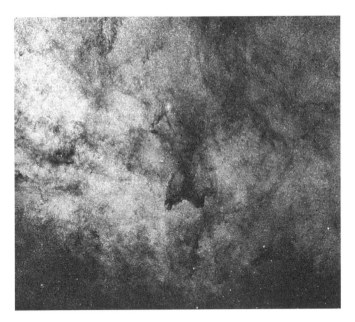

사진: Mount Wilson and Palomar Observatories

것이라고 주장한 천문학자도 몇몇 있었다. 그리고 1610년 갈릴레오가
그의 망원경을 은하수로 향했을 때 그것이 정답이라는 사실이 밝혀졌다.
은하수는 별들로 이루어져 있었고, 실제로 빛나는 가루 입자처럼 보였다.
은하수는 모든 방향으로 거의 같은 밝기로 보인다. 마치 우리가
멀리 있는 별들의 고리에 둘러싸여 있는 것 같다. 이는 별들이 렌즈
모양으로 모여 있고 우리가 대략 그 중심에 있을 때 기대할 수 있는
모습이다. 렌즈의 장축 방향으로 보면(렌즈를 옆에서 보면—옮긴이)
은하수를 이루는 수백만 개의 별들을 보게 된다. 그 수직 방향으로 보면
상대적으로 별이 거의 없기 때문에 은하수와 같은 뿌연 모습은 볼 수
없다.

그런데 은하수는 밝기가 정확하게 같지 않다. 은하수는 궁수자리 방향이
가장 밝게 보인다. 이 사진은 은하수의 그 부분에 있는 별들의 구름을
보여준다.[263쪽 사진] 빛의 점들은 구별이 불가능할 정도로 가까이
모여 있는데, 모든 점이 우리 태양과 비슷한 별이고 태양계 행성들과
비슷한 행성을 가지고 있을 것이다.

성단

별들은 은하에 골고루 퍼져 있지 않다. 별들은 무리를 이루는 경향이
있다. 어떤 무리는 수십 개에서 수백 개의 별로 이루어져 있고, 어떤
무리는 훨씬 더 크다. 수천 개의 별이 무리를 이루고 있으면 중력이
서로를 끌어당겨 구에 가까운 모양이 되고, 중심부의 별들은 몇 천억
킬로미터밖에 떨어져 있지 않게 된다. 여전히 별들 사이의 공간은 넓어서

사진: Mount Wilson and Palomar Observatories

서로 충돌할 위험은 거의 없지만, 별들 사이의 평균 거리가 수십조 킬로미터인 태양계 주변에 비하면 제법 밀집한 것이다.

이런 '구상성단'은 맨눈으로는 볼 수 없다. 이들은 모두 아주 멀리 떨어져 있기 때문에 작은 망원경으로는 작고 뿌연 덩어리로밖에 보이지 않는다. 사실 가장 큰 구상성단인 헤라클레스자리 구상성단도(사진의 성단은 이 성단이 아니지만 모양은 아주 비슷하다) 처음에는 뿌연 덩어리로밖에 기록되지 않았다. 이것은 1781년 프랑스의 천문학자 샤를 메시에(Charles Messier)가 만든 목록의 열세 번째에 있기 때문에 M13이라고 불린다. 약 20년 후 윌리엄 허셜이 더 좋은 망원경으로 M13을 연구하여 이것이 수많은 별들로 이루어져 있다는 사실을 처음으로 기록했다. 우리가 볼 수 있는 가장 큰 구상성단인 헤라클레스자리 구상성단은 100,000개의 별을 분명히 가지고 있고, 수백만 개가 있을 수도 있다.

이 사진의 구상성단은 큰개자리에 있는 것이다.[265쪽 사진] 이 역시 메시에의 목록에 있으며 M3이라고 불린다.

이웃에 있는 안드로메다은하에서도 구상성단을 볼 수 있고, 모든 은하에 비슷한 것이 있을 가능성이 매우 높다. 우리은하와 안드로메다은하에는 200개 정도가 있는 것으로 보이며 작은 은하에는 아마 더 적을 것이다.

크기와 온도가 일치하지 않는데 맥동은 왜 규칙적일까? 그 것은 아직도 의문이다.

델타 세페이의 특징은 충분해서, 천문학자들은 비슷하게 움 직이는 다른 별들을 찾았을 때 이들이 구조가 비슷한 집단에 속하는 별들이라는 사실을 알아챘다. 그 별들은 그 집단 최초의 별의 이름을 따서 '세페이드 변광성'이라고 불린다.

세페이드 변광성들은 주기가 서로 다르다. 짧게는 하루 정도에서 길게는 45일까지 다양하게 분포한다. 가장 가까이 있는 세페이드 변광성들의 주기는 1주일 정도다.

가장 밝고 가장 가까이 있는 세페이드 변광성은 바로 북극성이다. 주기는 4일이지만 밝기는 10퍼센트밖에 변하지 않기 때문에 천문학자가 아닌 사람들이 알아채지 못하는 것은 당연한 일이다. 천문학자들조차 상대적으로 어둡지만 변화가 큰 델타 세페이에 더 관심을 가졌다.

세페이드 변광성과 비슷한 밝기 변화를 갖는 별들이 구상성단에서 발견된다. 일반적인 세페이드 변광성과 가장 큰 차이점은 주기가 아주 짧다는 것이다. 이들 중 주기가 가장 긴 것은 하루 정도이고, 주기가 한 시간 반밖에 되지 않는 것도 알려져 있다. 이들은 처음에는 성단 세페이드 변광성이라고 불렸고 평범한 세페이드 변광성은 고전 세페이드 변광성이라고 불렸다. 그런데 성단 세페이드 변광성은 잘못된 이름인 것으로 밝혀졌다. 그런 별은 성단 밖에서도 계속 발견되었기 때문이다.

성단 세페이드 변광성은 지금은 가장 잘 연구된 대상의 이름을 따서 불린다(세페이드 변광성이 그렇듯이). 가장 잘 연구된 대상의 이름이 RR 라이레(RR Lyrae)이기 때문에 성단 세페이드 변광성은 RR 라이레 변광성이라고도 불린다.

마젤란성운

맨눈으로 보면 마젤란성운은 2개의 작은 뿌연 덩어리로 보인다.[269쪽 사진] 마치 은하수가 떨어져 나간 것 같은 모습이다. 거기에는 충분한 이유가 있다. 은하수와 구조 및 거리가 비슷하기 때문이다.

이들은 남반구 하늘 먼 곳에 있기 때문에 유럽인들에게는 보이지 않았고, 1834년이 되어서야 자세히 연구되었다. 희망봉에 스스로가 만든 천문대에서 마젤란성운을 연구한 사람은 존 허셜(천왕성을 발견한 허셜의 아들)이었다.

허셜은 마젤란성운이 은하수처럼 아주 어두운 별들이 모여 있는 것이라는 사실을 알아냈다. 그런데 이것들은 은하수보다 더 먼 곳에 있다. 은하수는 우리은하에 있는 먼 별들로 이루어져 있는데, 마젤란성운은 우리은하 밖에 있는 별들의 집단이다.

우리은하는 100,000광년의 크기에 1,000억 개가 넘는 별이 모여 있는 거대한 집단이다. 마젤란성운은 160,000광년 떨어져 있고 총 약 60억 개의 별을 가지고 있다.

하지만 작은 크기에도 불구하고 마젤란성운은 우리은하에서(적어도 우리가 볼 수 있는 부분) 발견되는 것보다 더 크고 더 멋진 천체들을 가지고 있다. 예를 들어 대마젤란성운의 가장 밝은 별인 S 도라두스 (S Doradus)는 태양보다 약 600,000배 더 밝다.

대마젤란성운에는 타란튤라성운도 있다. 우리은하의 오리온성운과 비슷한 밝은 먼지구름인데 오리온성운보다 5,000배 더 크다.

우리은하 바깥에 마젤란성운보다 더 가까이 있는 천체는 없다. 이들은

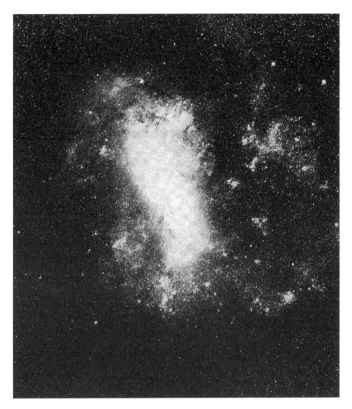

사진: Yerkes Observatory

우리은하의 '위성은하'로 여겨진다.

1912년 헨리에타 레빗(Henretta Leavitt) 여사가 소마젤란성운을 연구하다가 그곳에서 수십 개의 세페이드 변광성을 발견하기 전까지는 이 모든 것이 우주의 크기와 연관이 있을 거라고는 아무도 생각하지 못했다.

(대마젤란성운과 소마젤란성운은 은하수에서 떨어져 나간 것처럼 보이는 2개의 뿌연 덩어리다. 이들은 남반구에서 보이고, 유럽인 중에서는 1520년 페르디난드 마젤란이 세계 일주를 할 때 처음으로 발견했다. 그래서 마젤란성운이라고 한다.)

마젤란성운은 너무 멀리 있어서 별들이 구별되지 않는 안개처럼 보이고, 좋은 망원경으로 봐야만 별로 분해되어 보인다. 이들은 너무나 멀리 있기 때문에 같은 성운에 있는 별 모두가 우리에게서 같은 거리에 있는 것으로 생각할 수 있다. 어떤 별이 성운의 가까운 끝에 있든 먼 쪽 끝에 있든 차이가 거의 없다〔워싱턴에 있는 모든 사람이 보스턴에 있는 어떤 사람에게서 같은 거리(약 4,800킬로미터)만큼 떨어져 있다고 말하는 것과 비슷하다.〕

따라서 소마젤란성운에 있는 어떤 별이 또 다른 별보다 2배 더 밝게 보인다면 실제로 2배 더 밝다는 뜻이다. 상황을 복잡하게 만들 거리의 차이가 없다.

레빗은 소마젤란성운에 있는 세페이드 변광성들의 밝기와

주기를 기록하다가 둘 사이에 매끄러운 상관관계가 있다는 사실을 발견했다. 밝은 세페이드 변광성이 더 긴 주기를 갖는 것이었다. 레빗은 둘의 상관관계를 보여주는 그래프를 그리고 이것을 '주기-광도 곡선'이라고 불렀다.

이 곡선은 우리 근처의 세페이드 변광성에서는 발견할 수 없었다. 바로 거리 차이의 문제 때문이다. 예를 들어 델타 세페이는 북극성보다 더 밝기 때문에 더 긴 주기를 가지고 있다. 하지만 북극성은 델타 세페이보다 우리에게 훨씬 가까이 있다. 그래서 우리에게는 북극성이 더 밝게 **보인다.** 이런 이유로, 더 긴 주기는 더 어두운 별과 관련이 있어 **보인다.** 물론 북극성과 델타 세페이의 실제 거리를 알았다면 사실을 바로잡을 수 있었겠지만 당시에는 거리를 알지 못했다.

주기-광도 곡선이 만들어지자 천문학자들은 이것이 모든 세페이드 변광성에 적용될 것이라 가정했고, 그러면 우주의 규모를 알아낼 수 있었다. 주기가 같은 두 세페이드 변광성을 찾으면 이들의 실제 밝기가 같다고 가정할 수 있다. 세페이드 변광성 A의 밝기가 세페이드 변광성 B의 밝기의 4분의 1밖에 되지 않는다면 세페이드 변광성 A가 세페이드 변광성 B보다 2배 더 멀리 있다고 생각할 수밖에 없다(밝기는 거리의 제곱에 반비례하니까). 주기가 다른 세페이드 변광성의 상대적인 거리를 구하는 것도 아주 조금 더 어려울 뿐이었다. 모든 세페이드 변광성의 상대적인 거리를 구하고 나면 그중 하나의 실제 거리만 알아도 나머지 모두의 실제 거리를 알 수 있다.

여기에 문제는 하나뿐이었다. 별까지의 거리를 구하는 확실한 방법은 그 별의 시차(視差)를 구하는 것이다. 하지만 100광년보다 먼 거리는 시차가 너무 작아서 측정할 수가 없다. 그런데 불행히도 가장 가까이 있는 세페이드 변광성인 북극성도 그보다 몇 배 더 멀리 있었다.

천문학자들은 오랫동안 힘들게 중간 정도 거리에 있는 (구상성단이 아닌) 성단들에 대한 복잡한 통계적인 분석을 수행했다. 그런 방법으로, 그 성단들 중 일부의 실제 거리를 측정해 거기에 포함된 세페이드 변광성의 거리를 구했다. 우주의 크기 모형이 이제 실제 지도가 된 것이다. 세페이드 변광성은 천문학자들이 손에 쥔 반짝이는 자[尺]가 되었다.

1918년 할로 섀플리는 레빗의 주기-광도 곡선을 이용해 RR 라이레 변광성으로 여러 구상성단의 거리를 구하기 시작했다. 섀플리의 결과는 너무 과장된 것으로 밝혀져 이후 10년 동안 하향 조정되긴 했지만 그가 구한 값으로 그려진 우리은하의 새로운 그림은 살아남았다.

구상성단은 우리은하를 옆으로 자르는 중앙 평면 아래위로 둥글게 분포하고 있었다. 구상성단이 분포한 구의 중심은 우리은하 렌즈의 중앙 평면에 있었지만 그 지점은 우리에게서 궁수자리 방향으로 수만 광년 떨어진 곳이었다.

이는 구상성단이 왜 그 방향에서 가장 많이 발견되었는지 설명해 준다.

구상성단의 중심이 우리은하의 중심일 거라고 가정하는 것은 새플리에게는 당연한 일이었다. 그리고 이후 다른 증거들도 이어졌다. 그러니까 우리는 우리은하의 중심이 아니라 한쪽으로 치우쳐 있는 것이었다.

은하수가 하늘을 반으로 나눠놓기 때문에 우리가 여전히 은하의 중앙 평면에 있는 것은 맞다. 그런데 우리가 은하의 중심에 있지 않다면 은하수의 밝기가 전체적으로 같아 보이는 사실은 어떻게 설명할 수 있을까? 답은, 우리은하의 중앙 평면(우리가 있는 곳)이 먼지구름으로 가득 차 있기 때문이다. 이것이 우리와 은하 중심 사이에 있어서 은하 중심부를 완전히 가리는 것이다.

결과적으로 망원경이 있든 없든 우리는 우리은하의 안쪽이 아닌 바깥쪽밖에 볼 수 없다. 우리은하에서 우리는 우리가 가시광선으로 볼 수 있는 부분의 중심에 있고, 그 부분의 크기는 캡타인이 측정한 것과 크게 다르지 않다. 캡타인의 실수(당시로는 어쩔 수 없었던)는 우리가 우리은하 전체를 볼 수 있다고 가정한 것이었다. 그런데 그렇지 않다.

현재 옳다고 여겨지는 최종적인 우리은하의 모형은 지름 100,000광년의 렌즈 모양이며 중심에서의 두께는 20,000광년이다. 두께는 바깥쪽으로 갈수록 얇아지고 태양이 있는 위치(중심에서 30,000광년 거리이고 우리은하 바깥 방향으로 3분의 2 지점이다)에서는 3,000광년밖에 되지 않는다.

우리은하의 크기 측정이 완성되기 전에도 세페이드 변광성을 이용해 마젤란성운의 거리를 결정했다. 그것은 100,000광년이 조금 넘는 값이었다(현재 가장 정확한 값은, 대마젤란성운은 150,000광년, 소마젤란성운은 170,000광년이다). 이들은 우리은하에 충분히 가깝고 우리은하에 비해 아주 작기 때문에 우리은하의 '위성은하'로 여겨졌다.

태양 그리고 이웃의 별들이 우리은하 중심을 한 번 도는 데 2억 년이 걸린다는 사실에서 (은하 질량의 대부분을 가지고 있는) 우리은하 중심의 질량을 구할 수 있다. 그 값은 대략 태양 질량의 90,000,000,000배였다. 태양이 평균적인 질량을 가진 별이라고 가정한다면 우리은하에는 약 100,000,000,000개의 별이 있다고 계산할 수 있다. 두 마젤란성운에는 모두 약 6,000,000,000개의 별이 있다.

1920년대의 의문은 우리은하와 위성은하 밖의 우주에 다른 무언가가 존재하느냐였다. 안드로메다자리에 있는 어두운 안개 같은 구름 덩어리가 가장 큰 의문을 주었다(이것은 맨눈에 달의 절반 정도 크기로 보였고 안드로메다성운이라고 불렸다).

우리은하 안에 있는 것으로 알려진 성운이 몇 개 있었다. 여기에는 성운을 빛나게 만드는 뜨거운(그리고 그렇게 멀지 않은) 별들이 속해 있다. 오리온성운이 그렇다. 하지만 안드로메다성운은 그런 별을 갖고 있지 않았고, 스스로 빛나는 것처럼 보였다. 이 뿌연 덩어리가 은하수와 마젤란성운처럼 (적당한 배율이 되면) 멀리 있는 수많은 개개의 별들로 분해될 수 있을까? 은하수와 마젤란성운을 분해할 수 있는 망원경으로 안드로메다성운을 분해할 수 없었으므로 안드로메다성운은 훨씬 더 멀리 있는 것일까?

답은 1924년 에드윈 허블이 윌슨산에 새로 설치된 100인치 망원경을 안드로메다성운으로 향해서 사진을 찍었을 때 얻을 수 있었다. 성운의 바깥쪽(outskirt)이 별로 분해된 것이다. 그런 다음 새롭게 드러난 별들 가운데 세페이드 변광성을 찾아서 거리를 구했다. 안드로메다성운의 거리는 750,000광년으로 나왔고, 이 값은 이후 30년 동안 출판된 모든 천문학 책에서 볼 수 있다.

거리를 고려하면 안드로메다성운은 분명 은하 크기의 천체다. 그래서 지금은 안드로메다은하라고 불린다. 허블은 안드로메다와 비슷한 형태의 다른 성운들도 은하이고 (우리은하의 가까운 이웃인) 안드로메다은하보다 훨씬 더 멀리 있다는 사실도 알아냈다. 우주의 크기는 수십만 광년에서 갑자기 수억 광년으로 늘어났다.

안드로메다은하

안드로메다자리에 구름처럼 보이는 빛의 덩어리가 있다.[276쪽 사진] 작은 망원경으로는 타원 모양의 안개처럼 보이기 때문에 '안드로메다성운'이라고 불렸다. 약 50년 전까지 이것은 우리은하 안에 있는 전체로 생각되었다. 사실 50년 전까지는 모든 것이 우리은하 안에 있다고 여겨졌다. 100,000개의 별과 밝고 어두운 구름들, 그리고

사진: Hale Observatory

보이지 않는 행성들을 비롯한 천체들이 전체 우주를 구성하고 있었다.

우리은하의 크기는 100,000광년이므로 아주 많은 물질을 담고 있을 것 같아 보이지는 않는다.

그런데 안드로메다성운은 약간 의문이었다. 분광기로 분석한 이 성운의 빛은 밝은 먼지와 기체 구름의 특징으로 보이지 않았다. 그 빛은 별빛과 매우 비슷했지만 둥근 덩어리에는 별이 전혀 보이지 않았다.

안드로메다성운이 은하수처럼 멀리 있는 수많은 별들로 이루어진 구름 같은 것일까? 만일 그렇다면 그 별들은 은하수의 별들보다 더 어둡고 더 멀리 있어야 한다. 은하수가 별들로 이루어져 있다는 사실은 망원경으로 쉽게 알아낼 수 있었지만 안드로메다성운의 경우에는 전혀 그럴 수 없었다. 그것은 안드로메다성운이 우리은하 바깥 먼 곳에 있다는 의미였고, 그렇다면 우주의 크기를 새롭게 보아야 하는 것이다.

이 문제를 해결한 것은, 안드로메다성운에서 평범한 별은 보이지 않지만 훨씬 더 밝게 폭발하는 초신성은 보인다는 사실이었다. 실제로 1885년에 초신성 S 안드로메다가 나타났다.

안드로메다성운은 약 2,300,000광년 떨어져 있는, 우리은하보다 훨씬 큰 은하다. 우리가 맨눈으로 볼 수 있는 가장 먼 천체이기도 하다.

하지만 해결되지 않은 문제가 몇 개 남아 있었다. 하나는 다른 은하들이 모두 우리은하보다 상당히 삭아 보인다는 사실이었다. 하지만 우리은하가 커다란 은하단에서 월등히 커야 할 이유가 어디 있는가?

또 하나는 우리은하와 마찬가지로 안드로메다은하에 구상성단의 헤일로(halo, 은하의 중심부나 원반부 밖에 있는 넓은 공 모양의 영역―옮긴이)가 있다는 것이었다. 그런데 이것들은 우리은하에 있는 것보다 훨씬 더 작고 어두웠다. 왜 그럴까?

세 번째는 은하들의 거리와 우주가 팽창하는 속도를 보면 모든 은하가 출발 지점에 모여 있던 시기가 20억 년 전밖에 되지 않는다는 것이었다. 여기서 문제는 지질학자들이 지구의 나이가 20억 년보다는 훨씬 많다고 강력히 주장한다는 것이다. 어떻게 지구가 우주보다 나이가 많을 수 있단 말인가?

그 답의 시작은 1942년 월터 바데(Walter Baade)가 100인치 망원경으로 안드로메다은하를 다시 봤을 때였다. 그때까지는 은하의 바깥쪽 가장자리만 별로 분해되었고, 중심부는 여전히 안개처럼 보였다. 그런데 바데는 좋은 기회를 얻었다. 당시는 전쟁 중이었기 때문에 로스엔젤레스가 암흑천지가 되었다. 멀리 있는 도시의 희미한 배경 불빛이 사라지자 '시상(seeing)'이 좋아졌다.

안드로메다은하의 안쪽 부분이 분해된 사진이 처음으로 찍혔다. 바데는 안쪽에서 가장 밝은 별들을 연구할 수 있었다.

안쪽에서 가장 밝은 별과 바깥쪽에서 가장 밝은 별들 사이에는 분명한 차이가 있었다. 안쪽에서 가장 밝은 별들은 붉은색이었고 바깥쪽에서 가장 밝은 별들은 푸른색이었다. 이것만으로도 바깥쪽의 별들이 사진에 더 잘 찍힌 이유를 쉽게 설명할 수 있다. 푸른색은 붉은색보다 (특별한 건판이 아니라면) 사진

건판에 더 빨리 자극을 주기 때문이다. 더구나 바깥쪽에서 가장 밝은 (푸른색) 별들은 안쪽에서 가장 밝은 (붉은색) 별들보다 최대 100배나 더 밝았다.

바데가 보기에 안드로메다은하에는 구조와 역사가 다른 두 종류의 별들이 있는 것 같았다. 그는 바깥쪽 별들을 종족 Ⅰ, 안쪽 별들을 종족 Ⅱ라고 불렀다.

종족 Ⅱ의 별은 전체의 98퍼센트로 우주의 대부분을 차지하는 별의 종족이다. 이들은 대체로 나이가 많은 보통 크기의 별로 특징이 거의 비슷하고 주위에 먼지가 없다.

종족 Ⅰ의 별의 경우 나선 팔을 가지고 있는 은하들에서는 먼지가 많은 나선 팔에서만 발견된다. 전체적으로 종족 Ⅱ의 별에 비해서 나이와 구조가 다양하며 아주 젊고 뜨겁고 밝은 별도 있다(아마도 종족 Ⅰ의 별들은 먼지를 빨아들여서 더 무겁고 뜨겁고 밝아지는(마치 사람처럼 과식을 해서 수명이 짧아지는) 것일 수 있다).

태양은 나선 팔에 있으므로 우리의 하늘에 있는 가족 별들은 종족 Ⅰ에 속한다. 우리 태양은 다행히도 시끄러운 집단의 전형적인 별과는 달리 나이가 많고 조용하고 안정적인 별이다.

팔로마산에 200인치 망원경이 건설되자 바데는 두 종족에 대한 연구를 계속했다. 두 종족 모두 세페이드 변광성을 보유하고 있었고, 이는 재미있는 결과를 가져왔다.

(나선 팔이 없는) 마젤란성운의 세페이드 변광성은 종족 Ⅱ에 속한다. 구상성단의 RR 라이레 변광성도 마찬가지다. 실제

거리가 통계적으로 결정된, 중간 거리에 있는 구상성단이 아닌 성단의 세페이드 변광성도 마찬가지다. 다시 말해서 우리은하의 크기와 마젤란성운의 거리를 결정하는 것뿐만 아니라 세페이드 변광성 자를 처음으로 결정하는 과정 모두 종족 II 세페이드 변광성으로 이루어졌다는 말이다. 지금까지는 아무런 문제가 없다.

그런데 외부 은하들의 거리는 어떨까? 허블과 그의 계승자들이 안드로메다와 같은 외부 은하들에서 볼 수 있었던 별들은 나선 팔에 있는 특별히 큰 거성들뿐이었다. 이런 특별한 크기의 거성들은 종족 I 이고, 거기에 속한 세페이드 변광성들은 종족 I 세페이드 변광성이었다. 종족 I 과 종족 II 는 너무나 다른데, 종족 I 의 세페이드 변광성에 종족 II 세페이드 변광성만으로 구해진 주기-광도 곡선을 적용할 수 있을까?

바데는 구상성단의 종족 II 세페이드 변광성과 우리 주변의 종족 I 세페이드 변광성을 열심히 비교한 끝에 1952년 종족 I 세페이드 변광성은 레빗의 주기-광도 곡선에 맞지 않는다는 결과를 발표했다. 주기가 같을 때 종족 I 세페이드 변광성은 종족 II 세페이드 변광성보다 4배에서 5배 더 밝았다. 종족 I 세페이드 변광성을 위한 새로운 주기-광도 곡선이 만들어졌다.

안드로메다은하 나선 팔의 종족 I 세페이드 변광성 모두가 생각했던 것보다 4배 이상 더 밝다면, 지금 보이는 밝기가 되려면(겉보기 밝기는 당연히 그대로다) 생각했던 것보다 2배 이상 더 멀리 있어야 한다. 천문학자들이 외부 은하의 거리를 측정하는 데 사용하던 반짝이는 세페이드 변광성의 자는 알고 있던 것보다 갑자기 약 3배나 더 길어졌다.

이 자로 측정된 가까이 있던 은하들은 갑자기 3배나 더 먼 우주로 밀려갔다. '알려진' 거리에 기반하여 측정된 더 멀리 있는 은하들의 거리도 모두 똑같이 멀어졌다.

우주의 크기는 다시 커졌다. 200인치 망원경은 10억 광년 이내를 보는 것이 아니라 20억 광년 이상을 보게 되었다.

이것은 은하들에 얽힌 의문을 해결했다. 먼저, 모든 은하가 생각했던 것보다 3배 이상 더 멀리 있다면 이들은 생각했던 것보다 (실제로) 더 커야 한다. 모든 은하가 갑자기 커지자 우리은하는 평범한 크기가 되었고 더 이상 가족 중에서 월등히 큰 구성원이 아니게 되었다. 실제로 안드로메다은하는 포함하고 있는 별의 수로 보면 우리은하보다 적어도 2배 이상 크다.

두 번째로, 안드로메다은하 주변의 구상성단들 역시 생각했던 것보다 실제로 더 멀리 있다면 생각했던 것보다 더 밝아야 한다. 안드로메다은하 구상성단의 거리를 고려하면 우리은하 구상성단과 실제 밝기가 비슷해진다.

마지막으로, 은하들이 훨씬 더 멀리 흩어져 있는데 멀어지는 속도 측정값에는 변화가 없다면(멀어지는 속도의 측정값은 그 물체까지의 거리가 달라져도 변하지 않는다) 우주는 최초의 압축된 덩어리에서 현재의 상태가 되기까지 훨씬 더 긴 시간을 지났어야 한다. 이는 우주의 나이가 최소한 50억에서 60억 년이 되어야 한다는 의미다. 이 값에는 지질학자들도 만족했다. 이제 더 이상 지구가 우주보다 나이가 많지 않게 되었다.

천만다행이었다.

15. 고향의 풍경

현재 인류는 달에 가기 위해 노력하고 있지만* 언젠가는 멀리 있는 별을 향해 나아갈 것이라는 희망을 가지고 있다. 고향을 그리워하는 우주비행사가 낯선 행성에서 하늘을 올려다보며 작은 별들 사이에서 넓고 넓은 우주를 가로질러 자신의 고향 별을 찾으려는 시대를 상상해 볼 수 있을까?

감동적인 장면이지만 나에게는 이런 생각이 떠올랐다. 우주비행사는 얼마나 멀리 떨어져서도 여전히 고향을 볼 수 있을까? 이것을 일반화시켜서 질문해 볼 수 있다. 어떤 항성계에 있는 거주자들은 얼마나 멀리 떨어진 곳에서도 여전히 자신이 태어난 태양계를 볼 수 있을까?

이것은 당연히 그 별이 얼마나 밝은지에 달려 있다. 얼마나 밝게 **보이는지**가 아니라 얼마나 **밝은지**라고 했다. 지구 표면에서 우리는 다양한 밝기를 가진 별들을 볼 수 있다. 그 밝기를 결정하는 것은 일부는 별 자체의 밝기이고 일부는 우리에게서 떨어진 거리이다. 원래 밝지 않은 별이 상대적으로 가까이 있기 때문에 밝게 보일 수도 있고, 원래는 밝은 별이 멀리 있어서 어둡게 보일 수도 있다.

* 이 글이 발표된 지 9년 후인 1969년에 달에 갔다.

알파 센타우리와 카펠라를 예로 들어보자. 두 별은 0.1등급과 0.2등급으로 겉보기등급은 거의 비슷하다(등급이 낮을수록 별은 더 밝고, 1등급 낮아질수록 2.52배 더 밝아진다).

그런데 두 별은 우리에게서의 거리가 다르다. 알파 센타우리는 모든 별 중에서 가장 가까이 있는 별로 거리가 1.3파섹밖에 되지 않는다. (이 장에서는 모든 거리를 파섹으로 나타낼 것이다. 이유는 곧 설명하겠다. 1파섹은 3.26광년과 같다.) 반면 카펠라는 14파섹으로 알파 센타우리보다 10배 넘게 멀리 떨어져 있다.

빛의 세기는 거리의 제곱으로 줄어들므로 카펠라의 빛은 알파 센타우리의 빛보다 10×10, 즉 100배 더 약해진다. 카펠라는 알파 센타우리와 비슷한 밝기로 보이니까 실제로는 100배 더 밝아야 한다.

별까지의 거리를 안다면 보정을 할 수 있다. 우리는 별이 표준 거리에 있을 때 밝기가 어떻게 될지 계산할 수 있다. 천문학자들이 실제로 표준으로 사용하는 거리는 10파섹이다(이 장에서 모든 거리를 파섹으로 나타낸 이유다).

알파 센타우리의 겉보기등급(우리가 보는 밝기)은 0.1, 카펠라는 0.2다. 하지만 절대등급(별이 정확하게 10파섹 거리에 있을 때의 겉보기 밝기)은 알파 센타우리가 4.8, 카펠라는 0.6이다.

태양은 알파 센타우리와 실제 밝기가 거의 비슷하다.

겉보기등급과 절대등급, 거리는 방정식 16의 관계로 표현할 수 있다.

$$M=m+5-\log 5D \text{ (방정식 16)}$$

여기서 M은 별의 절대등급, m은 겉보기등급, D는 거리를 파섹으로 나타낸 것이다. 기준 거리 10파섹에서 D의 값은 10이고 log10은 1과 같다. 그러면 이 식은 $M=m+5-5$, 즉 $M=m$이 된다. 우리는 기준 거리인 10파섹에서 겉보기등급과 절대등급이 같아지는 것으로 이 방정식을 확인해 볼 수 있다.

하지만 이 방정식을 좀 더 중요한 곳에 사용해 보자. 우리의 우주비행사는 다른 별의 행성에서 태양을 특별 대우하기를 원한다. 그는 태양을 1등급 별로 만들어 기념하려 한다.

이 방정식은 이런 일이 가능하려면 우리가 얼마나 멀리 있어야 하는지를 알려준다. 태양의 절대등급(M)은 4.86이다. 이것은 변할 수 없다. 겉보기등급을 1등급으로 만들려면 m을 1로 놓으면 된다. 그러면 D의 값은 1.7파섹이 된다.

태양에서 1.7파섹 이내에 있는 별은 알파 센타우리뿐이다. 그러니까 태양이 1등급 별로 보이는 곳은 알파 센타우리계에 있는 행성뿐이고 우주의 다른 행성계에서는 불가능하다는 말이다. 예를 들어 시리우스는 우리에게 아주 가까이 있지만(3파섹보다 가까이 있으므로, 실제 밝기는 카펠라의 6분의 1밖에 되지 않지만 하늘에서 가장 밝게 보이는 별이다) 시리우스에서도 태양은 2등급 별로밖에 보이지 않는다.

이제 기념하기는 포기한 우리의 우주비행사는 그래도 고향이 그립기 때문에 1등급까지는 아니더라도 어렴풋이나마 고향을 보기를 원한다.

겉보기등급이 6.5등급인 별은 이상적인 시상 환경에서 시력이 아주 좋은 사람의 눈에 겨우 보이므로 m을 1 대신 6.5로 놓고 새로운 D 값을 구해보면 그 값은 20파섹이 된다. 태양이 맨눈으로 거의 보일 정도의 거리 한계는 20파섹이다.

물론 태양은 이 거리의 모든 방향에서 보인다(먼지구름 같은 것에 가려지지 않는다면). 그러므로 태양을 중심으로 반지름 20파섹의 구 안에 있는 곳에서는 어디서나 맨눈으로 태양을 볼 수 있다. 이 구의 부피는 약 32,000세제곱 파섹이다.

꽤 커 보이지만 태양 주변에서의 별의(혹은 다중성의) 밀도는 100세제곱 파섹에 4.5개 정도다. 그러므로 태양을 볼 수 있는 구 안에는 약 1,450개의 별 혹은 다중성이 있다. 우리은하에는 약 1,000억 개의 별이 있으므로 우리에게 맨눈으로 보이는 항성계의 수는 우리은하에 있는 별의 수에 비하면 미미한 정도에 불과하다.

이것을 다르게 표현할 수도 있다. 우리은하 렌즈 모양의 전체 길이는 약 30,000파섹이다. 태양을 볼 수 있는 영역은 이것의 겨우 800분의 1밖에 되지 않는다.

우리가 우리은하 여기저기를 돌아다닌다면 향수에 젖은 눈을 들어 외계의 하늘을 보아도 우리의 고향을 볼 수 없는 것을 당연하게 여기게 될 것이다.

하지만 우리 자신을 너무 불쌍하게 여길 필요는 없다. 태양보다 훨씬 어두워서 그만큼 더 잘 보이지 않는 별들도 있기 때문이다.

알려진 가장 어두운 별은 'BD+4°4048″의 동반성'이라는 이름이 붙어 있는 별이다. 나는 이 별을 (이 장에서만) 조(Joe)라고 부르도록 하겠다. 분명한 이유는 있다. 조의 절대등급은 19.2등급이다. 이 별은 태양 밝기의 2,000,000분의 1밖에 되지 않기 때문에, 우리에게서 불과 6파섹 거리에 있지만 큰 망원경으로 겨우 보인다.(지금은 이보다 어두운 별이 많이 관측되어 있다.—옮긴이)

공식으로 계산해 보면 조는 0.03파섹 거리에서 맨눈으로 겨우 볼 수 있다. 조가 태양의 위치에 있을 경우 명왕성 거리의 6배 거리만 되면 맨눈에서는 사라진다는 말이다.

우리은하 어디에서도 다중성계의 일부가 아니면 두 별이 이렇게 가까이 있을 가능성은 거의 없다. (조는 **다중성계**의 일부다. '동반성'은 BD+4°4048이다.)

조와 같은 별의 존재는 망원경을 가지고 있지 않거나 조나 조의 동반성 주위를 도는 행성에 살고 있지 않은 종족에게는 완벽한 비밀이다. 조에서 다른 천체로 간 외계인은 자신의 항성계에 있는 행성이 아니라면 어떤 행성에서도 맨눈으로 고향을 볼 수 없다.

반대로 태양보다 밝은 별을 생각해 보자. 절대등급이 1.36

인 시리우스는 100파섹 거리에서 볼 수 있고, 절대등급이 -0.6인 카펠라는 260파섹 거리에서 볼 수 있다. 시리우스는 태양을 볼 수 있는 구의 부피보다 600배, 카펠라는 2,000배 부피에서 볼 수 있다.(태양을 볼 수 있는 거리는 20파섹이므로 시리우스는 5배, 카펠라는 13배 거리에서 볼 수 있다. 이것을 부피로 바꾸면 시리우스를 볼 수 있는 부피는 태양을 볼 수 있는 부피의 125배, 카펠라는 2,197배가 된다. 시리우스를 600배라고 한 것은 계산 실수로 보인다.─옮긴이)

카펠라도 가장 밝은 별은 아니다. 맨눈으로 볼 수 있는 모든 별 중에서 실제 밝기는 리겔이 가장 밝다.(실제로는 백조자리의 데네브가 가장 밝다.─옮긴이) 리겔의 절대등급은 -5.8로 태양보다 20,000배 더 밝고, 태양보다 훨씬 밝은 카펠라보다도 100배 더 밝다.

리겔은 2,900파섹 거리에서 맨눈으로 볼 수 있는데, 우리 은하 넓이의 5분의 1이 넘는다. 이는 정말 대단한 것이다.

우리은하의 많은 영역에서 우리는 밝은 이웃을 통해 적어도 태양의 위치 정도는 알 수 있다는 말이다. 우리는 이렇게 말할 수 있다. "여기서 태양은 보이지 않지만 저기에 있는, 우리가 리겔이라고 부르는 별에 아주 가까이 있어."

하지만 가장 밝은 별이라는 기록은 우리은하의 어떤 구성원도 가지고 있지 않다. 대마젤란성운(약 50,000파섹 거리에 있는 우리은하의 위성은하)에는 S 도라두스라는 이름의 별이 있다. 이 별의 절대등급은 -9다. 이것은 12,500파섹의 거리에서 맨눈으로 볼 수 있다. 이 별은 자신이 속한 작은 은하에서는 어

디서나 보이고, 우리은하에 있었더라도 대체로 어디서나 보였
을 것이다.

물론 폭발하는 별과 비교할 만한 밝기를 가진 보통의 별은
없다. 폭발하는 별에는 두 종류가 있다. 먼저 약 1,000,000년
마다 자신의 질량 1퍼센트 정도를 방출하면서 (일시적으로) 수
천 배 밝아지는 보통의 신성(新星)이 있다. 방출과 방출 사이에는
평범한 별처럼 일반적인 삶을 살아간다. 이런 신성은 절대등급
-9에 이를 수 있는데 이것은 S 도라두스의 평상시 밝기일 뿐이
다. 하지만 S 도라두스는 가장 특이한 별이다. 신성은 분명 우리
태양과 같은 평범한 별보다 1,000,000배 더 밝다.

그리고 초신성이 있다. 초신성은 한 번의 폭발로 1초에 태
양이 60년 동안 방출하는 에너지를 방출하면서 완전히 부서지
는 별이다. 대부분의 질량은 날아가고 남은 것은 백색왜성*이
된다. 이들의 절대등급은 최대 -14에서 -17정도가 되어 큰 초
신성은 S 도라두스보다도 1,500배나 더 밝을 수 있다.

절대등급이 -17에 이르는 큰 초신성이 있다면 가장 밝을
때 500,000파섹 거리에서 맨눈으로 볼 수 있다. 다시 말하면,
이런 초신성이 우리은하 어딘가에서 폭발한다면 우리은하 어디
에서든 (성간 먼지가 가리지 않는다면) 맨눈으로 볼 수 있다는
말이다. 이것은 위성은하인 대마젤란성운과 소마젤란성운에서
도 볼 수 있다.

그런데 우리은하와 가장 가까이 있는 제대로 된 은하인 안

* 지금은 중성자별이 될 가능성이 더 높다는 것을 알고 있다.

드로메다은하 사이의 거리는 약 **700,000**파섹이다. 다른 은하의 초신성은 맨눈으로 볼 수 없다는 말이다. 맨눈으로 볼 수 있는 초신성은 반드시 우리은하나 아니면 적어도 마젤란성운에 있어야 한다.

천문학자들은 우리은하에서 폭발해 온 신성들을 연구했다. 예를 들어 1934년 헤라클레스자리에 나타난 신성은 망원경으로도 보이지 않던 것이 며칠 만에 2등급(북극성 밝기)까지 밝아져 약 3개월 동안 유지되었다. 1942년에는 신성 하나가 한 달 동안 1등급(아르크투루스 밝기)까지 밝아졌다.

신성은 그리 드문 것이 아니다. 은하 하나에서 1년에 20개 정도가 나타난다.

초신성은 완전히 다른 종류라 천문학자들이 자료 모으기 좋아하는 대상이다. 불행히도 이들은 아주 드물다. 은하 하나에서 1,000년에 약 3개의 초신성이 나타나는 것으로 보인다. 그러니까 신성 7,000개에 초신성 하나꼴이다.

당연히 초신성은 우리은하에서 나타났을 때 연구하기 가장 좋기 때문에 천문학자들은 이것을 기다리고 있다.

실제로 우리은하에서는 지난 1,000년 동안 3개의 초신성이 나타났던 것으로 생각된다. 적어도 그 기간에 맨눈으로 볼 수 있는 3개의 아주 밝은 신성이 있었다.

그중 첫 번째는 1054년에 중국과 일본의 천문학자들이 발견했다. 동양 천문학자들의 기록으로 그 위치가 황소자리라는 것을 알게 된 현대의 천문학자들은 신성의 잔해를 찾으려면 어디를 봐야 하는지 잘 알 수 있었다. 1844년 영국의 천문학자 윌리엄 파슨스(William Parsons)는 그 위치에서 이상한 천체를 발견했다. 이것은 좋은 망원경으로 겨우 보이는 작은 별(나중에 백색왜성*으로 밝혀졌다)이었다. 이 별을 둘러싸고 있는 것은 불규칙한 빛나는 기체였다. 기체들이 불규칙하고 뾰족뾰족하게 보였기 때문에 이것은 게성운이라는 이름을 얻었다.

수십 년간 계속 관측한 결과 이 기체는 팽창하고 있었다. 분광 자료는 실제 팽창 속도를 알려주었고 이것을 겉보기 팽창 속도와 비교해 보니 게성운까지의 거리는 약 1,600광년이었다. 기체가 과거 어떤 시점에 바깥쪽으로 폭발했다고 가정하면 그 폭발이 언제 일어났는지 계산할 수 있다. (현재의 위치와 기체의 팽창 속도를 이용해) 그 폭발은 약 900년 전에 일어난 것으로 밝혀졌다. 게성운이 1054년 신성의 잔해라는 것에는 의심이 없어 보인다.

신성이 금성보다 밝으려면 최대 겉보기등급이 -5가 되어야 한다. 이것을 방정식 m에 넣고 D에 1,600을 넣으면 절대등급 M은 딱 -16 정도가 된다. 이 결과와 백색왜성 잔해, 그리고 폭발을 고려해 보면 1054년의 신성이 우리은하 안에서 생겨난 초신성이라는 사실에는 의심의 여지가 없다.

1572년에는 카시오페이아자리에 새로운 별이 나타났다. 이것 역시 금성보다 밝았고 낮에도 보였다. 이번에는 유럽인들에 의해 관측되었다. 사실 마지막이자 가장 유명한 맨눈 천문학자 티코 브라헤는 젊었을 때 이 별을 관측하고 《De Nova

---

* 지금은 더 정확히 알게 되었다. 이 글이 처음 나온 지 10년 후의 새로운 연구에서 이것은 중성자별로 밝혀졌다.

Stella》('새로운 별에 대하여')라는 책을 썼다. 새로운 별을 뜻하는 '신성(nova)'은 이 책의 제목에서 온 것이다.

1604년에는 또 다른 새로운 별이 나타났다. 이번에는 뱀자리였다. 이것은 1572년의 신성만큼은 밝지 않았고, 아마 가장 밝을 때도 화성 정도의 밝기밖에 되지 않았다(겉보기등급 -2.5). 이것은 티코의 말년에 조수를 했던 또 다른 위대한 천문학자 요하네스 케플러가 관측했다.(지금은 케플러 초신성이라고 불리는데《조선왕조실록》에 자세한 관측 기록이 있다.—옮긴이)

그렇다면 1572년과 1604년의 신성은 초신성이었을까? 1054년 신성의 경우와 달리 티코와 케플러가 발표한 지점에서는 백색왜성도, 성운도, 그 어떤 것도 발견되지 않았다. 초신성의 직접적인 증거는 없다. 어쩌면 그냥 평범한 신성일 수 있다.

이들이 절대등급 -9밖에 되지 않는 평범한 신성일 경우 1572년의 신성이 금성보다 밝았다면 거리는 60파섹을 넘지 않아야 한다. 1604년의 신성은 거리가 200파섹일 것이다. 내 생각에 그렇게 가까이 있는 별들은 아무리 어두워도 현대의 망원경으로 안 보이기가 힘들다(물론 이들이 '조'만큼 어둡다면 보이지 않겠지만 그 정도로 어두울 가능성은 높지 않다*).

대부분의 천문학자들이 1572년과 1604년의 신성을 우리은하에서 나타난 초신성으로 보고 있는데, 이는 천문학 역사에서 특이한 경우다. 한 세대에 2개의 초신성이, 그것도 망원경이 발명되기 직전 세대에 나타났고, 이후 아홉 세대 동안 우리은하에는 초신성이 하나도 나타나지 않았다.(1572년과 1604년의 신성

---

* 만일 이들이 초신성으로 생을 마감했다면, 평범한 신성의 경우에는 거의 없지만, 눈에 보이지 않고 아주 빠른 전파를 만들어 내는 천체인 '펄서(pulsar)'가 발견될 수 있을 것이다.

은 지금은 모두 초신성으로 확인되었다. 1572년의 초신성은 '티코 초신성', 1604년의 초신성은 '케플러 초신성'이라고 불린다. 티코 초신성의 거리는 약 3,000파섹, 케플러 초신성의 거리는 약 6,000파섹으로 아시모프가 추정한 것보다 훨씬 멀리 떨어진 곳에 있다. 아시모프는 이것이 초신성이 아니라는 조건에서 거리를 추정했기 때문이다. 이후에 맨눈으로 볼 수 있는 초신성으로는 1987년에 대마젤란성운에서 폭발한 초신성인 SN 1987A가 있다.―옮긴이)

신성

우리의 태양이 세대를 거쳐 매일매일 일정한 비율로 에너지를 방출하는 안정된 별이라고 해서 별들이 원래 안정적이라고 생각해서는 안 된다. 우리 태양이 잘 균형 잡힌 별인 것은 우리의 행운일 뿐이다. (사실 이는 앞뒤가 바뀐 말이다. 태양이 잘 균형 잡힌 별이 아니었다면 지구에 생명체가 등장하지 못했을 테고, 설사 등장했다 하더라도 금방 없어졌을 것이다. 우리가 여기 있다는 사실 자체가 태양이 잘 균형 잡힌 별이라는 사실을 보여주므로 거기에 대해서 고마워할 필요는 없다.)

모든 별은 반대되는 두 요소 덕분에 존재한다. 별의 구성물들을 단단하게 끌어모으는 중력과 팽창시키는 내부의 열이 그것이다. 중력과 압축이 중심부의 엄청난 온도와 압력을 만들어 내고 그것이 팽창하는 힘을 만들므로, 별이 팽창하지도 수축하지도 않는 어떤 지점에 머물러 있으려면 정교한 균형이 잡혀야만 한다.

어떤 이유로 별이 팽창하기 시작하면 온도가 내려가고 중력이 강해져서 팽창을 약하게 만든다. 별이 수축하기 시작하면 중심부의 온도가 올라가서 중력으로 당기는 것을 이기고 다시 팽창하게 된다. 하늘에는

사진: Yerkes Observatory

며칠 혹은 몇 주 주기로 팽창과 수축을 하는 별이 수없이 많다.

이렇게 균형을 잡고 있지만 가끔씩은 계속해서 팽창하여 폭발하는 별도

있다. 그 별은 잠시 동안 너무나 밝아지기 때문에 천문학자들의 주의를

끈다. 그것이 '신성'이다. 아래 사진은 폭발하여 밝아진 신성이고 위는

폭발하기 전의 모습이다.[294쪽 사진]

초신성

초신성은 인류가 의식적으로 하늘을 관측한 이후 계속해서 보아왔던

것이 분명하다. 아주 많이 밝아지지 않는다면 도구 없이 어떤 별이

잠시 밝아지는 것을 확인하기가 쉽지 않았을 것이다. 하지만 평소에는

어두워서 맨눈에는 보이지 않던 별이 보일 정도로 밝아진다면 도구는

필요 없다. 이렇게 하늘에 나타난 '새로운 별'은 결국에는 사라질 것이다.

사실 신성이라는 단어 'nova'는 라틴어로 새롭다는 뜻이다.

기록에 있는 최초의 신성은 서기전 134년 그리스의 천문학자

히파르코스가 발견한 것이다. 이 신성의 등장으로 히파르코스는 (최초의)

별 지도를 만들게 되었고, 1,000개의 별들을 주의 깊게 표시했다.

그렇게 해서 미래에 새로운 별이 나타나면 이전의 별들과 구별해 쉽게

발견할 수 있게 되었다.

평균적으로 1년에 약 40억 개의 별 중 하나가 폭발한다. 그런데 어떤

종류의 폭발일까? 평범한 신성은 폭발할 때 1~2퍼센트 정도의 질량을

잃는다. 그 별에 속한 행성에게는 곤란한 일이겠지만 별 자체에는 큰

영향이 없다. 별은 다시 계속 빛날 것이고 문제가 될 건 거의 없다.

사진: Yerkes Observatory

하지만 어떤 별은 완전히 폭발해서 질량의 최대 10분의 9를 잃는다. 이 엄청난 폭발은 초신성을 만든다. 폭발하는 별 하나가 짧은 시간 동안, 수천억 개의 평범한 별로 이루어진 은하 전체보다 더 밝아진다.

이 사진은 초신성이 아니라 평범한 신성을 가장 밝을 때 과다 노출해서 찍은 것이다. 초신성이 어떻게 보일지를 알려주기 위해서다(1,000광년 정도이고 꽤 가까워야 한다).[296쪽 사진]

안타깝게도 별이 언제 폭발할지 알 방법은 없다. 우리는 초신성이 폭발한 뒤에나 볼 수 있기 때문에 밝아지는 모습이 아니라 어두워지는 모습을 보게 된다.

작은 망원경으로도 초신성의 위치를 정확하게 찾아서 잔해가 지금 어디 있는지 알아낼 수 있다. 분광기가 발명된 후에 초신성이 나타났다면 천문학자들에게는 더 행복한 일이 되었을 것이다.

그리고 실제로 그렇다. 케플러 시대 이후 실제로 약 50개의 초신성이 관측되었다. 하지만 모두 다른 은하에 있었기 때문에 너무 어두워서 스펙트럼으로 알아낼 수 있는 것이 거의 없었다.(지금은 매년 수많은 초신성이 관측되고 있고 당연히 스펙트럼 분석도 이루어지고 있다.—옮긴이)

1604년 이후 가장 밝고 가상 가까운 초신성은 우리의 이웃인 안드로메다은하에서 1885년에 나타났다. 이 별은 겉보기 등급이 7에 이르렀다(이것은 맨눈으로는 보이지 않으며, 앞에서 말했듯이 우리은하나 마젤란성운에 있는 초신성만이 맨눈으로 보인다). 안드로메다은하는 700,000파섹 거리에 있기 때문에 초신성의 절대등급은 −17보다 약간 더 밝을 것이다. 이는 초신성을 포함하고 있는 은하 전체 밝기의 약 10분의 1이다. 안드로메다은하는 우리은하보다 훨씬 크기 때문에 이 초신성은 잠시나마 우리은하의 별 전체를 합친 밝기와 비슷했다고 볼 수 있다.

(사실 천문학자들이 평범한 신성보다 수천 배 더 밝은 신성이 있다는 것을 깨닫고 초신성의 개념을 떠올리게 된 것은 바로 이 초신성의 놀라운 밝기 때문이었다.)

1885년의 초신성은 망원경과 분광기로 관측되어, 월등하게 가까웠던 1572년과 1604년의 초신성보다 더 잘 연구되었다. 하지만 천문학자들은 아직도 정확하게 이해하지 못하고 있다. 분광기로는 아직 사진을 찍을 수가 없었다. 1885년의 초신성이 20년 뒤에 폭발했거나 지구에서 20광년 더 멀리 있었다면(그렇다면 우리에게 도달하는 데 20년이 더 걸렸을 것이므로) 스펙트럼을 사진으로 찍어서 더 자세히 연구할 수 있었을 것이다.

천문학자들은 기다릴 뿐이다! 다음 세기 언젠가 우리은하나 안드로메다은하에서 초신성이 폭발한다면 이번에는 카메라가 기다리고 있다(그리고 전파망원경이나 또 다른 것이 있을지 모른다). 물론 다음 초신성이 늙은 태양이 아니라면 말이다. 우리가 초신성에 대해서 아는 것이 거의 없긴 하지만 그럴 가능성은 사실상 0이다.

게성운

어떤 천체들의 폭발은 굉장히 어마어마하지만 우리에게서 너무 멀리
떨어졌고 또 너무 과거에 일어나서 연구를 할 수 없거나 그 효과가
오래전에 사라져 버렸다. 어떤 천체들의 폭발은 시간적 공간적으로
가까운 곳에서 일어났지만 상대적으로 작아서 우리에게 전혀 효과를
미치지 못했다.

꽤 강력하고, 꽤 가깝고, 꽤 최근에 일어난 가장 좋은 조합의 폭발은
이 사진에서 보여주는 천체를 만든 폭발이다.[300쪽 사진] 이것은
게성운이라고 불리며 그 기원에 대해서는 의심의 여지가 없다. 이것보다
폭발을 잘 보여주는 경우는 없다.

폭발은 아직 1,000년이 지나지 않은 1054년에 일어났고 게성운은
불과 4,500광년 거리에 있다. 그러니까 실제 폭발은 최초의 문명이
유프라테스와 나일 근처에서 시작되고 인류가 아직 기록을 할 수 있게
되기 전인 서기전 3500년경에 일어난 것이다. 이것이 1054년에야
우리에게 도달해서, 너무 어두워 맨눈에는 보이지 않던 별이 갑자기
엄청난 밝기로 빛나게 된 것이다. 잠시 동안 이것은 태양과 달을
제외하고 하늘에서 가장 밝은 천체가 되었다.

그러고는 어두워졌고 남은 것은 기체 껍질과 폭발의 힘으로 밖으로
팽창하는 잔해였는데, 이것은 아직도 팽창하고 있다. 우리는 피라미드가
만들어지고 있던 서기전 2500년의 모습을 지금 보고 있다.

너무나 가까운 곳에서 일어난 너무나 큰 폭발이었기 때문에 우리는 그

사진: Hale Observatory

구름에서 오는 전파, 엑스선, 감마선, 우주선(cosmic rays) 등 모든 것을 기록할 수 있다. 그 안쪽에는 원래 별의 작은 조각이 남아 있다. 불과 수 킬로미터 크기로 압축된 중성자별 혹은 '펄서'이다.

이 구름은 특이한 성질들을 너무나 많이 가지고 있어서 모든 천문학은 두 부분으로 나뉜다는 말이 있을 정도다. 게성운 연구와 나머지 모든 것에 대한 연구.

하지만 그래도 약간 소름 끼치는 상황이 떠오른다. 태양이 신성이 되면서 지구가 멸망하는 모습이다. 태양이 폭발하면 지구는 순식간에 기체로 뒤덮일 것이다.

그런데 우리가 걱정해야 할 것이 태양뿐일까? 이웃한 별이 폭발하면 어떻게 될까?

예를 들어 알파 센타우리가 폭발한다고 해보자. 알파 센타우리가 평범한 신성이 되어 절대등급이 -9가 되면 겉보기등급은 -13.5가 될 것이다. 이것은 보름달보다 2배 반 더 밝기 때문에 플로리다와 이집트 남쪽에 사는 사람들에게는 훌륭한 볼거리가 될 것이다(새로운 관광 상품이 되어 아르헨티나, 남아프리카공화국, 오스트리아 같은 나라들은 몇 달 동안 큰돈을 벌 것이다).

혹은 알파 센타우리가 초신성이 되어 절대등급이 -17이 된다고 해보자(현재의 이론에 따르면 불가능하지만 어쨌든 그렇다고 가정해 보자). 이 별의 겉보기등급은 -21.5가 되어 보름달보다 4,000배 더 밝아지고 태양 밝기의 160분의 1이 될 것이다.

이런 상황이라면 알파 센타우리가 밤하늘에 보이는 지역에서는 밤이 없을 것이다. 신문을 읽을 수 있고, 그림자가 생길 것이다. 낮에 알파 센타우리가 보이는 곳에 구름이 없다면 엄청나게 밝은 점으로 분명하게 보일 것이고 2개의 그림자가 만들어질 것이다. 사실상 지구는 몇 달 동안 정말로 2개의 태양을 가진 행성이 될 것이다.

지구에 도달하는 전체 에너지는 (잠시 동안) 0.6퍼센트 증가한다. 이는 날씨에 큰 영향을 미칠 수 있다. 알파 센타우리에서 오는 복사의 많은 부분은 높은 에너지를 지니고 있기 때문에 지구의 상층대기에서 널뛰기를 할 것이다. 간단하게 말하면 초신성이 된 알파 센타우리는 지구의 생명체를 위험에 빠뜨리지는 않겠지만 틀림없이 잠시 동안 우리를 뜨겁게 만들 것이다.(태양이나 알파 센타우리 같은 별은 질량이 작기 때문에 폭발하지 않고 적색거성으로 팽창한 후 백색왜성으로 죽음을 맞이하게 될 것이다.—옮긴이)

16. 밤의 어둠

많은 분들이 〈피너츠〉라는 만화를 알 것이다. 내 딸 로빈(현재 4학년*)과 나는 이 만화를 무척 좋아한다.

어느 날 로빈이 재미있는 이야기를 했다. 〈피너츠〉에서 한 남자아이가 기분이 좋지 않은 누나에게 "하늘은 왜 파란색이야?"라고 물으니 누나가 "녹색이 아니니까!"라고 대답했다는 것이다.

로빈이 웃음을 터뜨리는 동안 나는 이것을 더 중요한 과학 토론으로 바꿀 기회로 만들려고 마음먹었다(순전히 로빈을 생각해서). 그래서 이렇게 말했다. "그래, 로빈, 그럼 밤하늘은 왜 검은색일까?"

그러자 그 애는 바로 대답했다(내가 예상했었어야 했다). "보라색이 아니니까!"

다행히 나는 이런 일에 기분이 상하지 않는다. 로빈이 도와 주지 않는다면 나는 언제나 방향을 불쌍한 독자들에게로 돌릴 수 있다. 나는 밤하늘이 어두운 이유에 대해서 **당신과** 이야기할 것이다!

어두운 밤하늘 이야기는 1758년에 태어난 독일의 의사

---

* 이 글은 1964년에 처음 발표되었다. 로빈은 지금 대학생이지만 우리는 둘 다 여전히 〈피너츠〉를 아주 좋아한다. 거기의 등장인물은 여전히 4학년이거나 더 어리다.

이자 천문학자인 하인리히 빌헬름 마티아스 올버스(Heinrich Wilhelm Matthias Olbers)에서 시작된다. 그는 취미로 천문학을 공부했는데, 중년에 고민거리가 생겼다. 그 내용은 이렇다.

18세기 후반으로 가면서 천문학자들은 화성과 목성 사이에 어떤 종류의 행성이 있을 것이라고 꽤 강하게 믿기 시작했다. 올버스를 중심으로 한 독일의 천문학자들은 팀을 만들어 황도대를 자신들끼리 나눈 뒤 그 행성을 주의 깊게 찾기 시작했다.

올버스와 그의 동료들은 아주 체계적이고 철저하게 작업을 진행했기 때문에 그 행성을 찾아서 최초 발견자가 될 것이 분명했다. 하지만 (상투적인 말이지만) 인생은 참 재미있다. 그들이 세부적인 내용을 정리하는 동안 전혀 그 행성을 찾고 있지 않았던 이탈리아의 천문학자 주세페 피아치가 1801년 1월 1일 별을 배경으로 위치가 변하는 점을 발견했다. 한동안 이 점을 관측한 피아치는 그것이 계속해서 움직이고 있다는 사실을 알아냈다. 그 점은 화성보다는 느리고 목성보다는 빠르게 움직였기 때문에 그 중간에 있는 행성일 가능성이 매우 높았다. 피아치는 이 사실을 발표했고 결과적으로 역사책에 이름을 남긴 사람은 철저했던 올버스가 아니라 우연의 피아치가 되었다.

하지만 올버스가 모든 것을 잃은 건 아니었다. 얼마 시간이 지난 후에 피아치는 병이 나서 관측을 계속할 수 없었던 것으로 보인다. 피아치가 망원경으로 돌아왔을 때는 그 행성이 태양에 너무 가까이 있어서 관측을 할 수가 없었다.

피아치는 궤도를 계산할 수 있을 정도로 충분히 관측을 하진 못했는데 이는 별로 좋지 않은 상황이었다. 천천히 움직이는 행성이 태양 반대편으로 와서 관측을 할 수 있게 되기까지는 수 개월이 걸리고, 계산된 궤도 없이는 다시 발견하는 데 수년이 걸리기 쉽다.

다행히 독일의 젊은 수학자 카를 프리드리히 가우스(Karl Friedrich Gauss)가 수학으로 하늘을 보는 법을 막 만들어 내고 있었다. 그는 '최소제곱법'이라는 것을 고안해 냈는데, 행성의 위치를 세 번만 잘 관측하면 궤도를 합리적으로 계산할 수 있도록 해주는 것이었다.

가우스는 피아치가 발견한 새 행성의 궤도를 계산했고, 이 행성이 다시 관측 가능한 곳으로 왔을 때 올버스는 가우스의 계산이 알려주는 곳을 망원경으로 겨냥했다. 가우스는 옳았다. 1802년 1월 1일 올버스는 그 행성을 찾았다.

새 행성('세레스'라는 이름이 붙었다)은 특이했다. 지름이 800킬로미터도 채 되지 않았기 때문이었다. 그것은 알려진 어떤 행성보다 작았고 당시에 알려진 위성들 가운데 적어도 6개 보다도 작았다.

세레스가 화성과 목성 사이에 있는 전부일 수 있을까? 독일의 천문학자들은 (그렇게 많은 준비가 헛되지 않도록) 찾기를 계속했고, 당연하게도 화성과 목성 사이에서 금방 3개의 행성을 더 발견했다. 그중 둘, 팔라스와 베스타는 올버스가 발견했다(나중에 더 많이 발견되었다).

하지만 역시 두 번째에는 큰 보상이 주어지지 않는다. 올버스가 얻은 것은 소행성의 이름뿐이다. 화성과 목성 사이의 천 번째 소행성은 '피아치아(Piazzia)'라 이름 붙여졌고, 천 한 번째 는 '가우시아(Gaussia)', 천 두 번째는 (잠시 숨을 가다듬고) '올버 리아(Olberia)'가 되었다.

올버스는 다른 관측에서도 그다지 운이 좋지 않았다. 그는 혜성 전문이었고 5개의 혜성을 발견했다. 하지만 혜성 발견은 사실 누구나 할 수 있는 것이다. '올버스혜성'이라는 이름의 혜 성이 하나 있긴 하지만 그리 대단한 것은 아니다.

그럼 올버스는 그만 넘어갈까? 천만에.

과학 역사의 기록에 한자리를 차지하기 위해서 정확하게 무 엇을 해야 하는지 말하기는 어렵다. 가끔은 재미있는 이야기가 한자리를 차지하기도 한다. 1816년 올버스는 어두운 밤하늘에 대한 추론에 빠져 있다가 우스꽝스러워 보이는 결론을 가지고 나왔다.

하지만 그 추론은 '올버스의 역설'이 되어 이후 100년 동안 심오한 문제가 되었다. 사실 우리는 올버스의 역설에서 시작해 우주에 생명체가 존재하는 유일한 이유는 멀리 있는 은하들이 우리에게서 멀어지고 있기 때문이라는 결론에 이를 수 있다.

멀리 있는 은하들이 우리에게 어떤 효과를 줄 수 있을까? 조금만 참아주기 바란다. 여기에 대해 이야기할 것이다.

옛날에는 어떤 천문학자든 밤하늘이 왜 어두운가라는 질문 을 받으면 태양 빛이 없기 때문이라고 (꽤 합리적으로) 대답했을 것이다. 누군가가 왜 별이 태양 빛을 대체하지 못하느냐는 질문까지 하면 별들은 수가 제한되어 있고 모두 어둡기 때문이라고 (역시 합리적으로) 대답했을 것이다. 실제로 우리가 볼 수 있는 별빛을 모두 합쳐도 태양 밝기의 5억 분의 1밖에 안 된다. 어두운 밤하늘에서 그들의 영향력은 무시할 수 있을 정도다.

하지만 19세기가 되자 이 마지막 문장은 힘을 잃었다. 별은 엄청나게 많았다. 거대한 망원경은 셀 수도 없이 많은 별을 보여주었다.

물론 이 셀 수 없이 많은 별들은 맨눈으로는 보이지 않기 때문에 밤하늘의 밝기에 아무런 기여를 하지 않는다고 주장할 수도 있다. 이것 역시 소용없는 주장이다. 은하수의 별들은 개별적으로는 어두워서 보이지 않지만, 전체적으로는 하늘에서 약한 빛으로 보인다. 안드로메다은하는 은하수의 별들보다 훨씬 더 멀리 있고 은하를 구성하는 개개의 별은 꽤 큰 망원경이 아니면(그것으로도 겨우 보인다) 보이지 않는다. 하지만 안드로메다은하 전체는 맨눈으로 희미하게 보인다. (사실 안드로메다은하는 맨눈으로 볼 수 있는 가장 먼 천체다. 그러니까 누가 당신에게 얼마나 멀리까지 볼 수 있느냐고 묻는다면 2,000,000광년이라고 대답하라.)

요약하면, 멀리 있는 별들도(아무리 멀고, 개별적으로 아무리 어둡더라도) 밤하늘의 빛에 기여해야 하고, 멀리 있는 어두운 별들이 충분한 밀도를 가지고 있다면 도구의 도움 없이도 보일 수 있다.

올버스는 안드로메다은하에 대해서는 몰랐지만 은하수에 대해서는 알고 있었다. 그래서 그는 멀리 있는 별들이 모두 모이면 밝기가 얼마나 되어야 하는지 스스로에게 물었다. 그는 몇 개의 가정으로 시작했다.

1. 우주는 공간적으로 무한하다.

2. 별들의 수는 무한하고 우주 전체에 고르게 퍼져 있다.

3. 별들은 우주 전체에서 평균 밝기가 균일하다.

이제 우주 공간이 우리를 중심으로 (양파 비슷한) 여러 겹의 껍질로 되어 있다고 생각해 보자. 껍질은 넓은 우주에 비해 아주 얇지만 별들을 포함할 수는 있을 정도다.

같은 밝기의 별에서 나오는 빛이 우리에게 도달하는 양은 거리의 제곱에 반비례한다는 것을 기억하라. 별 A와 별 B의 밝기가 같고 별 A가 별 B보다 3배 더 멀리 있다면 별 A의 빛은 별 B의 빛의 9분의 1밖에 도달하지 않는다. 별 A가 별 B보다 5배 더 멀리 있다면 도달하는 빛은 25분의 1이다.

우리가 가정한 껍질에도 이것이 적용된다. 2,000광년 거리의 껍질에 있는 별의 평균 밝기는 1,000년 거리의 껍질에 있는 별의 평균 밝기의 4분의 1밖에 되지 않는다(가정 3에서 두 껍질에 있는 별의 평균 밝기는 같다고 했으므로 고려해야 할 요소는 거리뿐이다). 마찬가지로 3,000광년 거리의 껍질에 있는 별의 평균 밝기는 1,000광년 거리의 껍질에 있는 별의 평균 밝기의 9분의 1밖에 되지 않는다. 이런 식으로 계속된다.

하지만 밖으로 갈수록 껍질의 부피는 점점 커진다. 각 껍질은 아주 얇기 때문에 구의 표면이 껍질 전체를 구성한다고 해도 큰 오류가 없다. 그러면 껍질의 부피는 구의 표면에 비례하여, 즉 반지름의 제곱에 비례하여 커진다고 볼 수 있다.(원래 부피는 반지름의 세제곱에 비례하지만 껍질이 아주 얇으면 제곱에 비례한다고 볼 수 있다.—옮긴이) 2,000광년 거리의 껍질은 1,000광년 거리의 껍질보다 부피가 4배 더 크다. 3,000광년 거리의 껍질은 1,000광년 거리의 껍질보다 부피가 9배 더 크다. 이런 식으로 계속된다.

별들이 우주 전체에 고르게 퍼져 있다고 가정하면(가정 2) 특정한 껍질에 있는 별의 수는 껍질의 부피에 비례한다. 2,000광년 거리의 껍질이 1,000광년 거리의 껍질보다 부피가 4배 더 크다면 4배 더 많은 별을 가지고 있다. 3,000광년 거리의 껍질이 1,000광년 거리의 껍질보다 부피가 9배 더 크다면 9배 더 많은 별을 가지고 있다. 이런 식으로 계속된다.

2,000광년 거리의 껍질이 1,000광년 거리의 껍질보다 4배 많은 별을 가지고 있고 각 별의 밝기는 (평균적으로) 4분의 1이라면, 2,000광년 거리의 껍질에서 도달하는 전체 빛의 양은 1,000광년 거리의 껍질에서 도달하는 전체 빛의 양의 4 × 1/4이 된다. 다시 말해서 2,000광년 거리의 껍질에서 도달하는 빛의 양은 1,000광년 껍질에서 도달하는 빛의 양과 정확하게 같다. 3,000광년 거리의 껍질에서 도달하는 전체 빛의 양은 1,000광년 거리의 껍질에서 도달하는 전체 빛의 양의 9 × 1/9이 되므로 이것 역시 같다.

요약하면, 우리가 우주를 연속적인 껍질로 나누면 각 껍질에서 도달하는 빛의 양은 모두 같다. 그리고 우주가 공간적으로 무한하다면(가정 1) 무한한 수의 껍질로 이루어져 있으므로 우주에 있는 별들은 개별적으로 아무리 어둡더라도 무한한 양의 빛을 지구로 보내야 한다.

한 가지 지적할 점은, 가까이 있는 별이 멀리 있는 별에서 오는 빛을 막을 수 있다는 것이다.

이것을 고려하기 위해 문제를 다른 관점에서 보자. 별들의 수가 무한하고 우주 전체에 고르게 퍼져 있다면(가정 2) 어떤 방향을 보더라도 우리 눈은 하나의 별과 만나게 된다. 별 하나하나는 보이지 않을 수도 있지만 어쨌든 빛은 있고 그 빛은 다른 별빛들과 함께 모든 방향으로 퍼져 나간다.

그렇다면 밤하늘은 절대 어둡지 않고 별빛으로 가득 차게 될 것이다. 너무 밝은 배경 탓에 태양은 보이지 않을 것이다.

그 하늘은 대략 우리 태양 150,000개 정도의 밝기가 될 것이다. 이런 환경에서 지구에 생명체가 살 수 있을 거라고 생각하는가?

하지만 하늘은 태양 150,000개만큼 밝지 **않다**. 밤하늘은 어둡다. 올버스의 역설 어딘가에는 잘못된 조건이나 논리적인 오류가 있다.

올버스는 답을 찾았다고 생각했다. 그는 우주 공간이 완전히 투명하진 않다고 제안했다. 먼지와 기체 구름이 별빛 대부분을 흡수해서 아주 일부만 지구에 도착한다는 것이었다.

이는 그럴듯하게 들리지만 전혀 사실이 아니다. 우주에는 실제로 먼지구름이 있지만 만일 (올버스가 제안한 것처럼) 별빛이 모두 그 구름에 흡수된다면 빛을 낼 수 있을 정도로 온도가 올라가게 될 것이다. 그러면 결국 흡수하는 빛만큼 방출하여 지구의 하늘은 여전히 밝을 것이다.

논리에 문제가 없는데 결론이 여전히 잘못되었다면 가정을 다시 살펴보아야 한다. 예를 들어 가정 2는 어떤가? 별들은 정말로 무한히 많고 우주 전체에 고르게 퍼져 있을까?

올버스의 시대에도 이 가정이 틀렸을 거라는 추정은 있었다. 독일계 영국의 천문학자 윌리엄 허셜은 여러 밝기의 별의 수를 세었다. 허셜은 평균적으로 어두운 별들이 밝은 별보다 더 멀리 있다고 가정하여(가정 3과 같다) 우주에서 별의 밀도가 거리에 따라 감소한다는 사실을 발견했다.

허셜은 여러 방향으로 밀도가 감소하는 비율을 이용해 별들이 렌즈 모양을 이루고 있다고 결론 내렸다. 긴 방향의 지름은 태양에서 아르크투루스까지의 거리의 150배이고(지금 기준으로는 6,000광년) 덩어리 전체는 100,000,000개의 별로 이루어져 있다고 결론지었다.

이것은 올버스의 역설을 해결하는 것처럼 보였다. 렌즈 모양의 덩어리(지금은 우리은하라고 부르는)가 정말로 모든 별을 포함하고 있다면 가정 2기 무너진다. 우주가 우리은하 밖으로 무한히 뻗어 있다 하더라도(가정 1) 별이 없으므로 빛도 없다. 결과적으로 별을 포함하는 껍질의 수는 유한하고 지구는 (그렇

사진: Mount Wilson and Palomar Observatories

게 많지 않은) 유한한 양의 빛을 받게 되므로 밤하늘이 어두운 것이다.

우리은하의 크기는 허셜 시대 이후 점점 크게 측정되었다. 지금은 지름이 6,000광년이 아니라 100,000광년이고 별의 수는 100,000,000개가 아니라 150,000,000,000개라 믿어지고 있다. 이 변화는 중요하지 않다. 그래도 밤하늘은 여전히 어둡다.

암흑 구름

우리의 대기에서 발견되든 깊은 우주에서 발견되든 구름은 구름이다.

이들은 작은 입자로 이루어져 있고, 이 작은 입자들이 널찍하게 분포하고

있어도 빛을 흡수하는 데는 효과적이어서 뒤에 있는 물체에서 나오는

빛을 가린다. 수증기 방울의 구름은 태양 빛을 가리고, 먼지 입자의

구름은 많은 태양의 빛을 가린다.

우주 먼지구름의 효과는 별이 많이 보이는 방향에 있을 때 맨눈에도 잘

드러난다. 어두워서 그 자체로는 보이지 않는 구름의 모습이 드러난다.

그 경계 밖에서 많은 별이 빛나는데 그 안에는 별이 없기 때문이다. 암흑

구름을 처음 연구한 사람은 자신이 우연히 별이 하나도 없는 방향을 보고

있다고 생각했다. 그 사람은 우리은하를 발견한 윌리엄 허셜이었고, 그는

그것을 '구멍'이라고 불렀다.

하지만 그렇지 않았다. 그것은 은하수를 보는 방향에 모여 그 근처에서 보이는 만큼의 별을 가리고 있는 거대한 먼지구름들이었다. 여기 있는 사진은 은하수의 넓은 영역을 조합한 것으로 모든 방향에서 그 먼지를 볼 수 있고, 당연하게도 날려버릴 수는 없다.[312~313쪽 사진]

사실 우리는 우리은하의 한쪽 끝에 위치해 있기 때문에 먼지가 없다면 궁수자리 방향에 있는 우리은하의 중심 부분(실제로 은하수가 다른 곳보다 더 밝다)을 볼 수 있을 것이다. 하지만 먼지구름이 가리고 있으므로 우리가 볼 수 있는 것은 우리 방향에 있는 끝 부분뿐이다. 다행히 우리는 구름을 쉽게 뚫고 지나갈 수 있는 전파를 측정하는 법을 알아냈기 때문에 눈으로는 결코 볼 수 없지만 전파를 이용해 우리은하의 중심부를 연구할 수 있게 되었다.

올버스의 역설은 20세기에 다시 살아났다. 우리은하 밖에도 별이 있다는 사실이 밝혀졌기 때문이다.

흐릿한 덩어리인 안드로메다는 19세기 동안 우리은하 안에 있는 빛나는 안개로 여겨졌다. 그런데 다른 안개 덩어리(예를 들면 오리온성운)는 안개를 밝혀주는 별들을 가지고 있었다. 반면에 안드로메다 덩어리는 별이 없이 스스로 빛나는 것처럼 보였다.

진실을 궁금해하는 천문학자들은 있었지만, 확실하게 밝혀진 것은 1924년 미국의 천문학자 에드윈 허블이 100인치 망원경을 빛나는 안개로 향하여 바깥쪽에서 별을 분해했을 때였다.

이 별들은 개별적으로는 너무나 어두워서 이 덩어리가 우리은하에서 수십만 광년 멀리 떨어져 있다는 사실이 분명해졌다. 더나아가 그 정도 거리라면 우리은하와 크기가 비슷하기 때문에 또 다른 은하인 것이 분명해 보였다.

실제로 그랬다. 그것은 지금은 2,000,000광년 떨어져 있고 최소한 200,000,000,000개의 별을 가지고 있는 것으로 믿어진다. 그리고 훨씬 더 먼 거리에 있는 다른 은하들도 발견되었다. 지금은 관측 가능한 우주에 100,000,000,000개의 은하가 있고 그중 어떤 것은 6,000,000,000광년이나 떨어진 거리에 있다.(더 멀리 있는 것도 있다.—옮긴이)

그럼 올버스의 3가지 가정으로 돌아가서 '별들'이라는 단어를 '은하들'로 바꾸면 어떻게 되는지 살펴보자.

가정 1. 우주는 무한하다. 좋다. 적어도 수십억 광년 거리까지는 우주에 끝이 있다는 흔적이 없다.

가정 2. 은하들(별들이 아니라)의 수는 무한하고 우주 공간에 고르게 퍼져 있다. 역시 좋다. 적어도 우리가 볼 수 있는 곳까지는 고르게 퍼져 있고, 우리는 꽤 멀리까지 볼 수 있다.

가정 3. 은하들(별들이 아니라)은 우주 전체에서 평균 밝기가 균일하다. 이것은 다루기가 어려운 문제다. 하지만 멀리 있는 은하들이 가까이 있는 은하들보다 특별히 더 크거나 작을 이유는 없고, 은하들의 평균 크기와 포함하는 별의 수가 균일하다면 밝기도 균일하다고 가정하는 것은 충분히 합리적이다.

그렇다면 밤하늘은 왜 어두울까? 이 문제로 다시 돌아왔다.

이제 방향을 바꿔보자. 천문학자들은 멀리 있는 빛나는 천체가 우리에게 다가오고 있는지 아니면 멀어지고 있는지를 그 천체의 스펙트럼(빛이 무지개처럼 짧은 파장의 보라색부터 긴 파장의 붉은색까지 퍼지는 것)을 연구하여 알아낼 수 있다.

스펙트럼에는, 천체가 움직이지 않는다면 위치가 고정되어 있는 검은 선들이 있다. 만일 천체가 우리에게 다가오고 있다면 그 선들은 보라색으로 이동한다. 천체가 멀어진다면 선들은 붉은색으로 이동한다. 천문학자들은 선들이 이동한 정도로 다가오거나 멀어지는 속도를 알아낼 수 있다.

1910년대와 1920년대에 몇몇 은하들(혹은 나중에 은하인 것을 알게 된 천체들)의 스펙트럼이 연구되었는데, 아주 가까이 있는 한둘을 제외하고는 모두 우리에게서 멀어지고 있었다. 그리고 곧 멀리 있는 은하들이 가까이 있는 은하들보다 더 빠르게 멀어지고 있다는 사실을 알게 되었다. 1929년 허블은 이것을 지금은 '허블의 법칙'이라고 부르는 공식으로 만들었다.(국제천문연맹은 2018년 '허블의 법칙'을 '허블-르메트르의 법칙'으로 고쳐 부르자는 결의안을 통과시켰다.—옮긴이) 은하가 멀어지는 속도는 거리에 비례한다는 것이다. 은하 A가 은하 B보다 2배 더 멀리 있으면 멀어지는 속도도 2배가 된다. 가장 멀리 있는, 6,000,000,000광년 떨어진 은하는 빛의 절반 속도로 멀어지고 있다.

허블의 법칙이 성립하는 이유는 우주가 팽창하기 때문이다. 아인슈타인이 만든 일반상대성이론 방정식(분명하게 말하지만 여기에 대해서는 설명하지 **않겠다**)으로 설명 가능한 팽창이다.

이제 우주가 팽창한다고 하면 올버스의 가정은 어떤 영향을 받을까?

6,000,000,000광년 거리의 은하가 빛의 절반 속도로 멀어진다면 12,000,000,000광년 거리의 은하는 빛의 속도로 멀어져야 한다. (허블의 법칙이 적용된다면) 당연히 더 먼 거리는 의미가 없어진다. 빛보다 빠른 속도는 있을 수 없기 때문이다. 설사 그것이 가능하다 하더라도, 그보다 더 멀리 있는 은하에서는 어떤 빛이나 어떤 '신호'도 우리에게 도달할 수 없다. 그것은 우리 우주에 속해 있지 않다. 결과적으로 우리는 12,000,000,000광년인 '허블 반지름'을 가진 유한한 우주에 있는 것이다.* (우주의 팽창은 은하의 이동이 아니라 공간 자체의 팽창이기 때문에 빛보다 빠른 속도도 문제가 되지 않는다. 그래서 우리 기준으로 보면 은하가 빛보다 빠른 속도로 멀어지는 것도 가능하다. 그리고 우리가 볼 수 있는 우주의 크기는, 그동안 팽창을 계속했기 때문에, 지금은 반지름이 465억 광년 정도 된다.—옮긴이)

은하단

우주에 대한 천문학적인 관점은 망원경이 발명된 이후 꾸준히 팽창해 왔다. 망원경이 처음 발명되었을 때는 행성과 위성, 그리고 당연히 태양이 천문학의 관심사였다. 별들은 그저 배경일 뿐이었다.

하지만 망원경은 맨눈으로는 보이지 않는 수많은 별이 있다는 사실을 알게 해주었다. 망원경은 거대한 집단에 있는 수많은 별을 보여주었고, 서로를 돌고 있는 쌍성과 변광성, 거성, 왜성 들을 보여주었다. 1820년

---

* 1973년 그 거리에 있는 퀘이사가 발견되었고 언론은 곧바로 '우주의 끝'이라는 헤드라인 기사를 쏟아냈다.

사진: Mount Wilson and Palomar Observatories

즘음에는 렌즈 모양의 우리은하에 수십억 개의 별들이 모여 있다는 사실을 알게 되었다.

당시에는 이것이 우주의 전부인 줄 알았지만 다시 한 세기가 지나면서 우리가 살고 있는 은하 밖에도 다른 은하들이 있고 그중 많은 은하가 우리은하보다 크다는 사실이 드러나기 시작했다. 더 많은 은하들을 연구할수록 은하는 아주 흔한 존재라는 사실을 알게 되었다.

은하들은 (별처럼) 혼자 있기만 한 것이 아니라 (별처럼) 무리를 짓기도 한다. 우리은하 역시 적어도 4개의 큰 은하(우리은하, 안드로메다은하, 최근에 발견된 두 은하인 마페이 1과 마페이 2)와 10개 이상의 작은 은하들로 구성된 '국부은하군'에 속해 있다.(마페이 1과 마페이 2 은하는 거대한 타원은하인데, 처음에는 국부은하군에 속하는 것으로 여겨졌지만 지금은 'IC 342/마페이 은하군'이라는 별도의 은하군에 속해 있는 것으로 분류한다.─옮긴이)

우리는 국부은하군을 자세히 볼 수 없다. 우리가 그 안에 있기 때문이다. 하지만 다른 은하단은 볼 수 있다. 사진은 헤라클레스자리에 있는 은하단을 보여준다.[318쪽 사진] 이들은 3차원상으로는 멀리 떨어져 있는데 우연히 같은 방향으로 보이는 은하들이 아니다. 이들은 중력으로 연결되어 있다. 공동의 질량중심을 돌고 있을 정도로 충분히 가까이 있다는 말이다.

하늘의 이 작은 영역(200인치 팔로마 망원경으로 본 영역)에 얼마나 많은 은하들이 있는지 세어볼 수 있다. 뿌옇거나 길쭉하게 보이는 것은 모두 은하다.

하지만 올버스의 역설이 사라지지는 않는다. 아인슈타인의 이론에 따라 은하들이 관측자에 대하여 점점 빠르게 움직일수록 이동하는 길이는 점점 짧아지고 점점 작은 공간을 점유하게 되므로 더 많은 수의 은하가 있을 수 있는 공간이 생긴다. 실제로 반지름 12,000,000,000광년의 유한한 우주에도 무한한 수의 은하가 존재할 수 있다. 그 대부분은 우주-구의 가장 바깥쪽(종이처럼 얇은) 몇 킬로미터에 존재한다.(아시모프의 이 설명은 아인슈타인의 특수상대성이론을 적용한 것이다. 우주의 팽창은 일반상대성이론으로 설명되기 때문에 이 설명은 맞지 않다. 우주는 시간적으로 유한하기 때문에 우리는 유한한 공간만 볼 수 있고, 이 공간에 있는 은하들의 수는 무한하지 않다.—옮긴이)

그러므로 가정 1이 적용되지 않더라도 가정 2가 성립한다. 그리고 가정 2만으로도 밝은 하늘을 만들기에는 충분하다.

그런데 적색이동(redshift, 관찰자에게서 멀어지는 광원이 내는 빛의 스펙트럼선이 파장이 긴 붉은색 쪽으로 이동하는 현상—옮긴이)은 어떤가?

천문학자들은 스펙트럼선의 위치 변화로 적색이동을 측정한다. 그런데 그 선들은 전체 스펙트럼이 이동할 때만 이동한다. 붉은색 쪽으로의 이동은 에너지가 약한 방향으로의 이동이다. 멀어지고 있는 은하는 같은 은하가 정지해 있을 때보다 더 적은 양의 복사에너지를 지구에 전달한다. 적색이동 때문이다. 은하가 더 빠르게 멀어질수록 더 적은 에너지를 전달한다. 빛의 속도로 멀어지는 은하는 아무리 밝아도 에너지를 전혀 전달하지 못한다.

그러므로 가정 3이 맞지 않게 된다! 우주가 정지해 있을 때는 맞지만 우주가 팽창할 때는 맞지 않다. 팽창하는 우주에서 멀어지는 껍질은 자신의 안쪽에 있는 껍질보다 적은 양의 빛을 전달한다. 거기에 포함된 은하들은 우리에게서 더 멀리 떨어져 있어서 더 크게 적색이동을 하고 점점 더 적은 양의 에너지를 전달하기 때문이다.

가정 3이 맞지 않기 때문에 우리는 우주로부터 유한한 양의 에너지만 받게 되고 그래서 밤하늘이 어두운 것이다.(앞에서 설명한 이유로 가정 2도 맞지 않다.―옮긴이)

가장 인기 있는 우주 모형에 따르면 이 팽창은 계속될 것이다. 팽창 과정에서 새로운 은하는 만들어지지 않기 때문에 수십억 년 후에는 우리은하(그리고 '국부은하군'을 구성하는 주변의 은하들)는 우주에서 외로이 홀로 있게 될 것이다. 다른 은하들은 모두 너무 멀어져서 볼 수 없을 것이다. 혹은 새로운 은하들이 계속 만들어져서, 우주가 팽창하더라도 언제나 은하들로 가득 차 있을 수도 있다. 하지만 어떤 경우든 팽창은 계속될 것이고 밤하늘은 계속 어두울 것이다.

그런데 우주가 진동을 한다는 또 다른 제안도 있다. 팽창이 점점 느려지다가 멈춘 다음 점점 빠르게 수축해서 작은 구가 되고 폭발하여 새롭게 팽창한다는 것이다.

만일 그렇다면 팽창이 느려지면서 적색이동에 의해 어두워지는 효과가 줄어들어 밤하늘은 서서히 밝아질 것이다. 우주가 정지했을 때 하늘은 올버스의 역설이 말하는 것처럼 균일하게 밝을 것이다. 그리고 우주가 수축하기 시작하면 '청색이동'이 생기고 전달되는 에너지가 증가하여 하늘은 계속해서 훨씬 더 밝아질 것이다.

이는 지구에서만이 아니라 (우주가 수축하는 아주 먼 미래까지 지구가 여전히 존재한다면) 우주에 있는 모든 천체에 적용된다. 정지해 있거나 혹은 수축하는 우주에는 올버스의 역설에 따라 차가운 천체나 단단한 천체는 존재할 수 없다. 모든 곳이 균일하게 뜨거울 것이고(아마도 수백만 도로) 생명체는 존재할 수 없을 것이다.

이제 처음으로 돌아가 보자. 지구나 우주 어딘가에 생명체가 있는 이유는 바로 멀리 있는 은하들이 우리에게서 멀어지기 때문이다.

이제 올버스의 역설에 대해 많이 알게 되었는데, 멀리 있는 은하가 멀어지는 것을 밤하늘이 어두운 것의 필요조건으로 볼 수 있을까? 아마도 프랑스의 철학자 르네 데카르트(René Descartes)의 유명한 문구를 수정해 볼 수 있을 것이다.

데카르트는 "나는 생각한다, 그러므로 나는 존재한다"라고 했다.

우리는 이렇게 덧붙일 수 있다. "나는 존재한다. 그러므로 우주는 팽창한다!"

1998년 우주의 팽창이 점점 빨라지고 있다는 사실이 발견되었고, 이 사실의 발견자들은 2011년 노벨 물리학상을 수상했다. 이 결과에 따르면 우주는 다시 수축할 가능성은 거의 없이 영원히 팽창을 계속할 것이다.(옮긴이)

17. 한 번에 은하 하나씩

4, 5년 전에 우리 집에서 두 블록 떨어진 한 학교에서 작은 화재가 났다. 큰불은 아니어서 연기가 조금 나고 지하실에 있는 방 몇 개만 피해를 입었을 뿐이었다. 더구나 일과 시간이 아니어서 위험에 처한 사람도 없었다.

하지만 불이 난 장면이 보이자마자 사람들이 모이기 시작했다. 동네의 모든 바보들과 근처 동네 바보들 절반이 불구경을 하러 달려왔다. 그들은 자동차나 마차, 자전거를 타거나 걸어서 왔다. 여자 친구의 팔짱을 끼고, 나이 든 부모님을 부축하고, 갓 난아기를 안고 왔다.

그들이 수 킬로미터 거리에 주차를 했기 때문에 소방차가 왔을 때는 헬리콥터 이외에는 접근을 할 수가 없었다.

이런 일은 언제나 일어날 것이다. 크든 작든 사고가 날 때마다 두 다리로 걷는 구경꾼들은 빽빽하게 모여든다. 이들의 목적은 2가지로 보인다. 1) 파괴와 비극을 두 눈 크게 뜨고 입을 벌린 채 쳐다보는 것. 2) 생명과 재산을 지키려는 공권력의 접근을 막는 것.

당연히 나는 불구경을 하러 달려가지 않았고 그것을 아주 자랑스럽게 여긴다. 하지만 (친구니까 하는 말인데) 나에게 불구경 같은 건 필요하지 않다. 나에게 파괴 본능 같은 것은 없기 때문이다. 지하실의 작은 불 따위는 **나에게** 파괴도 아니다. 화약 창고의 엄청난 폭발도 마찬가지다.

별이 폭발한다면 **그건** 좀 봐줄 만하다.

생각해 보면 나의 파괴 본능은 결국 아주 잘 발달한 것이다. 그렇지 않다면 엄청난 별의 폭발인 초신성이라는 것에 그렇게 매료되지 않았을 테니까.

그런데 알고 보니 그건 아무것도 아니었다. 나는 오랫동안 초신성이 (수십 광년 떨어진 곳에서 그 일이 일어난다면) 우주가 제공해 주는 가장 멋진 광경일 거라고 생각해 왔다. 하지만 1963년의 어떤 발견 덕분에 초신성은 작은 불꽃놀이에 지나지 않는다는 사실이 밝혀졌다.〔1963년에 처음으로 발견된 '퀘이사(Quasar)'를 말하는 것으로 보인다.―옮긴이〕

이 발견은 전파천문학에서 이루어졌다. 제2차 세계대전 이후 천문학자들은 하늘 여러 곳에서 오는 마이크로파(아주 짧은 전파)를 관측해 그중 일부는 우리 바로 이웃에서 온다는 사실을 알아냈다. 태양도 전파원이고 목성과 금성도 전파원이었다.

하지만 태양계의 전파원들은 별로 강하지 않았다. 우리가 바로 옆에 있지 않았다면 절대 관측하지 못했을 것이다. 별 사이의 엄청난 거리를 가로질러 오는 전파를 관측하려면 더 나은 뭔가가 있어야 한다. 예를 들어 태양계 밖 전파원 중 하나는 게성운이다. 게성운의 전파는 우리에게 도착하기 전 5,000광년을 날아오는 동안 퍼져서 약해졌지만 우리가 가진 기구로 그 잔해를 관측할 수 있다. 게성운은 초신성이 폭발한 잔해고, 폭발한 첫 번째 빛은 약 900년 전 지구에 처음 도착했다.(게성운을 만든 초신성은 1054년에 폭발한 것으로 밝혀졌다.—옮긴이)

그런데 많은 전파원이 우리은하 밖에 있고 수백만, 심지어는 수십억 광년 거리에 있다. **그런데도** 이들의 전파가 관측된다는 건 이들의 에너지원이 초신성쯤은 아무것도 아닌 것으로 만들 정도라는 사실을 분명히 알려준다.

예를 들어 아주 강력한 전파원 하나는, 연구에 따르면 200,000,000광년 떨어진 은하에서 오는 것이다. 큰 망원경으로 그 은하를 살펴보자 모양이 뒤틀렸다는 사실이 판명되었다. 더 자세히 연구해 본 결과 이것은 하나의 은하가 아니라 **두** 은하가 충돌하고 있는 중인 것으로 밝혀졌다.

두 은하가 그렇게 충돌할 때 (너무 작고 너무 넓게 퍼져 있는) 별들끼리 충돌할 가능성은 거의 없다. 하지만 은하들이 먼지구름을 가지고 있다면(우리은하를 포함한 많은 은하들이 가지고 있다) 이 구름들이 충돌해 그 충격이 전파를 방출할 것이다. (강도가 약해지는 순서로) 게성운, 태양, 목성의 대기, 금성의 대기 기체의 충돌이 전파를 방출하는 것과 마찬가지다.

그런데 더 많은 전파원이 발견되고 그 위치를 알게 될수록 아주 먼 은하들에 있는 전파원의 수는 불가능할 정도로 많아 보였다. 은하들 사이의 충돌은 종종 있겠지만 그 모든 전파원의 존재를 설명할 정도로 많은 충돌이 일어나는 일은 불가능해 보였다.

다른 가능한 설명이 있을까? 은하들이 충돌하는 정도의 거대하고 강한 격변이 하나의 은하에서 일어나야 한다. 충돌에서 자유로워지면 아무리 많은 수의 전파원도 설명이 가능하다.

하지만 동료 없이 은하 하나가 혼자 무엇을 할 수 있을까?

글쎄, 폭발을 할 수는 있을 것이다.

하지만 어떻게? 은하는 하나의 천체가 아니다. 은하는 수천억 개의 별이 느슨하게 모여 있는 집단이다. 이 별들이 개별적으로 폭발할 수는 있겠지만 어떻게 은하 전체가 동시에 폭발하는 일이 가능하겠는가?

여기에 답하려면 먼저 은하가 우리가 흔히 생각하는 정도로 별이 느슨하게 모여 있는 집단이 아니라는 것을 이해해야 한다. 우리은하는 가장 긴 쪽의 지름이 100,000광년 정도로 뻗어 있다. 하지만 대부분은 별이 얇게 가루처럼 흩어져 있는 부분으로 이루어져 있다. 너무 얇아서 무시해도 될 정도다. 우리가 이렇게 얇은 부분인 우리은하 바깥쪽에 살고 있기 때문에 이것을 일반적으로 생각하고 있지만 그렇지 않다.

은하의 핵심은 은하의 중심부다. 별들이 구형에 가깝게 밀집해 있으며 지름은 약 10,000광년이다. 부피는 525,000,000,000세제곱광년이고 여기에 100,000,000,000개의 별이 있다면 5.25세제곱광년에 별이 1개씩 있다.

별들이 그렇게 모여 있으면 은하 중심부에서 별들 사이의 평균 거리는 1.7광년이다. 하지만 이는 전체 부피에서의 평균일

뿐이다. 이런 곳에서 별의 밀도는 중심으로 갈수록 증가한다. 가장 중심으로 가면 별들 사이의 거리가 0.5광년을 넘지 않을 것이라고 충분히 기대할 수 있다.

0.5광년이라고 해도 약 5,000,000,000,000킬로미터로 명왕성 궤도의 400배이므로 사실상 별들이 **밀집해** 있는 것은 아니다. 별들이 서로 충돌할 정도는 아니라는 얘기다. 하지만……

이제 은하 어딘가에서 초신성이 폭발한다고 해보자.

무슨 일이 일어날까?

대부분의 경우 아무 일도 일어나지 않는다(별 하나가 뭉개지는 것 이외에는). 초신성이 은하의 외곽(예를 들면 우리 근처)에 있다면 별들이 너무나 드물게 퍼져 있기 때문에 그 빛을 많이 받을 만큼 가까이 있는 별은 없다. 초신성이 우주 공간으로 쏟아내는 엄청난 양의 에너지는 그저 퍼져서 아무것도 아닌 것으로 사라져 갈 뿐이다.

은하의 중심에서는 초신성을 그냥 무시하기가 쉽지 않다. 큰 초신성은 최대 태양의 10,000,000,000배의 에너지를 방출한다. 5광년 거리에 있는 천체는 지구가 태양에서 받는 에너지의 10분의 1을 받을 것이다. 초신성에서부터 0.5광년 거리에서는 지구가 태양에서 받는 에너지의 10배를 받을 것이다.

이는 좋지 않은 상황이다. 초신성이 우리에게서 5광년 거리에 있다면 우리는 1년간 열 문제에 시달릴 것이다. 만일 0.5광년 거리에 있다면 지구의 생명체는 살아남기 힘들다. 하지만 걱정 말라. 우리에게서 5광년 이내에는 항성계 하나밖에 없고 이것은 초신성이 되는 종류가 아니다.

하지만 별에게는 어떤 영향을 줄까? 태양이 초신성의 이웃에 있다면 에너지 세례를 받아 온도가 올라갈 것이다. 초신성 폭발이 끝나면 다시 이전처럼 평형상태로 돌아간다(행성에 있는 생명체들은 그러지 못하겠지만). 하지만 그 과정에서 연료의 소비가 절대온도의 4제곱에 비례하여 증가할 것이다. 온도가 조금만 올라가도 연료의 소모가 엄청나게 증가한다.

별의 수명은 연료의 소모로 측정한다. 연료 공급이 줄어들면 별은 팽창해서 적색거성이 되거나 초신성으로 폭발한다. 먼 곳의 초신성이 1년 동안 태양을 약간 데우면 그런 상황을 100년이나 1,000년 정도 앞당길 수 있다. 다행히 태양의 수명은 아주 많이 남아 있어서(수십억 년) 몇 백 년이나 심지어 몇 백만 년도 거의 의미가 없다.

하지만 어떤 별은 수명에 그렇게 여유가 있지 않다. 이들은 이미 연료 소모 상태에 가까워져 있어서 급격한 변화가 일어날 수 있고, 심지어 초신성이 될 수도 있다. 이런 경계에 있는 별을 초신성 직전의 별이라고 하자. 은하 하나에 이런 별이 얼마나 있을까?

평범한 은하 하나에서 100년 동안 3개의 조신성이 생긴다고 측정되었다. 그렇다면 33,000,000년 동안 평범한 은하에 약 1,000,000개의 초신성이 생긴다는 말이다. 은하의 수명은

1,000억 년이 충분히 넘으므로 초신성이 되기 몇 백만 년밖에 남지 않은 별은 경계에 있는 별이라고 말해도 합리적이다.

평균적인 은하 중심부에 있는 1,000억 개의 별 중에서 1,000,000개가 경계에 있다면 100,000개 중 하나의 별이 초신성 직전의 별이 된다. 그렇다면 은하 중심부에 있는 초신성 직전의 별 사이의 평균 거리는 80광년이라는 말이다. 더 중심으로 가면 평균 거리는 25광년까지 작아질 수 있다.

하지만 25광년 거리에서도 초신성의 빛은 지구가 태양에서 받는 빛의 250분의 1밖에 되지 않아서 그 효과는 미약하다. 그리고 사실 우리는 은하 여기저기서 초신성을 자주 보지만 아무 일도 일어나지 않는다. 초신성은 천천히 사라지고 은하는 그대로 있다.

그런데 평균적인 은하에서 별 100,000개 중 1개가 초신성 직전의 별이라면 어떤 은하에는 초신성이 더 많거나 더 적을 수도 있다. 특별히 초신성이 많은 별은 1,000개 중 1개가 초신성 직전의 별일 수 있다.

이런 별에서는 중심부에 100,000,000개의 초신성 직전의 별이 있고, 평균 거리는 17광년이다. 더 중심으로 가면 평균 거리가 5광년을 넘지 않을 것이다. 초신성이 5광년 떨어진 초신성 직전의 별을 밝히면 수명이 크게 짧아진다. 그전에는 폭발 1,000년 전이었다면 불과 폭발 2개월 전으로 바뀌는 것이다.

그러면 더 멀리 있는 덕분에, 수명이 짧아지긴 했지만 처음에는 크게 짧아지지 않았던 초신성 직전의 별이 더 가까운 두 번째 초신성 때문에 다시 수명이 짧아져서 몇 개월 후에는 **이것이** 폭발한다.

이 현상이 마치 도미노처럼 계속되면 하나의 초신성이 아닌 몇 백만 개의 초신성이 차례로 폭발하는 은하가 생긴다.

은하가 폭발하는 것이다. 이런 도미노 현상은 10억 광년을 퍼져나가도 쉽게 관측되는 강한 전파를 만들기에 충분하다.

이것은 그저 추론일 뿐일까? 처음에는 그랬다. 하지만 1963년 말에 이루어진 몇몇 관측 자료를 보면 추론만은 아닐 수도 있다.

이 관측은 큰곰자리에 있는 M82라는 은하에서 이루어졌다. M82는 약 200년 전 프랑스의 천문학자 샤를 메시에가 만든 목록의 82번에 있는 은하다.

혜성 사냥꾼이었던 메시에는 늘 망원경으로 관측을 했는데, 행성을 발견했다고 생각하고 알아보면 그것이 항상 그 자리에 있는 행성이 **아닌** 뿌연 천체들이라는 사실을 발견하곤 했다.

그래서 메시에는 다른 사람들이 속지 않도록, 뿌옇게 보이지만 혜성이 아닌 101개 골치 아픈 천체들의 목록을 만들었다. 이 골치 아픈 천체들의 목록 덕분에 메시에는 영원히 이름을 남기게 되었다.

이 목록이 첫 번째인 M1은 게성운이다. 20여 개는 구상성단(밀집하게 모여 있는 구형의 별의 집단)이고, 그중에서 가장 큰 것은 헤라클레스자리 구상성단인 M13이다. 30여 개는 은하들이며 안드로메다은하(M31)와 소용돌이은하(M51)도 포함되어 있다. 이 목록에서 유명한 천체로는 오리온성운(M42), 고리성운(M57), 올빼미성운(M97)이 있다.

M82는 지구에서 10,000,000광년 떨어진 은하로 강한 전파원으로 밝혀지면서 관심을 끌었다. 천문학자들은 200인치 망원경으로 이 은하를 겨냥해 수소이온에서 나오는 빛을 제외하고 다른 빛은 모두 차단하는 필터를 써서 사진을 찍었다. 어떤 변화가 있다면 수소이온으로 가장 잘 보일 것이라고 가정했기 때문이었다.

실제로 그랬다! 3시간 노출 사진은 은하 중심부에서 터져 나오는 1,000광년 길이의 수소 제트를 보여주었다. 뿜어져 나오는 수소의 전체 질량은 최소 평균적인 별 5,000,000개의 질량과 같았다. 제트가 나가는 속도와 나간 거리로 볼 때 폭발은 약 1,500,000년 전에 일어난 것이 분명하다(물론 빛이 M82에서 우리에게로 오는 데 10,000,000년이 걸리므로 폭발은 지구 시간으로는 플라이스토세가 막 시작된 11,500,000년 전에 일어났다).

M82는 폭발하는 은하다. 폭발한 에너지는 5,000,000개의 초신성이 빠르게 연속적으로 폭발한 것과 같다. 원자폭탄에서 우라늄이 연쇄반응을 하는 것과도 같다. 물론 그보다는 훨씬 큰 규모지만. 그 은하 중심부 어딘가에 생명체가 살고 있었다면 지금은 더 이상 존재하지 않을 거라고 확신할 수 있다.

사실 그 은하의 바깥쪽도 좋은 부동산은 아닐 것으로 생각된다.

폭발하는 은하

은하들이 거대한 별의 집단이며 우리에게서 생각지도 못할 만큼 먼 곳에 있다는 사실을 처음 이해했을 때(겨우 50년 전의 일이다)는 은하들을 망원경으로 관찰하는 것 이외에는 할 수 있는 일이 없었다. 그리고 아주 가까이 있는 것을 제외하고는 빛을 내는 모양 외에는 볼 수 있는 것이 거의 없었다. 어떤 것은 구형이고 어떤 것은 타원형이며 어떤 것은 여러 각도의 나선 모양을 가지고 있었다.

더 많은 것을 할 기회가 생긴 것은 하늘에서 전파를 관측하는 방법을 발견했을 때였다. 전파는 여러 가지 이유로 가시광선보다 더 먼 거리에 있는 것을 관측할 수 있게 해준다. 그리고 우리가 주의를 기울일 대상이 훨씬 더 적었다. 가시광선 망원경으로 보이는 은하는 수천억 개인데 전파로 보이는 은하는 수천 개이기 때문이다.

전파은하에 집중하면 우리는 특이한 것을 다루게 되는 것이다. 모양도 전형적이지 않고, 비정상적으로 많은 양의 에너지를 방출하는 것으로 보이는 은하들이다. 전파에 관심을 기울인 결과 얻게 된 특별히 놀라운 결과 중 하나는 M82라는 은하를 연구했을 때 나왔다. 이 은하는 과거 언젠가 거대한 폭발이 있었고 아직도 폭발하고 있다는 사실이 금방 밝혀졌다(적어도 바로 지금 우리에게 오고 있는 빛은 아직 폭발하고 있는 은하의 빛이다).

이 사진은 폭발하고 있는 모습을 보여준다.[334쪽 사진] 사진 속 대상은 흰색이 아니라 검은색으로 보인다. 천문학자들은 이런 사진을 자주

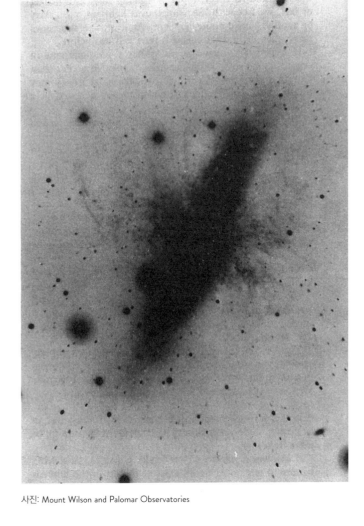

사진: Mount Wilson and Palomar Observatories

사용한다. 자세한 구조는 검은색 바탕에 흰색일 때보다 흰색 바탕에 검은색일 때 더 잘 보이기 때문이다. 이 사진에서 양쪽으로 뻗어 나오는 검은색의 선들을 볼 수 있다. 폭발하는 중심에서 엄청난 질량의 기체가 여전히 뿜어져 나오고 있는 모습이다.

은하 전체를 폭발하게 만든 것은 무엇일까? 우리는 모른다.

나선은하

별들은 수십억 개에서 수조 개의 집단으로 존재한다. 이런 집단을 은하라고 한다.

이 집단의 가장 단순한 형태는 구형이나 타원형일 것이고, 실제로 가장 큰 은하들은 이런 형태를 가지고 있는데 이들을 '타원은하'라고 부른다. 이런 은하는 우리가 볼 수 있는 은하 전체의 약 5분의 1을 차지한다.

은하의 약 4분의 3을 차지하는 훨씬 더 흔한 은하들은, 중심부는 작은 타원은하를 닮았지만 바깥쪽은 별들이 편평한 나선형을 이루고 있다. 천문학자들은 이런 은하들의 나선 팔이 어떻게 만들어지는지, 그리고 만들어진 나선 팔이 어떻게 유지되는지 아직 알지 못한다. 하지만 어쨌든 나선 팔은 있다.

당연히 우리는 다양한 각도의 은하들을 보기 때문에 옆으로 보이는 나선은하는 구형의 별 덩어리에서 양쪽으로 가는 선이 뻗어 나온 것처럼 보인다. 나선 팔로 이루어진 그 선은 은하 중심부와는 달리 조금 어둡고 먼지로 이루어진 검은 구름으로 가득 차 있다.

이런 형태로 가장 잘 알려진 것은 '솜브레로은하'라고 불리는 은하다.

사진: Hale Observatory

테를 사이에 두고 양쪽으로 왕관을 씌운 솜브레로 모자처럼 보이기 때문에 붙은 이름이다.

비스듬히 보이는 나선은하는 타원형의 빛 덩어리처럼 생겼다. 하지만 나선 팔 사이의 공간을 표시하는 타원 모양의 검은 선들이 있다. 안드로메다은하가 그렇게 생겼다.

하지만 가장 아름답고 환상적인 은하의 모습은 역시 위에서 본 나선은하다. 사진에 있는 은하가 가장 유명한 예다.[336쪽 사진] 나선 팔들이 뚜렷하게 보이고 한쪽 끝에 있는 큰 별의 덩어리는 또 하나의 은하 중심부처럼 보인다. 이 은하는 100년도 훨씬 전에 아일랜드의 천문학자 로스 백작(Earl of Rosse, 윌리엄 파슨스를 말한다—옮긴이)이 처음 연구했다. 그는 이것이 무엇인지 몰랐지만 어떻게 생겼는지는 보았고, 이 은하는 아직도 그가 붙인 이름으로 불린다. '소용돌이(Whirlpool)'은하다.

그렇다면 무서운 생각이 들 수도 있을 것이다……. 바로 그거다!

우리은하의 중심부가 폭발하면 어떻게 될까? 물론 그럴 가능성은 거의 없다(나는 친애하는 독자들에게 공포와 절망을 안겨주고 싶지 않다). 폭발하는 은하는 아마도 폭발하는 별이 드문 만큼 드물 것이기 때문이다.

이런 일이 일어나지 않는다고 하면, 지적 훈련 삼아 그런 폭발이 일어나면 어떻게 될지에 대해서 편하게 생각해 볼 수 있을 것이다.

먼저 우리는 우리은하의 중심부에 있지 않고 비교적 안전한 거리의 먼 바깥쪽에 있다. 우리와 중심부 사이에는 가시광선 불꽃을 효과적으로 막아줄 거대한 먼지구름이 있기 때문에 특히 안전하다.

물론 전파는 먼지를 뚫고 쏟아져 올 것이다. 그리고 아마도 수백만 년 동안 다른 전파를 덮어서 전파천문학을 불가능하게 만들 것이다. 더 나쁜 것은, 생명체에 치명적일 정도로 강한 우주선(cosmic radiation)이다. 다시 말해, 우리는 은하 폭발의 피해를 입을 수 있다.

하지만 우주선 문제는 제쳐두자. 우주선이 어떻게 만들어지는지는 확실하시 않고 이것을 고려히면 너무 우울해지기 때문이다. 먼지구름도 가상의 손으로 치워버리자.

이제 우리는 중심부를 볼 수 있다. 폭발이 없다면 어떻게 보일까?

중심부의 지름은 10,000광년이고 우리에게서 30,000광년 떨어져 있으므로 대략 지름 20도 정도의 구형으로 보인다. 완전히 지평선 위에 있다면 하늘의 약 65분의 1을 덮을 것이다.

전체적인 빛은 금성이 가장 밝을 때보다 약 30배 더 밝겠지만 너무 넓은 영역으로 퍼져 있기 때문에 상대적으로 어둡게 보인다. 보름달과 같은 크기라고 할 때 평균 밝기는 보름달의 200,000분의 1밖에 되지 않을 것이다.

이것은 궁수자리 방향으로 은하수보다는 분명하게 더 밝은 넓은 덩어리로 보일 것이다. 중심이 가장 밝고 중심에서 멀어질수록 어두워진다.

그런데 우리은하의 중심부가 폭발하면 어떻게 될까? 폭발은 별들이 가장 밀집해 있고 하나의 초신성 직전의 별의 효과가 이웃에 미치는 영향이 가장 큰 중심부 한가운데에서 일어날 게 분명하다. M82에서처럼 5,000,000개의 초신성이 만들어졌다고 가정해 보자.

가장 중심부에 5광년 간격으로 초신성 직전의 별이 있다면(이 장의 앞에서 폭발이 가능한 은하로 계산한 것이다.) 5,000,000개의 초신성 직전의 별은 지름 850광년의 구 안에 들어간다. 30,000광년 거리에서 그 구는 보름달의 3배보다 조금 더 큰 지름 1.6도로 보인다. 그러므로 우리는 멋진 광경을 보게 된다.

폭발이 시작되면 초신성 폭발은 점점 **빠른** 속도로 연속될 것이다. 일종의 연쇄반응이다.

그 거대한 폭발을 몇 백만 년 후에 본다면 우리는 중심부 한가운데가 모두 동시에 폭발했다고(대략 정확하게) 말할 수 있을 것이다. 하지만 이는 대략만 정확하다. 폭발이 일어나는 과정을 실제로 본다면 시간이 꽤 걸린다는 사실을 알 수 있을 것이다. 빛이 하나의 별에서 다른 별까지 가는 데 상당한 시간이 걸리기 때문이다.

하나의 초신성이 폭발하면 이것은 이웃에 있는 초신성 직전의 별(5광년 떨어져 있다)에 빛이 도착할 때까지 영향을 미칠 수 없다. 5년이 걸린다. 두 번째 별이 첫 번째 별의 (우리가 볼 때) 먼 쪽에 있다면 그 빛이 첫 번째 별 근처로 올 때까지 5년이 더 걸린다. 그러므로 우리는 첫 번째 초신성을 본 지 10년 후에 두 번째 초신성을 보게 된다.

초신성은 1년 이상 맨눈으로 볼 수 있을 정도로 유지되지 않기 때문에 가장 좋은 조건이라 하더라도 (은하 중심부 거리에서도) 두 번째 초신성은 첫 번째 초신성이 보이지 않게 되고 한참 뒤에야 보일 것이다.

간단하게 말해서 지름 850광년의 구에서 만들어지는 5,000,000개의 초신성은 우리에게는 약 1,000년에 걸쳐서 일어나는 일로 보인다. 폭발이 구의 가장자리 근처에서 시작되어 우리에게 먼 쪽으로 빛이 퍼져나갔다가 돌아오면서 다른 초신성을 폭발시킨다면 시간은 1,500년으로 금방 늘어난다. 폭발이 먼 쪽 가장자리에서 시작돼 다음 폭발이 우리에게로 오는 길목에 있는 초신성 직전의 별에서 일어난다면 시간은 상당히 줄어들 것이다.

전체적으로 은하의 중심부에서 개별적인 폭발이 보이는 것으로 시작된다. 처음에는 10년에 3~4개만 보이다가 수십 수백 년이 지나면 점점 더 많이 보일 테고 마지막에는 수백 개가 한꺼번에 보일 것이다. 결국에는 모두 폭발하고 어둡게 빛나는 기체 흐름만 남게 된다.

개별적인 폭발은 얼마나 밝게 보일까? 하나의 초신성은 최대 절대등급 -17까지 밝아질 수 있다. 10파섹(32.5광년) 거리에 있다면 겉보기등급이 태양의 10,000분의 1인 -17등급이 된다는 말이다.

30,000광년 거리에서는 이런 초신성의 겉보기등급이 열다섯 등급 정도 떨어진다. 그러면 겉보기등급은 목성이 가장 밝을 때와 비슷한 -2등급이 된다.

이는 꽤 놀라운 결과다. 은하 중심부까지의 거리에서는 어떤 보통의 별도 맨눈에 분해되어 보이지 않는다. 평범한 조건에서는 중심부에 있는 수천억 개의 별들이 뿌연 덩어리로 보일 뿐이다. 그 거리에서 하나의 별이 목성과 같은 밝기로 빛난다는 건 대단한 일이다. 사실 이런 초신성 하나는 우리은하와 같은 폭발하지 않는 은하 전체의 10분의 1의 밝기로 빛난다.

하지만 모든 초신성이 최대 밝기의 초신성이 될 가능성은 별로 없다. 보수적으로 가정해서, 평균적으로 초신성이 최대 밝기보다 2등급 어둡다고 하자. 그러면 초신성의 밝기는 아르크투루스와 비슷한 0등급이 될 것이다.

그렇다 하더라도 '폭발'은 선명하다. 인류가 문명 시대 초기에 그런 광경을 목격했다면 하늘은 영원히 고정된 채 변하지 않는다고 생각하는 오류를 범하지 않았을 것이다. 그런 잘못된 개념(실제로 인류가 근대 초까지 가지고 있었던)이 없었다면 천문학은 훨씬 빠르게 빌진했을지도 모른다.

하지만 우리는 은하의 중심부를 볼 수 없다. 우리가 **볼 수 있는** 것 중에서 그런 다중 폭발과 조금이라도 비슷한 것이 있을까?

하나의 잠정적인 가능성이 있다. 우리은하 곳곳에서는 구상성단들이 발견된다. 구상성단은 은하 하나에 약 200개가 있는 것으로 여겨진다(우리은하에서는 약 100개의 구상성단이 발견되었는데, 나머지 100개는 아마도 먼지구름에 가려져 있을 것이다).

이 구상성단들은 은하 중심부에서 떨어져 나온 것처럼 보인다. 지름은 약 100광년에, 100,000~10,000,000개의 별이 은하 중심에서 대칭적으로 분포한다.

가장 큰 구상성단은 헤라클레스자리 구상성단 M13이지만 가장 가까이 있지는 않다. 가장 가까이 있는 구상성단은 22,000광년 거리에 있는 오메가 센타우리(Omega Centauri)로 맨눈으로 분명하게 보이는 5등급의 천체다. 하지만 맨눈으로는 점으로밖에 보이지 않는다. 그 거리에서는 100광년의 지름도 약 1.5분밖에 차지하지 못하기 때문이다.

오메가 센타우리에 10,000개의 초신성 직전의 별이 있었고, 이것이 모두 초기에 폭발했다고 하자. 전체적인 폭발은 적지만 더 짧은 시간 동안 보이고 개별적으로 2배 더 밝을 것이다.

완벽하게 이상적인 폭발이다. 먼지구름에 가려지지 않을 것이기 때문이다. 폭발의 규모는 안전할 만큼 충분히 작고 누가 봐도 멋있을 만큼 충분히 클 것이다.

하지만 그 광경에 대한 나의 흥분은 자제시켜야 한다. 내가 오메가 센타우리의 폭발을 볼 가능성은 거의 없다. 설사 폭발이 일어난다 하더라도 오메가 센타우리는 뉴잉글랜드에서 보이지 않기 때문에 높은 하늘에서 멋진 광경을 보려면 꽤 남쪽으로 여행을 해야 한다. 그런데 나는 여행을 좋아하지 않는다.

흠…… 폭발할 다른 이웃은 없나요?

아시모프가 여기에서 말한 강한 전파원은 아마도 1960년대부터 발견되기 시작한 퀘이사로 여겨진다. 현재 퀘이사의 정체는 은하 중심부에 있는 초거대 질량 블랙홀(질량이 태양의 수백만 배에서 수십억 배에 이르는)이 주변 별이나 물질을 집어삼킬 때 발생하는 강한 에너지로 밝게 빛나는 것으로 여겨지고 있다.

M82 역시 폭발하는 은하가 아니라 두 은하가 충돌하면서 중심부에서 수많은 별이 태어나고 있는 은하로 밝혀졌다. 새롭게 태어난 별 때문에 중심부가 밝게 보이는 것이다.

실제로 폭발하는 은하는 발견되지 않았지만, 현재와 같은 관측 장비가 없었던 상황에서 아시모프의 추론은 비록 틀리긴 했지만 꽤 그럴듯하다.(옮긴이)

각 글의 발표 시기

이 책에 실린 모든 글은《더 매거진 오브 판타지 앤 사이언스 픽션》에 실렸던 것이다. 각 글이 잡지에 게재된 시기는 다음과 같다.

2개의 태양을 가진 행성
1959년 6월

고향의 풍경
1960년 2월

반짝이는 자
1960년 3월

명왕성을 넘어서
1960년 7월

별로 가는 디딤돌
1960년 10월

지상의 하늘
1961년 5월

트로이의 영구차
1961년 12월

표면적으로 말하면
1962년 2월

바로, 목성!
1962년 5월

이리저리 돌아다니기
1963년 5월

반짝반짝 작은 별
1963년 10월

돌고 돌고 돌고…
1964년 1월

밤의 어둠
1964년 11월

한 번에 은하 하나씩
1963년 5월

천상의 조화
1965년 2월

다모클레스의 바위
1966년 3월

시간과 조석 현상
1966년 5월

옮긴이의 말

아이작 아시모프가 1972년에 쓴 천문학 책을 번역해 달라는 요청을 받고 처음에는 조금 당황했다. 아시모프가 쓴 SF야 수십 년이 지난 지금 읽기에 조금도 어색하지 않을 정도로 뛰어난 작품들이지만, 천문학은 하루가 다르게 새로운 관측과 연구 결과가 나오고 있는 첨단 과학이다. 거의 50년 전에 쓴 글이라면 지금의 관점에서 봤을 때 잘못됐거나 낡은 관점이 너무 많아 원고만큼이나 각주를 달아야 하지 않을까 하는 걱정이 되어서였다.

그러나 원고를 읽는 도중 걱정은 점점 놀라움으로 바뀌었다. 1970년대에 이미 이렇게 수준 높은 천문학 지식이 알려져 있었다는 사실을 나는 미처 알지 못했다. 50년 전에 나온 천문학 책에서 새롭게 배울 것이 뭐가 있겠는가라는 의심을 품은 사람이 있다면 여지없이 허를 찔리고 말 것이다.

물론 은하 중심의 초거대 질량 블랙홀도, 우주 가속 팽창도, 우주의 정확한 나이도 알려지지 않았던 당시의 천문학 지식이 지금과 비교할 만한 수준은 아닐 것이다. 하지만 이 책의 가치는 그 지식의 수준이 아니라 그 지식을 어떻게 설명하는지, 그리고 그 지식을 어떻게 활용하는지에 있었다. 그 점에서 볼 때 이렇게 신선하고 현실적인 천문학 책은 지금도 찾아보기 쉽지 않을 것이라고 말할 수 있다.

아이작 아시모프는 SF 작가로 너무나 잘 알려져 있지만, 생화학을 전공한 과학자이기도 하다. 이 책은 그의 과학자로서의 면모와 작가로서의 면모를 동시에 볼 수 있는 내용으로 가득하다. 과학적인 사실을 차분하게 설명해 줄 때는 누구보다도 친절한 과학자의 모습을 볼 수 있다. 그리고 이어서 상상력을 펼쳐 나갈 때면 이분이 역시 뛰어난 SF 작가라는 사실을 새삼 느낄 수 있다.

그런데 이 책에서 반드시 놓치지 말아야 할 핵심은 바로 이 과정에 있다. 아시모프의 상상력은 과학에 기반하고 있다는 것이다. 과학적 사실에 기반할 뿐만 아니라 상상력을 펼치는 과정도 과학적이다. 물론 그 과정이 과학 논문처럼 철저한 논리로 진행되는 것은 아니지만, 철저한 과학자조차도 불편하지 않을 정도의 합리성과 논리를 갖추고 있다. 아마도 이 지점이 'Science' Fiction이 갖추어야 할 핵심이 아닐까 싶다.

이 책을 통해 우리는 아시모프가 당시의 최신 과학 이론을 다루는 법과 그것에서 어떤 상상력을 이끌어 내는지를 잘 볼 수 있다. 수십 년이 지난 지금까지도 고전의 자리를 지키고 있는 그의 SF 작품의 비결이 여기에 있지 않을까 생각해 볼 수 있다. 무한한 상상력을 키워보고 싶은 사람이라면 과학의 세계로 들어가 보면 어떨까. 현대 과학이야말로 그 어떤 것보다 창의적인 상상력을 자극해 주는 소재가 될 수 있기 때문이다.

이강환

찾아보기

349

찾아보기

기타

—

옮긴이 **이강환**

서울대학교 천문학과를 졸업한 뒤 같은 학교 대학원에서 박사학위를 받았다. 영국 켄트 대학교에서 로열 소사이어티 펠로우로 연구를 수행했다. 국립과천과학관 천문우주전시팀장, 서대문자연사박물관 관장을 역임했다. 지은 책으로《빅뱅의 메아리》,《우주의 끝을 찾아서》,《응답하라 외계생명체》가 있고, 옮긴 책으로《신기한 스쿨버스》시리즈,《우리는 모두 외계인이다》,《더 위험한 과학책》,《기발한 천체물리》등이 있다.

아시모프의 코스모스

초판 1쇄 발행 2021년 6월 8일
초판 2쇄 발행 2021년 7월 9일

지은이 | 아이작 아시모프
옮긴이 | 이강환
발행인 | 강봉자, 김은경

펴낸곳 | (주)문학수첩
주소 | 경기도 파주시 회동길 503-1(문발동 633-4) 출판문화단지
전화 | 031-955-9088(대표번호), 9532(편집부)
팩스 | 031-955-9066
등록 | 1991년 11월 27일 제16-482호

홈페이지 | www.moonhak.co.kr
블로그 | blog.naver.com/moonhak91
이메일 | moonhak@moonhak.co.kr

ISBN 978-89-8392-859-7 03440

* 파본은 구매처에서 바꾸어 드립니다.

.